精神分析经典著作译丛

The Interpersonal World
of the Infant

婴幼儿的
人际世界

精神分析与发展心理学视角

A View from Psychoanalysis and
Developmental Psychology

［瑞士］Daniel N. Stern 著

张 庆 译

华东师范大学出版社

·上海·

上海市版权局著作权合同登记　图字:09 - 2015 - 456 号

献给苏珊

译丛编委会

（按拼音顺序）

通过译著学习精神分析

通过译著来学习精神分析

绝大多数关于精神分析的经典著作都不是用中文写就的。这是中国人学习精神分析的一个阻碍。即使能用外语阅读这些经典文献，也需要比用母语阅读花费更多的时间，而且有时候理解起来未必准确。精神分析涉及人的内心深处，要对个体内在的宇宙进行描述，用母语读有时都很费劲，更不用说要用外语来读。通过中文阅读精神分析的经典和前沿文献，成为很多学习者的心声。其实，这个心声的完整表述应该是：希望读到翻译质量高的文献。已有学者和出版社在这方面做出了很多努力，但仍然不够。有些书的翻译质量不尽如人意，有些想看的书没有被翻译出版。

和心理咨询的其他流派相比，精神分析的特点是源远流长、派别众多、著作和文献颇丰，可谓汗牛充栋。用外语阅读本来就是一件困难的事情，需要选择什么阅读使得这件事情更为困难。如果有人能够把重要的、基本的、经典的、前沿的精神分析文献翻译成中文，那该多好啊！如果中国读者能够没有语言障碍地汲取精神分析汪洋大海中的营养，那该多好啊！

CAPA 翻译小组的成立就是为了达到这样的目标：选择好的精神分析的书，翻译成高质量的中文版，由专业的出版社出书。好的书可能是那些经典的、历久弥新的书，也可能是那些前沿的、有创新意义的书。这需要慧眼人从众多书籍中把它们挑选出来。另外，翻译质量和出版社质量也需要有保证。为了实现这个目标，CAPA翻译小组应运而生，而第一批被精挑细选出的译著，经过漫长的、一千多天的工作，由译者精雕精琢地完成，由出版社呈现在读者目前。下面简要介绍一下这个过程。

CAPA 第一支翻译团队的诞生和第一批翻译书目的出版

既然这套丛书冠以 CAPA 之名,首先需要介绍一下 CAPA。CAPA(China American Psychoanalytic Alliance,中美精神分析联盟),是一个由美国职业精神分析师创建于 2006 年的跨国非营利机构,致力于在中国进行精神健康的发展和推广,为中国培养精神分析动力学方向的心理咨询师和心理治疗师,并为他们提供培训、督导以及受训者的个人治疗。CAPA 项目是国内目前少有的专业性、系统性、连续性非常强的专业培训项目。在中国心理咨询和心理治疗行业中,CAPA 的成员正在成长和形成一支注重专业素质和临床实践的重要专业力量[①]。

CAPA 翻译队伍的诞生具有一定的偶然性,但也有其必然性。作为 CAPA F 组的学员,我于 2013 年开始系统地学习精神分析。很快我发现每周阅读的英文文献花了我太多时间,这对全职工作的我来说太奢侈,而其中一些已翻译成中文的阅读材料让我节省不少时间。我就写了一封邮件给 CAPA 主席 Elise,建议把更多的 CAPA 阅读文献翻译成中文。行动派的 Elise 马上提出可以成立一个翻译小组,并让我来负责这件事情。我和 Elise 通过邮件沟通了细节,确定了从人、书和出版社三个途径入手。

在人的方面,确定的基本原则是:译者必须通过挑选,这样才能确保译著的质量。第一步是 2013 年 10 月在中国 CAPA 学员中招募有志于翻译精神分析文献的人。第二步为双盲选拔:所有报名者均须翻译一篇精神分析文献片断,翻译文稿匿名化,被统一编码,交给由四位中英双语精神分析专业人士组成的评审组。这四位人士由 Elise 动用自己的人脉找到。最初的二十多位报名者中,有十六位最终完成了试译稿。四位评委每人审核四篇,有些评委逐字逐句进行了修订,做了非常细致的工作。最终选取每一位评审评出的前两名,一共八位,组成正式的翻译小组。后来由于版权方要求 Anna Freud 的 *The Ego and the Mechanism of Defense* 必须直接从德文版翻译,临时吸收了一位德文翻译。第一批翻译小组的成员有九位,后来参与到具体翻译工作中的有七位:邓雪康、唐婷婷、王立涛、叶冬梅、殷一婷、张庆、吴江(德文)。后来由于有成员因个人事务无法参与到翻译工作中,又搬来救兵徐建琴。

在书的方面,我们先列出能找到的有中译本的精神分析的著作清单,把这个清单

[①] 更多具体信息可参看网站:http://www.capachina.org.cn

发给了美国方面。在这个基础上，Elise 向 CAPA 老师征集推荐书单。考虑到中文版需要满足国内读者的需求，这个书单被发给 CAPA 学员，由他们选出来自己认为最有价值、最想读的 10 本书。通过对两个书单被选择的顺序进行排序，对排序加权重，最终选择了排名前 20 位的书。这个书单确定后，提交给华东师范大学出版社，由他们联系中文翻译版权的相关事宜。最终共有 8 本书的中文翻译版权洽谈进展顺利，这形成了译丛第一批的 8 本书。

出版社方面，我本人和华东师范大学出版社有多年的合作，了解他们的认真和专业性。我非常信任华东师范大学出版社教育心理分社社长彭呈军。他本人就是心理学专业毕业的，对市场和专业都非常了解。经过前期磋商，他对系列出版精神分析的丛书给予了肯定和重视，并欣然接受在前期就介入项目。后来出版社一直全程跟进所有的步骤，及时商量和沟通出现的问题。他们一直把出版质量放在首位。

CAPA 美国方面、中方译者、中方出版社三方携手工作是非常重要的。从最开始三方就奠定了共同合作的良好基调。2013 年 11 月 Elise 来上海，三方进行了第一次座谈。彭呈军和他们的版权负责人以及数位已报名的译者参加了会议。会上介绍和讨论了已有译著的情况、翻译小组的进展、未来的计划、工作原则等等。翻译项目由雏形渐渐变得清晰、可操作起来。也是在这次会议上，有人提出能否在翻译的书上用"CAPA"的 logo。后来 CAPA 董事会同意在遴选的翻译书上用"CAPA"的 logo，每两年审核一次。出版社也提出了自己的期待和要求，并介绍了版权操作事宜、译稿体例、出版流程等。这次会议之后，翻译项目推进迅速了。这样的座谈会每年都有一次。

在这之后，张庆被推为翻译小组负责人，其间有大量的邮件往来和沟通事宜。她以高度的责任心，非常投入地工作。2015 年她由于过于忙碌而辞去职务，徐建琴勇挑重担，帮助做出版社和译者之间的桥梁，并开始第二支翻译队伍的招募、遴选，亦花费了大量时间和精力。

精神分析专业书籍的翻译难度，读者在阅读时自有体会。第一批译者知道自己代表 CAPA 的学术形象，所以翻译过程中兢兢业业，把翻译质量当作第一要务。目前的翻译进度其实晚于我们最初的计划，而出版社没有催促译者，原因之一就是出版社参与在翻译进程中，了解译者们是多么努力和敬业，在专门组建的微信群里经常讨论一些专业的问题。翻译小组利用了团队的力量，每个译者翻译完之后，会请翻译团队里的人审校一遍，再请专家审校，力求做到精益求精。从 2013 年秋天至今，在第三个秋天迎来丛书中第一本译著的出版，这本身说明了译者和出版社的慎重和潜心琢磨。期待这套丛书能够给大家充足的营养。

第一批被翻译的书：内容简介

以下列出第一批译丛的书名（在正式出版时，书名可能还会有变动）、作者、翻译主持人和内容简介，以飨读者。其内容由译者提供。

书名：心灵的母体（*The Matrix of the Mind*：*Object Relations and the Psychoanalytic Dialogue*）

作者：Thomas H. Ogden

翻译主持人：殷一婷。

内容简介：本书对英国客体关系学派的重要代表人物，尤其是克莱因和温尼科特的理论贡献进行了阐述和创造性重新解读。特别讨论了克莱因提出的本能、幻想、偏执—分裂心位、抑郁心位等概念，并原创性地提出了心理深层结构的概念，偏执—分裂心位和抑郁心位作为不同存在状态的各自特性及其贯穿终生的辩证共存和动态发展；以及阐述了温尼科特提出的早期发展的三个阶段（主观性客体、过渡现象、完整客体关系阶段）中称职的母亲所起的关键作用、潜在空间等概念，明确指出母亲（母—婴实体）在婴儿的心理发展中所起的不可或缺的母体（matrix）作用。作者认为，克莱因和弗洛伊德重在描述心理内容、功能和结构，而温尼科特则将精神分析的探索扩展到对这些内容得以存在的心理—人际空间的发展进行研究。作者认为，正是心理—人际空间和它的心理内容（也即容器和所容物）这二者之间的辩证相互作用，构成了心灵的母体。此外，作者还梳理和创造性解读了客体关系理论的发展脉络及其内涵。

书名：让我看见你——临床过程、创伤与解离（暂定）（*Standing in the Spaces-Essays on Clinical Process*，*Trauma and Dissociation*）

作者：Philip Bromberg

翻译主持人：邓雪康

内容简介：本书精选了作者二十年里发表的 18 篇论文，在这些年里作者一直专注于解离过程在正常及病态心理功能中的作用及其在精神分析关系中的含义。作者发现大量的临床证据显示，自体是分散的，心理是持续转变的非线性意识状态过程，心理问题不仅是由压抑和内部心理冲突造成的,更重要的是由创伤和解离造成的。解离作为一种防御,即使是在相对正常的人格结构中也会把自体反思限制在安全的或自体存在所需的范围内,而在创伤严重的个体中,自体反思被严重削弱,使反思能力不至于彻底丧失而导致自体崩溃。分析师工作的一部分就是帮助重建自体解离部分之间的连接,为内在冲突及其解决办法的发展提供条件。

书名:婴幼儿的人际世界(*The Interpersonal World of the Infant*)

作者:Daniel N. Stern

翻译主持人:张庆

内容简介:Daniel N. Stern 是一位杰出的瑞士精神病学家和精神分析理论家,致力于婴幼儿心理发展的研究,在婴幼儿试验研究以及婴儿观察方面的工作把精神分析与基于研究的发展模型联系起来,对当下的心理发展理论有重要的贡献。Stern 著述颇丰,其中最受关注就是本书。

本书首次出版于 1985 年,本中译版是初版 15 年后、作者补充了婴儿研究领域的新发现以及新的设想所形成的第二版。本书从客体关系的角度,以自我感的发育为线索,集中讨论了婴儿早期(出生至十八月龄)主观世界的发展过程。1985 年的第一版中即首次提出了层阶自我的理念,描述不同自我感(显现自我感、核心自我感、主观自我感和言语自我感)的发展模式;在第二版中,Stern 补充了对自我共在他人(self with other)、叙事性自我的论述及相关讨论。本书是早期心理发展领域的重要著作,建立在对大量详实的研究资料的分析与总结之上,是理解儿童心理或者生命更后期心理病理发生机制的重要文献。

书名:成熟过程与促进性环境(暂定)(*The Maturational Processes and the Facilitating Environment*)

作者:D. W. Winnicott

翻译主持人:唐婷婷

内容简介:本书是英国精神分析学家温尼科特的经典代表作,聚集了温尼科特关于情绪发展理论及其临床应用的 23 篇研究论文,一共分为两个主题。第一个主题是关于人类个体情绪发展的 8 个研究,第二个主题是关于情绪成熟理论及其临床技术使用的 15 个研究。在第一个主题中,温尼科特发现了在个体情绪成熟和发展早期,罪疚感的能力、独处的能力、担忧的能力和信赖的能力等基本情绪能力,它们是个体发展为一个自体(自我)统合整体的里程碑。这些基本能力发展的前提是养育环境(母亲)所提供的供养,温尼科特特别强调了早期母婴关系的质量(足够好的母亲)是提供足够好养育性供养的基础,进而提出了母婴关系的理论,以及婴儿个体发展的方向是从一开始对养育环境的依赖,逐渐走向人格和精神的独立等一系列具有重要影响的观点。在第二个主题中,温尼科特更详尽地阐述了情绪成熟理论在精神分析临床中的运用,谈及了真假自体、反移情、精神分析的目标、儿童精神分析的训练等主题,其中他特别提出了对那些早期创伤的精神病性问题和反社会倾向青少年的治疗更加有效的方法。

温尼科特的这些工作对于精神分析性理论和技术的发展具有革命性和创造性的意义,他把精神分析关于人格发展理论的起源点和动力推向了生命最早期的母婴关系,以及在这个关系中的整合性倾向,这对于我们理解人类个体发展,人格及其病理学有着极大的帮助,也给心理治疗,尤其是精神分析性的心理治疗带来了极大的启发。

书名:自我与防御机制(*The Ego and the Mechanisms of Defense*)

作者:Anna Freud

翻译主持人:吴江

内容简介:《自我与防御机制》是安娜·弗洛伊德的经典著作,一经出版就广为流传,此书对精神分析的发展具有重要的作用。书中,安娜·弗洛伊德总结和发展了其父亲有关防御机制的理论。作为儿童精神分析的先驱,安娜·弗洛伊德使用了鲜活的儿童和青少年临床案例,讨论了个体面对内心痛苦如何发展出适应性的防御方式,以及讨论了本能、幻想和防御机制的关系。书中详细阐述了两种防御机制:与攻击者认同和利他主义,对读者理解防御机制大有裨益。

书名:精神分析之客体关系(*Object Relations in Psychoanalytic Theory*)

作者:Jay R. Greenberg 和 Stephen A. Mitchell

翻译主持人:王立涛

内容简介:一百多年前,弗洛伊德创立了精神分析。其后的许多学者、精神分析师,对弗洛伊德的理论既有继承,也有批判与发展,并提出许多不同的精神分析理论,而这些理论之间存在对立统一的关系。"客体关系"包含个体与他人的关系,一直是精神分析临床实践的核心。理解客体关系理论的不同形式,有助于理解不同精神分析学派思想演变的各种倾向。作者在本书中以客体关系为主线，综述了弗洛伊德、沙利文、克莱因、费尔贝恩、温尼科特、冈特瑞普、雅各布森、马勒以及科胡特等人的理论。

书名：精神分析心理治疗实践导论（*Introduction to the Practice of Psychoanalytic Psychotherapy*）

作者：Alessandra Lemma

翻译主持人：徐建琴　任洁

内容简介：《精神分析心理治疗实践导论》是一本相当实用的精神分析学派心理治疗的教科书，立意明确、根基深厚，对新手治疗师有明确的指导，对资深从业者也相当具有启发性。

本书前三章讲理论，作者开宗明义指出精神分析一点也不过时，21世纪的人类需要这门学科；然后概述了精神分析各流派的发展历程；重点讨论患者的心理变化是如何发生的。作者在"心理变化的过程"这一章的论述可圈可点，她引用了大量神经科学以及认知心理学领域的最新研究发现，来说明心理治疗发生作用的原理，令人深思回味。

心理治疗技术一向是临床心理学家特别注重的内容，作者有着几十年带新手治疗师的经验，本书后面六章讲实操，为精神分析学派的从业人员提供了一步步明确指导，并重点论述某些关键步骤，比如说治疗设置和治疗师分析性的态度；对个案的评估以及如何建构个案；治疗过程中的无意识交流；防御与阻抗；移情与反移情以及收尾。

书名：向病人学习（*Learning from the Patients*）

作者：Patrick Casement

翻译主持人：叶冬梅

内容简介：在助人关系中，治疗师试图理解病人的无意识，病人也在解读并利用治疗师的无意识，甚至会利用治疗师的防御或错误。本书探索了助人关系的这种动力性，展示了尝试性认同的使用，以及如何从病人的视角观察咨询师对咨询进程的影响，说明了如何使用内部督导和恰当的回应，使治疗师得以补救最初的错误，甚至让病人有更多的获益。本书还介绍了更好地区分治疗中的促进因素和阻碍因素的方法，使咨询师避免先入为主的循环。在作者看来，心理动力性治疗是为每个病人重建理论、发展治疗技术的过程。

作者用清晰易懂的语言,极为真实和坦诚地展示了自己的工作,这让广大读者可以针对他所描述的技术方法,形成属于自己的观点。本书适应于所有的助人职业,可以作为临床实习生、执业分析师和治疗师及其他助人从业者的宝贵培训材料。

严文华

2016 年 10 月于上海

目录

前言

　　我写这本书的缘由纷繁交织。当我还是一个接受精神分析培训的精神科住院医师时，我们得用精神分析的框架去总结每一个个案，也就是对患者怎样成为那个步入你的办公室的人作出历史性的概念化阐释。该阐释须尽可能地回溯到患者最早的个人生活，包括在婴幼儿期（infant，英文 infant 大致指代 0—3 岁的生命阶段，根据文意译为婴幼儿、婴儿或幼儿——译者注）发挥作用的前语言期、俄狄浦斯前期的影响因素。于我而言，这项工作一直是个折磨，特别是把婴幼儿期整合到对某个人的统一的人生阐释中。折磨我的是，我会受困于矛盾之中。一方面，我坚信过去以某种一贯的方式影响了现在，这个动力性心理学的基本论断是使得精神病学成为于我而言最迷人、最复杂的医学分支的因素之一，精神病学也是唯一的、心理发育在其中真正重要的临床学科。但是另一方面，我的患者对他们的早年生活史知之甚少，而我对如何询问知之更少。于是我被迫在他们为数不多的婴幼儿期事件中挑拣出最能契合现有理论的部分，从而形成一个整体的历史性的概念化阐释。后来发现所有案例的概念化看起来都很相似，然而人却是很不相同。这个过程就像是用有限的动作玩一个游戏——或更糟，带有智识性欺诈的意味——否则就竭力与感觉是真实的内容紧密地粘在一起。生命的最初几个月、几年在理论中居于坚实的优势地位，但在面对一个真实的人时，却充满了臆测和模糊，这一矛盾不断地困扰我，探讨这个矛盾成为了本书的一个主要任务。

　　写本书的第二个缘由是我发现当代发展心理学研究为探寻早年时期提供了新的手段和工具，在其后的十五年间，结合临床方法，我一直在使用这些工具。本书也意图在实验手段所揭示的与临床重建的婴幼儿特性之间建立关联，旨在解决理论与现实的矛盾。

　　第三个缘由与"对过去的了解是最好的理解现在的方式"有关。我记得在七岁左右时看到过一个成年人照看一个一岁多的小孩，当时那个小孩想要什么对我来说非常明显,但那个成年人似乎完全不明白。我意识到自己处于一个重要的年纪,既懂得小孩的"语言",也懂得成人的语言,我仍然有"双语"能力,但不知道随着长大,这个能力是否必然会失去。

这个早年事件有其历史背景。当我还是一名幼儿时,我有相当长的时间呆在医院里,为了搞清楚到底在发生什么,我变成了一个观察者,善于解读非言语信息,自此再未改变过。所以,当终于碰到动物行为学家时,作为住院医生的我非常兴奋。他们为研究婴幼儿自然发生的非言语性语言提供了科学手段。对于我来说,这意味着对动力性心理学所描述的、言语性自我陈述分析的必要补充。人们必须使用"双语"才能着手解决前述的矛盾。

有人或许会说建立在高度个人化的资料之上的研究或理论是不可信的,或者说倘若不是出于个人历史原因、没有哪个头脑正常的人会致力于这种艰巨的研究工作,而发展心理学家(developmentalist)不得不把宝押在后者身上。

写本书最直接的缘由与几个同事和朋友的影响有关——我欠他们情。他们看过所有或部分不同阶段的稿子,提出了很好的建议或批评,鼓励并重塑了本书。我最为感激的是 Susan W. Baker、Lynn Hofer、Myron Hofer、Arnold Cooper、John Dore、Kristine MacKain、Joe Glick 和 Robert Michels。

有三个小组帮助完成了本书的某些内容。有一段时间,我有幸加入了 Margaret Mahler 及其同事 Annamarie Weil、John McDevitt 和 Anni Bergman 的定期聚会,虽然他们可能并不赞同我的一些结论,我们在有分歧的观点上的讨论总能丰富和深化我对理论的理解。第二个小组是 Katherine Nelson 召集的,研究婴幼儿的摇篮语(crib talk,指婴幼儿在床上入睡前的自言自语,一般 1.5 岁左右开始,到 2.5 岁左右停止——译者注),包括 Jerome Bruner、John Dore、Carol Feldman 和 Rita Watson,我们关于儿童前语言性和语言性体验的相互作用的思考极其宝贵。第三个小组由行为科学高级研究中心(Center for Advanced Study in the Behavioral Sciences)的 Robert Emde 和 Arnold Sameroff 召集,研究发展心理学,与 Alan Sroufe、Arnold Sameroff、Robert Emde、Tom Andres、Hawley Parmelee 和 Herb Leiderman 的讨论对解决关系问题如何内化大有裨益。

我还想感谢在我的实验室外、我有机会与之合作的同仁:CUNY(纽约城市大学——译者注)的 John Dore 和日内瓦的 Betrand Cramer。

我特别要感谢 Cecilia Baetge,在本书的所有阶段为我准备稿件,由于她的管理才干,我方能在写书的同时进行其他的专业工作。

Jo Ann Miller,Basic Books 图书公司的编辑,她的鼓励、批评、点子、耐心、不耐烦、截稿日期和敏感性、巧妙的时间安排混合成一个奇妙的人。Nina Gunzenhauser 的思路清晰和审稿的良好的判断力对本书不可或缺。

本书涉及的大多数研究由 Herman 和 Amelia Ehrmann 基金会、William T. Grant 基金会、精神分析研究基金、国家出生缺陷基金会(National Fundation of the March of Dimes)、国家精神卫生研究院和华纳传播公司资助。

最后,我要感谢所有的家长和儿童——我的顶级合作者——允许我们从他们身上 ix 学习。

导论

再编一本十五年前写的、关于一个快速更新的领域的书，造成两难的窘境。是完全重写，还是静置原地、另起炉灶写别的？这两者都不令人满意，我做了第三个选择，写一个全面的新介绍。这次再版让我有机会订正、补充、删除、详述一些内容，也让我得以后退一步去评估它的影响，并对先前的一些批评作出回应。最后，它让我厘清究竟这本书将我自己的思考引向了哪里。

对部分内容的再编

本书付梓十五年，翻译成十种语言，在四个方面最具影响。

发展的层阶模型(The Layered Model of Development)

传统的阶段模型(stage model)中，心理发育的后一阶段不但替代、并且基本上抵消其前面阶段的成果，层阶模型与此相反，在对全局重组的基础上，假设自我感(senses of self)、社会情感能力以及与他人相处的方式处于渐进式累积的过程中。新兴的结构不会消失，而是保持活跃、并与其他结构动力性地相互作用。事实上，每一个结构促进了后续结构的发生。根据这个假设，我们终生保持所有的自我感、社会情感能力、与他人相处的方式，若按照阶段模型的假设，先前阶段的发育结构只能通过类似退行的渠道才能触及。

转向层阶模型有两个原因。一是：在四分之三个世纪之后，经典弗洛伊德的性心理(psychosexual)阶段模型仍然未能实现其预测的、与后来的心理病理之间的关联，不能孕育新的理念，并变得越来越无趣、缺乏说服力。二是：在当下占主导地位的皮亚杰(Piaget)的发展理论旨在解释婴幼儿与非生命的物质世界(空间、时间、数目、体积、重量等)的交会(encounter)，并完成了这个任务，却在解释婴幼儿与更为丰富复杂的社会—情感的人类世界的交会时捉襟见肘,后者由自我与他人组成,构成了我们的世界,并令我着迷。

在 1985 年本书的初版中,我说过——当时尚未有坚实的确信——婴幼儿与人类世界的交会即便不是原发的、也断然不可能是继发的,引导这种交会的心理原则必须独立于、且异于引导与非生命的物质世界的交会原则。这两种交会平行前进,这是核心点。

在这个领域的许多工作中开始呈现出来婴幼儿和成人具有(其实是必须具有)两个不同的、平行的知觉、认知、情感和记忆系统,分别用于与物质和与人类世界交会并赋予意义。当然,这两个系统存在动力性的相互作用。这个新的观点——在这些术语最宽泛的意义中强调局部知识的特异性,是一种极端的偏离——在过去十五年间不断获得证实和理论的强化(例如以下文献:Braten,1998;Leslie,1987;Rochat,1999;Thelen 和 Smith,1994)。目前,它被证明对正常和病理性发育(特别是自闭症)都十分适用。

层阶模型并不是全新的(平行模型更新一些)。它受到了其他的非序列性模型、如Werner 和 Kaplan(1963)的螺旋模型以及其他模型的影响。一些心理学家不断地批评,说它本质上是一个生长模型,而不是发展模型。他们也有一些道理,不过一个模型必须适合其意图涵盖的资料,而本书勾勒的层阶模型比阶段模型更适合婴幼儿与独特的人类世界的交会。不管怎样,它似乎比此前的模型更有助于推动众人的思考——至少在处理人际互动方面。

拆解自我(self)

本书提出的观点:自我/他人的分化始于出生时或出生前,是引起诸多议论的另一个根源,特别是在精神分析相关领域。如果该分化并非某特定生命阶段的任务,则自我与他人的"最终"解离不可能有任何实质性的时间定位。所以,与其把自我与他人的分离看作一个阶段性的发展任务——甚至看作一项发展任务,不如认为自我/他人的分化一开始就存在、并处于不断进展的过程中。因此,婴幼儿主要的发展任务朝向相反方向,是建立与他人的联结,即增进关系。值得注意的是,前文所提及的关于平行系统(感知、认知、情感)基本从出生就开始活跃的研究发现支持本书对自我/他人分化发生时间点的理念。

在考察病理学时,这个理念强调依附(attachment)的策略和问题,弱化、甚至去除对阶段进行概念化——如"正常自闭"(normal autism)、"原始自恋"(primary narcissism)、以及"共生"（symbiosis）——的需求。这并不是说在更晚一些的生命阶段中，作为病理性实体，不存在类似的现象。还是有的，只不过它们的源头不是始于生命的头两年，因此不可能构成特异的病理性机制，后者是退行指向的目标。

xiii

简言之，公认的自我感建立在新的世界——自我观念的出现之上，后者伴随婴幼儿能力的发展而产生。

考虑到最初三个前语言期的自我感——显现的自我感（emergent self）、核心自我感（core self）和主体（subjective）[主体间（intersubjective）]自我感——现在我变得不太确信它们的出现是否有清晰的先后顺序，在上文提到的层阶模式中，新出现的叠加在原有的结构之上。在这一点上，我更倾向于认为它们三个是同时出现的，并很可能是由于其动力性相互作用所致。因此，如果我现在写这本书，我会把它们描述为同一个非言语性自我感的三个亚类，具体的原因后文将涉及。

关于非语言期

对非语言期行为的关注同样引起了争论和反思。从事婴幼儿工作的发展心理学家乐于处理非语言性交流，但大多数精神分析学家却不是，他们更适应词汇、叙述性（narrative）阐释和意义。既然本书的目的之一是把发展心理学同动力性心理治疗结合在一起，那么在语言同非语言结合处自然会存在张力——某种扰动的地带。本书的许多见解和影响即来自这个交汇。

首先是构成数据的单位量的问题。婴儿观察被迫处理较小的行为单位，以秒或几分之一秒计算，较小单位的重复或集合构成较大的单位。这种观察法是简略的微分析，但并非完全是微分析。但是，心理治疗师处理的是更大的单位，由耦合的、而不是集合的意义的网络组成，在叙述之中呈现统一的意义。桥接这个缺口的一个方法是找到（或赋予）较小行为单位隐含的、类似叙述的意义。我和其他寻求临床相关性的人都xiv在使用这个方法，其优点和风险将在后文论及。

本书将叙述的观念应用到非语言期，产生的一个后果是为依赖非语言的心理治疗师找到了一种适用的语言。我特别想到的是舞蹈、音乐、运动治疗，以及存在主义心理治疗。这是我的一个愉快的惊喜，因为最初我并未考虑到这些疗法，对它们的了解丰富了我的思想。

在适当的（微）水平处理非语言世界的最有意义的成果可能是它昭示了以下问题的架构：什么是内部客体（internal object）？它是怎么形成的？

内化及共在方式(ways-of-being-with)

本书挹取发展心理学的新观点,应用到心理动力学最重要的素材之中,是前人未有的。

内部客体由反复的、相对较小的互动模式构成,这一中心概念来自微分析视角。内部客体不是人,也不是他人的局部,而是由与他人互动中的模式化的自我体验所构成。内在(即内部代表)包含了互动经验。

在本书的多个地方,内部客体指的是一般化的互动表象(representations of interactions that have been generalized,RIGs)。在此之后,我称之为共在方式(ways-of-being-with),淡化形成过程,偏向于以一种更为贴近体验和临床应用的方式、描述既有的生活现象。

这种对待内部客体的观点偏离了当下动力性心理治疗的大多数主流,有人批评说它脱离了主体世界的框架——尤其是意象(fantasy)(特别是"原始"意象或先天意象)的影响——以及,更概括地说,被批评以行为学家的视角、把婴儿当作主观经验的精确的阅读者和建构者,以此被观察者记录在案。

实际应用的技术的实质并非如此。关键的是,在新技术的帮助下,考察当时可及的非语言互动的资料,在其他已有的概念的基础上,通过这些资料和影像,考察婴幼儿如何建构出自我与他人体验的主观世界。这不是行为主义,而是一种技术,结合使用新的行为观察和行为怎样被构建的推测。包含了这两者,它远远地(常常是颤颤巍巍地)跨越了行为主义。

跨出这一步的意图不是取代先天意象的观点,而是在需要探索特定的先天特性——意象、反应倾向、偏好、价值等等——之前去观察主观世界的构建如何与临床关联。从某种意义而言,这个技术可以视为一个定义性的尝试,尝试更好地界定和聚焦目前未知的、必不可少的先天特性。其结果是在婴幼儿(和成人)的内部世界及其形成过程之间打开了一个更宽阔的对话空间。

部分章节的讨论

"显现自我感(the sense of an emergent self)"(第三章)

对一些人来说,这是最令人兴奋的一章,对另一些人,最令人迷惑。其原因,我怀疑是过程和内容的边界不清晰。当聚焦于形成心理内容的(主观)体验时,这个边界的区分可能是最困难的。

第三章描述了婴幼儿心理的几种组织方式。组织成形的过程容易理解，甚至可以从外部观察来推测。困难的是下一步，对组织成形过程的体验。显现自我感与此体验有关。

虽然有很多关于体验类别的例子（如变式（transmodal）），但我认为欠缺有关意识（consciousness）的概念。过程体验必须是离散的、有界限的事件或时刻，一种"在此刻形成"的感觉（Woolf，1923）。若没有这个特征，就没有办法把显现自我与其他会导致心理组织过程的心理和生理活动区分开来。

由此产生几个问题：我们说的是什么意识呢？显现进入的是什么样的时刻？在第一版中我回避了这些问题。要讨论它们，我们需要一个原始意识（primary consciousness）的概念，生命早期的婴幼儿能使用的原始意识。

当不再坚持身与心之间的截然分野时，在新的、具体化的心灵理念中工作的研究者（如 Clark，1997；Damasio，1999；Varela，Thompson，和 Rosch，1993）在可供婴幼儿使用的原始意识的特性方面有所突破。原始意识不是自省，它是未语言化的，仅仅存在于与"现在"对应的一种当下的时刻中。

这个基本概念包含几个部分。第一，所有的心理活动（知觉、感觉、认知、记忆）都伴随身体的信息输入，其中很重要的是内部感觉（internal sensation）。这种内部的信息输入包括唤起、激活、紧张度、动机激活的水平、（不同系统的）满足感、幸福感等瞬时状态。Damasio 称这种信息输入为"背景感觉"（见 Damasio 1999，287 页），与本书所提的活力情感（vitality affect）类似。来自身体的其他信息输入包括身体所进行的——或者为允许、支持、增强心理活动（感知、思考等）必须进行的——所有事情，例如做出或保持身体姿势、动作（眼睛、头或身体）、空间位移、肌肉的收缩与松弛等。身体从来不是什么也不做的。（罗丹的雕塑《思想者》，他静静地坐着，一手托着头，手肘支在膝盖上。他确实没有动，但他的姿势中有非常大的张力，提示来自几乎所有肌肉群的活跃的、强烈的本体感觉反馈。这个反馈，连同暗示出来的思想者的高唤起水平，构成了背景感觉，在其基础上刻画了他的思考的特性。正是这个前景与背景的对比抓住了观众，表达了作品的内涵。）

所有这些身体讯号来自自我——一个当时尚未明确的自我。不必关注这类讯号，它们也不必进入觉察，不过它们存在于背景之中，就像生命的音乐延绵不绝。正因为此，我更愿意称之为活力情感，也正是这种音乐使自我——Damasio（1999）的"原型自我"——呈现,不过在最初它必须同某种心理活动联袂。

第二部分是意向性客体(intentional object),即意识指向的对象,是"心里"有的任何事物(心理学意义上的活化的目标导向并不一定带有意向性)。可以是一个红球,一种内部的疼痛感,乳头含在嘴里的感觉,一个念头,一段记忆。

原始意识是意向性客体与来自身体的生命背景信息输入在当下的共轭。身体的信息输入明确当下感觉到意向性客体的人是你,于是自我感作为对意向性客体的鲜活的体验而出现,这就是我所说的显现自我的意思——在特定的时刻,与世界(或自己)交会时自己是活着的这一体验,一种对经历体验的过程的觉察。体验的内容可以是任何事物。

每一次出现原始意识的时刻,自我作为一种体验被感受到、并被置入世界之中。在这个时刻,显现自我的感觉出现。这在一个小时、或一分钟内千百次地发生,虽然短暂、稍纵即逝,却呈现了延绵不绝的生命之乐章的回响。Damasio(1994)把显现自我感称为一种"脉冲",不断地确认在体验过程中的活着的自我。此外,活力情感的动力学特质使得体验在时间轴上呈现出波状曲线。

我们有理由相信狗和更高级的动物能获得类似原始意识的体验。在人类,婴幼儿早期的原始意识看起来在清醒的静止状态和清醒的活动状态中最为显著。

第三章里列举的许多例子与两个不同的意向性客体的共轭有关。我想强调的是,这些共轭本身必须与鲜活的身体感觉、以及体验到的鲜活情感的起伏联接在一起。理解这一点,就能带着对何为显现、何时显现的更准确的定义来重读这一章。

"核心自我感:一、自我与他人"(第四章)

第四章把核心自我感描述为由四个相对恒定的体验组成:自我能动性(self-agency)、自我统一性(self-coherence)、自我史(self-history)(延续性)和自我情感(self-affectivity)。现在我会去除自我情感,减少到三个,因为自我情感的概念被上文所述的扩展了的显现自我和后文将述及的延续性感觉所覆盖。(不过我的目的并不是弱化情感在精神生活中无处不在的中心地位。)

我会把自我史改为自我延续性。史这个字含义太丰富,带有过去及其与现在的关联的意味。我真正的意思是:在每一个与自己交会的原始意识时刻,由于生命背景感觉和活力情感、以及这二者的表达所构成的不变量,婴儿感觉到的是"同一个东西"。由于"正在进行中"的感觉仅仅发生于体验被带到当下时刻时,延续性作为一种感觉而非事实,实际上是一种持续重建的延续。也就是说,即便在大多数时间延续感并未发动的情形下,人们也能感觉到延续,当延续感发动时,人们再次体验到自己还是原来的那个人。

xix

"核心自我感与他人"(第五章)和"主观自我感"(第六、七章)

如上文所述,婴儿一开始就存在三个相对独立的体验自我、他人和无生命客体的系统,那么原有的发展图式就需要调整了。一系列重要的发现与此有关。

近来对镜像神经元、自适应振荡器(adaptive oscillator)、以及对早期模仿的深入研究证据表明,可能从生命伊始,婴儿就具备了 Braten(1998)所谓的轮替—中央介入(altero-centric participation)、或者 Trevarthen(1979)所谓的原始主体间性(primary intersubjectivity)的能力。

镜像神经元首先在猴子的运动前区皮质中被发现(Rizzolatti 和 Arbib,1998)。当猴子做出手和嘴巴的某种动作时,该区域的特定神经元激活,另一只猴子,在观察第一只猴子做这个动作时,其相同脑区的神经元也激活。由此假设,观察的猴子具备某种神经基础,通过某种方式,使得它感受到了实际发生在另一个机体上的动作。这一发现与情感共鸣、模仿、主体间性、和共情的关联是显而易见的。目前这个实验尚未在人类身上重现,但是 Rizzolatti 和 Arbib 认为,当成年人观察另一个人做一个动作时,其相同肌肉群的激活阈值降低。

另一系列实验指向同样的方向。研究者发现了自适应振荡器,使我们能把我们的动作与其他人同步(McCauley,1994;Port,Cummins 和 McCauley,1995;Torras,1985)。显然,我们体内不同系统中有"时钟"样的装置,在特定的阶段激活,但是可以被来自外部的刺激(如别人的动作)重置,这个重置使得我们能够建立和维持与另一个系统在时间上的同步。长久以来我们都知道,人类具有与年龄相当的、感知他人行为并作出相应行为的能力,这些发现为此提供了生物学机制。

xx

还有一些研究涉及相对于他人的自我识别、该识别能力出现的时机、以及导致对自我和他人的认知过程异同的机制。

关于婴儿是否具有对偶然性关系的理解有过争论。深入一步来看,婴儿能够区分完全偶然性(perfect contingency)和高度但非完全偶然性(Watson,1994)。完全的偶然性是自发行为的必然结果,而高度但非完全的偶然性关系是父母镜映、调谐、以及父母的总体反应性的几乎不可避免的结果。

别一些发现显示,在出生后头几个月,婴儿更多地趋向完全偶然性(例如自发的事件),在出生三个月后,婴儿对高度但非完全偶然性(例如其他来源的事件)更感兴趣。这些现象确实发生得很早(Bahrick 和 Watson,1985;Gergely 和 Watson,1999;Rochat 和 Morgan,1995;Watson,1994)。

不同的偶然性关系作为区分自我与他人的机制的重要性,本书第一版有所关注,不过新的研究成果更深入,与对早期模仿的理论扩展一道,为此命题打下了更为坚实的基础,不仅改变了我们对婴幼儿的自我/他人体验的观点,也改变了对主体间性发生时间的确定。

在老版中,大多数的篇幅用于强调婴幼儿的"自我调节他人"(self-regulating-other)的体验。我并不打算更改这个体验的核心地位,只不过,有必要引进一个更为宽泛的、自我与他人体验的系统,包括通过镜像神经元和自适应振荡器、或者其他尚未发现的机制,一个人的神经系统被另一个人的神经系统捕获这一独特但普遍的情形。在这样的时刻,定义核心自我感的不变量不会被他人完全同化,不会一扫而空,只是部分的重叠。其体验仍然具有自身的特性,并构成另外一个辨识性极高的"与他人一起"的方式,后一现象我称为"与他人的自我共鸣"(self-resonating-with-another)。

对老版的第二个更改与主体间性的发展起始有关。在此我必须订正,我在第六、七章中所说的主体间性指的是主体间自我的感觉,我使用这个术语时一直都指的是这个意思。

主要的问题是:主体间性起于何时? 在第六章,我提到大致起始于出生后第九个月,伴随关注间性(interattentionality)(如用手指指示)、意向间性(interintentionality)(例如期望动机得到解读)和情感间性(interaffectivity)(例如情绪调谐和社会性参照)的发育。婴幼儿大量的模仿中显示出其他介入模式的证据,加上镜像神经元和自适应振荡器的新发现,现在我确信早期形式的主体间性几乎一出生就存在。

这代表了我在思想上的变迁,我曾同 Trevarthen 就从出生到九个月龄存在"初级的主体间性"、之后是"次级主体间性"(Trevarthen,1979;Trevarthen 和 Hubley,1978)的假设进行过争论(第六章),现在我赞同这种早期起源的观点。但是,为保留次级主体间性的特质(见第六章),我仍然把出现在九个月左右的次级主体间性简单地称为主体间性。(虽然在初级和次级主体间性之间有相当清楚的界限,不过在我们勾画出完整的框架——在哪个年龄、哪些它们出现的发育板块被包含进统一的主体间领域——之前,我们只得把它们视为暂时的术语。)

无论如何,最重要的一点是,初级主体间性从出生就开始了,同显现自我感、以及核心自我感(再配置)一样。相应地,图 2.2(第 46 页)的发展图式也需要修正。

我们现在发现自我/他人感有以下主要的亚类:

- 第一是"自我调节他人",见于第五章,涉及对安全、依附、唤起、激活、愉悦、不愉 xxii 悦、生理满足、自尊等的调节。

- 第二个包括当自我通过其他介入模式——包括上文所述的"与他人的自我共鸣"——与他人联接时的不同的初级主体间性体验。

- 第三是"他人在场时的自我"。这指的是有照顾者在场、但婴幼儿独自处于感知、思考、或活动情形时发生的共在状态,照顾者的物理性在场(无任何互动或心理性在场)作为一个框架环境,婴幼儿可以在其中继续保持心理性的独自一人。从某种意义而言,这个亚类是自我调节他人的一个特殊变异。

- 第四个亚类,其对前三个亚类的扩展和细化程度尚不清楚,即"自我与他人"感,特别是作为家庭三角的一部分。越来越多的证据显示,婴儿(至少三个月大)开始形成对自我作为三角排列的一部分的预期和表征(Fivaz 和 Corboz,1998)。既然如此多的时间都处于二元和三角关系中,这也不令人意外,但是问题仍然存在:在何种程度上,三角关系中的自我感能被视为二元关系中的自我感的平行物? 这二者如何、在何时相互影响?

这些自我感组成了主要的共在方式,随着发育的进行,全都处于持续的动力性互动中,界定其分隔的边界。

"言语性自我感(sense of verbal self)(和叙事性自我)(narrative self)"(第八章)

1985 年版中,自传性的叙事能力仅仅是言语性自我的外挂,一个小角色。现在我不这样看。讲述关于你自己体验的叙事能力是一种独立的基本能力,超过并独立于从象征去组装词语、从而把你自己和你的世界诉诸语言。叙事能力的发展(三岁左右)比 xxiii 语言能力的发展(一岁半左右)晚得多,所必需的心智功能不同。当然,在能够进行叙事性讲述之前必须存在基础的语言能力。(不过,感知的叙事性格式可先于语言。)

现在我坚信叙事性能力的发展开启了通向全新的自我领域的道路——具体而言,考虑到以下两个方面,叙事性自我的重要性显而易见:

1. 告诉自己和他人的关于你的经历的故事构成了你人生的官方历史。它们形成了你的自传,从而成为处理过去的谈话治疗的基本资料——包括一分钟前的过去和童年时代的久远的过去。

2. 在童年期,绝大多数的自传性叙事与他人合作完成,通常是父母或手足。父母的司空见惯的问题如"今天在学校有啥事吗?"、"你和你弟弟今天上午干了些什么?"参与构建了日常的历史,由此而来的叙事是真正的共建,父母与孩子共同协作,收集故事的片段、按顺序整理、赋予凝聚力使之成为一个故事,然后通过建立情绪的高点和赋予价值对其进行评价。其产物成为家庭共享的官方历史,以及家族传说的一部分。

新的研究结果显示,作为一种调节的形式,父母与孩子之间的共建过程与其他调节形式(如依附(attachment))类似,目前已识别出多种调节模式,每一种对叙事的内容产生不同的影响。高度非对称性是这种共建的一个重要特性。如果父母不在场,孩子就是唯一知道发生什么的人,即便如此,父母在识别讲述的故事中哪些部分缺失、或不尽其然(等等)、以及营造凝聚力方面具有更熟练的技能,双方必须协商出一个最终的版本,其与真实的既往史之间的关系总是飘忽不定(de Roten,1999;Favez,1996;Stern,1990)。

xxiv

构造"发生了什么"的叙事的一个重要特性是,构造的过程带有某种实验的功能,在其中锻造叙事性自我、修订错误、增添细节、精密微调。所产生的叙事性自我会使用来自所有前文所述的其他自我感的隐含和外显的资料,它既是临床过程的目标,也是其手段。

按照上述内容,我修订了图2.2。

"临床应用"(第九、十、十一章)

本书第三部分的几章涉及第一、二部分内容的临床应用,这个主题要阐述清楚完全可以构成第二本书,事实上,《婴幼儿的人际世界》这本书原计划出两册,下册涵盖上册内容的临床应用。目前这第二本书还在酝酿之中。

对重要批评的回应

来自社会建构学家(social-constructionist)的批评

社会建构学家批评《婴幼儿的人际世界》脱离语境(decontextualized),理由是:我没有详细描述开展工作所在地的文化(西部、20世纪晚期、中上阶层、主要是白人、等

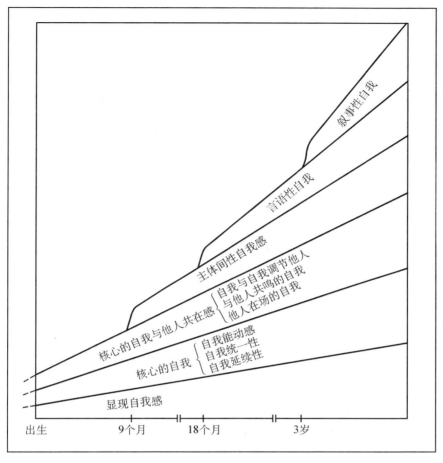

图 2.2　　　　　　　　　　　　　　　　　　　　　　　　xxv

等），我没有研究过假设、方法和这种地方性文化的特性（我也是这种文化的一分子）如何影响了研究结果，并最终影响由此归纳出的理论；相应地，我也只能发现自己已经知道的东西；我没有通过把建立在地方性资料上的假设、方法和发现与已知的跨文化研究结果相比较来弥补这个局面；以及，我暗示了这些在非常局限的地方性文化中的发现具有普遍性、甚至是先天性，因为我并没有否认这一点（见 Cushman, 1991）。

　　大部分社会建构学家的批评我都同意，出于政治和科学考虑，都是必要和有益的。我指望着社会建构学家能够就此著书立传，在这么指望着的同时，我的内心深处要求我公平地对待付出，我将再写一本书，那么就需要有两本书了——他们的，我的。

　　在对社会建构学家充满感激的前提下，我想澄清一些问题，在这些问题上我相信他们走得太远，变得徒劳无益。

基本上，《婴幼儿的人际世界》所涉及的都是社会文化背景处于激活状态的过程，例如塑造人们的行为、他们的内在世界，以及他们的关系。简言之，它讲述的是婴幼儿的文化语境化（contextualizing）及心理发展过程。但是，社会建构学家看起来忽略了一个大多数发展心理学家所重视的微妙环节：从外部远距离地考察的文化、与在影响婴幼儿方面具有特定作用的文化，这二者之间存在差异。例如，我们都知道西方文化的社会经济状况是影响诸多全球性测量指标的最强有力的变量，但它是怎样起作用的，这没有告诉我们任何信息。

就本书的重要性而言，从长远来看，在我们现在所处的知识阶段，语境化过程（默认是由地方性因素决定）不如这个过程本身重要。文化在生命早期发挥作用、并能被婴幼儿感知，其能使用的变量并不是无限的，以下变量构成了其全套节目内容，包括面部表情、或面部表情缺乏、对视及其回避、发声或沉默、体位、物理距离、姿势、搂抱的方式、节奏、时机掌握、活动持续时间等等。不存在其他的文化语境化清单。继续类比：不同的文化可以使用同一个字母表组成不同的句子，但是首先我们必须搞清楚这个字母表是怎样能够（而非必须）起作用的。我想到过，发现这样一个字母表——以及使用方法——被如此系统化地描述，社会建构学家应该会很高兴的。

假如我在本书开头写了明确的免责声明，比如："决定本研究所得之结果的研究对象、方法、理论构想和基本假设将免于探讨。我假定读者都非常熟悉白人、中高产阶层、20世纪晚期的西部社会。基于我们的基本假设，本书论述的是我们的婴幼儿如何发育成为如同我们自己一般的人。显然，此处所得出的结论没有一条适用于其他文化。"（这一段我相信是对的——并且不言而喻——可能确实应该写出来以避免混淆视听。）这个声明会让社会建构学家满意吗？即便有这个声明，本书作为一种描述不可避免地会模糊强令申斥，在政治立场上仍然是大有可批评之处——所以这正是一种暗藏的政治行为？为免除这个结果，必须多少次地向读者宣布这个声明？或者必须把所有的文化差异都纳入并加以研究？如果真是这样，那会不会就变成了另外一本书，可能是无足轻重的一本书？社会建构学家的批评究竟首要地"政治正确"、过度地狭隘以及实效上的蹩脚到了何种地步？

Cushman（1991）说因为我没有注明并考察我的背景，我的发现和研究结果被暗示为具有广泛的适用性，但其实它们仅仅适用于我工作所处的地方性背景。他声称这种暗示导致了指向预设性（predesign）、先天性的误导和无根据的强调。

在任何有可能存在先天性倾向、或趋势、或能力、或显现的时机的地方，我都尽力在书中指示出来。这些因素就好像框架指南，在不同的（文化或其他）情境下可以构建不同的使用方式。但是Cushman误解了我对预设这个术语的宽泛意义上的使用，比如，他说我没有任何证据证明协调过程是预设的。他的论据是：其他文化中协调并不以同样的方式出现、甚至根本就没有。但是我说的预设指的是：人类具有一种感知到别人瞬时的、充满张力的动作的先天性能力，比如上文所述的镜像神经元和适应性振荡器的发现为人类感知他人动作提供了生物学机制。该能力可能具有不同的文化形式这一事实并不能削弱其先天性，仅仅提示不同文化可能如何使用它而已。很明显我是在这个意义下使用预设这个术语的，产生误解只可能是出于别的目的。

还有一个发展心理学家必须对其敏感的情境。虽然文化可能呈现在所有的人类行为中，但就婴幼儿而言，一些行为的文化表现含混不清，另一些行为的文化表现要透彻得多。与成人相比，婴幼儿对整个文化的接触也要少得多。大多数文化都被亚群体过滤和更改，再下一级是单个家庭或家族团体，最后需通过直接接触的照顾者和同伴，只有到这一步文化才进入了能对婴幼儿产生效用的直接环境。

随着生长发育，婴幼儿接触和暴露在其中的文化特征在持续变化。相应的，文化要素的特性本身也是一个发展的变量。语言就是一个极好的例子，在开始时副语言（paralinguistics）带有文化的特征，后来的可随意控制的声音符号也是如此。（这是我坚持区分作为音乐和作为歌词的语言的原因——并非如Cushman说的因为一个是文化而另一个不是，而是因为文化的渗透和包围在深度、广度和性质上是不同的。）

婴儿观察与精神分析的关联

从事精神分析的Green(1997)和婴儿研究的Wolff(1996)均认为婴幼儿研究与精神分析没有关联。由于Green极大地依赖Wolff的观点，他们的立场在诸多方面很相似。

首要的问题应该是：与哪个精神分析关联？对很多人来说，精神分析包罗万象。Wolff选择用精神分析早期的、传统的、大约七十五年前的弗洛伊德派的有限术语定义精神分析的范畴——包含潜意识、特别是潜意识幻想，以将潜意识意识化为目标。这个定义遗漏了现代精神分析的许多重大的关注议题，尤其是客体关系，及其对内部代表物、移情、主体间性和叙事的构造的关注——尽管这些正是婴儿观察与精神分析关联最大、帮助最多的领域。事实上，Wolff对精神分析的定义导致了关联可能性的排除。

对于什么是精神分析、什么可能对精神分析而言是重要的，Green 采用不同的、但同样严苛的区划。他只采信来自严格定义的精神分析情境及其技术的资料和理念，在此限制下，婴儿观察充其量算间接与精神分析相关联，不会超过人类学的范畴，比如文化性的关联。这种最小化的立场损害了精神分析与其他所有人类知识的相关性，其结果是精神分析变成了一个严重孤立的领域，对其他科学和人文领域的兴趣与关联日渐式微。

Green 取消婴儿观察对精神分析的关联还有一个依据：他坚持说精神分析的资料都是由语言、象征、叙事和意义组成，这些统统超出了婴儿的能力范围；由于需要语言作为媒介，婴儿的原始体验不可能在动作后通过延迟作用（deferred action）被再组织。然而延迟作用却是精神分析的核心关注点之一。

该论断忽略了一个事实：婴儿已经开始积累关于其客体关系的非语言的、非象征的、隐含的知识，这些知识包含了比以前所以为的更为精细的代表物，这些代表物构成了以后的意识和潜意识的客体关系的基础，包括在移情中浮现出来的内容。

在 Wolff 之后，Green 也宣称《婴幼儿的人际世界》一书所采用的方法在很多方面来说都是伪科学、循环自证（circular）、充斥着指导观察的理论，即便有些拟人化和病理形态描述（参见 Barratt，1996；Wilson，1996）。两位都说我有一个预设的关于婴儿体验的理论，建立在我对成人心理病理的观念之上，我选择性地认同了几个发展研究结果，以此证明我自己的设想。这种论证确实属于循环自证，只不过我没有这么做。

其实，我所做的是：我查阅了到 1984 年为止的所有关于发展心理学的科学文献，目的在于厘清哪些能力是科学界认为不同年龄的婴幼儿所具备的。（还记得当时关于婴幼儿的探索研究已经蓬勃发展了近二十年，然而大多数精神分析学家和其他心理治疗师对该领域并不熟悉。）为此我建立了一套客观的限制（及始动）条件为哪些是婴幼儿在构建主观体验中能够或不能做的提供推论。这是二十多年浸淫于婴幼儿心理发展的文献阅读与发表的结果——根本不是挑拣了几个研究结果去支持什么先入之见。有必要指出，本书的参考文献超过 400 篇，绝大多数是别人的研究，在这个基础上，我力图在该领域中为得出推论而设立的参数上达成一致，同时也许提供一些新的可能性。这些资源在很大程度上独立于精神分析理论和心理病理学的考量。

这种把一个领域的成果借鉴到另一领域的方式是必要且有效的。从这一点而言，并非自圆其说，然而 Green 和 Wolff 忽视或摒除了定义这个语境的至关重要的第一步，正是在这个语境中推论、结论、假设得以形成。

我工作的第二步更棘手一些：从限制性的客观中归纳出推论或假设。对于他人的主观体验的推论不可能完全避免受到推论者的经验和理念的污染，不过 Wolff 在对我的工作中这种不可避免的污染来源的诊断却是错误的，它不是来自于我的临床经验，而是来自我对于正常人类行为的共情性、文化适应性的理解，我从患者那里得来的知识仅仅是其中一小部分。

在对他人主观体验的推论中，我们都受困于循环污染。这是所有理论建立的两难困境，不管是精神分析还是其他领域。问题不能避免，只能加以限制和识别。但是，如果我们在识别共同的客观限制时做到更广的兼容性而不是高度的选择性、如果我们在形成推论的过程中使用自身作为人类的体验的全部而不是任何既有理论的信条，那么我们就是最大可能地、科学地规避了循环自证。在我们通常的理解人类主观体验的努力中，并没有多少偏颇能成漏网之鱼。

xxxi

两位批评家都没有对假设形成和假设检验的标准做出决定性的区分，《婴幼儿的人际世界》是定义前者的一个尝试。现在，真正的问题是：本书提出的假设是否能为现行的精神分析和心理治疗话语提供有趣的内容，反之亦然？对大多数人而言，答案是：是的。

本书对未来工作的指引

像本书这样的著作预示着作者自己未来的工作方向。以下是我在本书出版后的十五年间选取并深入的一些思路，有些清晰可见，有些不那么清晰。

对儿童叙事的研究

越来越多的证据表明叙事性自我感是后来临床问题的关键，共建（co-constructing）过程也日益显示出其至关重要的作用，于是几个同事和我启动了对儿童叙事的研究（Favez 等，1994）。（由 Katherine Nelson（1989）组建的一个小组已经在这个方向上着手研究，分析一个两岁儿童的睡前独白。）四到六岁的儿童参与高度新颖和情绪化的标准游戏情境，每一个环节都有录像。一半的母亲通过单向玻璃观看游戏过程，另一半完全不知道发生了什么。游戏结束后，每个儿童和母亲立即对刚才孩子体验到的事情进行叙事重建，只需简单地汇报"发生了什么、有什么感觉"。然后我们将叙述与客观记录进行对比。我们知道实际上发生了什么、孩子是怎么反应的这些客观事实是很重要的,因为就这样的关于叙事重建的研究而言,没有客观参照。

　　最惊人的结果是重建风格的巨大差异。一些母亲主要关注事实和事件的时间顺序,甚少注意故事的中心思想和对发生的事情的情绪评价,其他母亲对中心思想和情绪评价更有兴趣,还有一些从非指导性的意义来说总体比较被动。可以想见,不管是否与实际发生的事实一致,共同叙事(co-narration)对最终叙事的形式和内容具有强大的决定作用。不论是否存在扭曲事实,共同叙事在其后数月中保持相对稳定(Favez等,1994;Favez,1996)。

　　每一种共同叙事风格都与共建过程中特定的动力性互动模式相关(Favez等,1994;de Roten,1999)。共建模式以调节策略的形式显现,需要整合认知、情绪和非语言行为。自传历史的共建因此可以加入到那些需要协作策略才能完成的重要动力性行为——例如依恋、自由游戏和喂食——清单之中。策略千差万别,每一种都可能导致不同的潜在的临床后果。

转而关注母亲的体验

　　虽然重点在婴幼儿,《婴幼儿的人际世界》完全着眼于人际和内心水平的动力性互动。对二联体(dyad)的概念化是对称的,为探索母亲外显的互动行为和心理代表物提供基本的模型。多年来,我治疗过很多母亲——单独或与孩子一道,我也观察过很多对婴幼儿的研究,最终,出于一些我尚不清楚的原因,在《婴幼儿的人际世界》一书中处于背景中的母亲们作为反思的焦点走到了前台。

　　这个反思最令人惊奇的结果是我意识到母亲创造了为人之母的一种新的脑力/心灵组织——该现象我称之为母性蔟集(motherhood constellation)。这是一种独特的、

独立的、基本的心理组织形式,而不是如许多人臆测的那样是旧有情结的衍生物或新版本,也不是母亲已有的心理组织上增添的一抹亮色。由此我撰写的一本书专门探讨了这个蔟集(Stern,1995)。

三联体

　　除了二联体以外,婴幼儿还生活在三联、四联……之中,我相信有必要把二联体的工作扩展到至少三联体。看起来很简单,但首先必须解决一个根本问题:对于婴幼儿而言,三联体是一套三个相互关联的二联体呢,还是本身就是一个实体? Fivaz 和

Corboz(1998)的工作让我确信三联体自身就是一个实体。这个结论导致了一系列探索婴幼儿处理不同三联形态及其转换的能力的合作研究。我们的观察显示：三至六个月龄的婴儿就开始形成对包含自己在内的三联体形态的图式(Fivaz等,1995；Stern和Fivaz-Depeursinge,1997)。

主观体验的世界

《婴幼儿的人际世界》中一直潜伏着一个问题：我们怎么知道婴幼儿的主观体验。我们当然不可能知道。即便在开始讨论这个问题的时候,任何对体验叙事的具体刻画都是不确定的、困难重重。本书采取的解决之道是假设,建立在集合客观研究结果和关于该问题的科学思潮基础上、对婴幼儿主观生活的保守的、非特异性的假设。

尽管这个工作需要极大的谨慎,我还是决定更深入一步,写了《宝贝日记》(Stern,1990)。这是一本"好玩的"书,写作于我的实验室搬迁过程中——有点像《婴幼儿的人际世界》的卡通版,主要给父母看的。不过,由于这个目的,我不能继续保持保守和非特异性。如果没有特定的事件和特定的体验,就没有故事可言,因此我编纂了事件和体验。我是在公认的客观数据的指导下进行的,但不管怎样,故事是我编的。这个想象力的练习很迷人也很有用,在探索叙事如何嵌入实际生活体验的问题上,它推动我更进了一步。究竟什么是生活体验？这些思考导致了下一个探寻线索：微分析访谈(microanalytic interview)。

xxxiv

微分析访谈

既然除了后续的叙述外没有别的通向主观生活体验的途径,我决定采用微分析技术的变量,从这项技术中,我们学到了那么多以秒为间隔的互动行为。以微分析技术变量为模板,我建立了微分析访谈模式,旨在以瞬时为单位描述生活体验的特质,只不过是在事件发生后的叙述中。

我在别处简要讨论过这个访谈(Stern,1995),大体上,受试者被要求描述其在数分钟或数小时前发生的事件(如小孩玩游戏)中有什么体验,自主选择一个小片段,通常不到一分钟,有明晰的开始和结束,然后进行一到两小时的访谈,重建体验的结构组成及其发生的时间。

被试者要描述她当时的想法、感觉和做了什么,会被问到身体姿势、姿势的改变和身体的朝向。我会要求她和我一起把这个事件拍成"电影"：我是摄影师,她必须指挥我何时要换新的"取镜"（例如场景转换）、使用哪种拍摄模式（例如近景、广角）才能最好的捕捉每个片段。最重要的是，被试者要为每个元素分配时长，为整个事件勾画时间曲线。

在访谈中，我们会对同一个材料进行许多次重复，每一次会增加新素材，或修正、调整其他内容。只有当被试者觉得重建的事件达到了与实际生活体验逼真到无可复加的地步时，这个过程才能结束。

对于实际上体验到的内容和被试者认为应该是发生过的之间的差异，我们高度重视。出于同样的原因，在讲述过程中出现、但不在实际体验中的联想和记忆被排除在外。最后一点，访谈主试者对于可能发生的内容不做任何建议。

最重要的发现包括日常生活的丰富性，多重事件可以同时发生。这种体验的多音调、多节奏完美协调一致，从主观上确认了心理运作的平行过程。引人入胜的是，对重述的生活体验的叙事与被试者的远远超过生活体验片段的生命关怀一致——非常类似一沙一世界。

不过，一个关键的问题依然存在：生活体验与重建的叙事之间到底能有多么一致？在精细的大脑成像技术的帮助下，这个问题可得到部分解答。至少一些特定类别的心理事件——例如肢体动作、视觉注视、或许还有记忆——的确认和发生时机是确定无误的。我的同事和我正在计划相关的研究。

探索当下

日渐增长的对婴幼儿和成人主观体验的兴趣引导我探索当下正在经历中的时刻。毕竟，生命活在当下，当下也是记忆和未来依次登台表演的临时舞台。即便事件之后的叙事也是发生在"现在"这个它们自己的当下中。

尽管这个事实显而易见，心理学从总体而言对描述和概念化当下的关注是不够的。（这个工作主要被留给了哲学，那是它的传统领地。）我已经着手写一本书，探讨当下及其对心理学、精神分析和脑神经科学的应用。波士顿的一个工作小组（我是其成员之一）已经开始研究不同类型的主观当下感在心理治疗中的特性（当下、此刻、交会的时刻），特别是它们在改变中所扮演的角色（Stern 等，1998）。

我会继续微分析访谈的研究，以期能有助于刻画这个事实：就现象学而论，我们仅仅活在当下。我们对心理过程的描绘和理论必须反映这个现实。

§ § § §

　　关于《婴幼儿的人际世界》最后说几句个人观点。可能对于本书最令人满意和中肯的评论是视其为把不同学术背景的人聚集在一起讨论它提出的问题的催化剂。来自同一个机构的心理治疗师和发展心理学家第一次作为工作小组走到一起；人类学家、精神分析学家和发展心理学家组成跨学科的讨论小组；不同流派的心理治疗师结成联盟。能桥接相互隔离的领域、并促进丰富对方的双边交流，是本书的一个特别值得骄傲之处。　　　　　　　　　　　　　　　　　　　　　　　　　　　　xxxvii

参考文献

Bahrick，L. R.，and Watson，J. S.（1985）. Detection of intermodal proprioceptive-visual contingency as a potential basis of self-perception in infancy. Developmental Psychology，21，963 – 973.

Barratt，B. R.（1996）. The relevance of infant observation for psychoanalysis. Journal of the American Psychoanalytic Association，44，2.

Braten，S.（1998）. Infant learning by altero-centric participation：The reverse of egocentric observation in autism. In S. Braten（Ed.），Intersubjective communication and emotion in early ontogeny. Cambridge：Cambridge University Press.

Clark，A.（1997）. Being there：Putting brain，body，and world together again. Cambridge，Mass.：MIT Press.

Cushman，P.（1991）. Ideology obscured：Political uses of the self in Daniel Stern's Infant. American Psychologist，46；201 – 219.

Damasio，A.（1994）. Decartes' error：Emotion，reason and the human brain. New York：Putnam.

_____.（1999）. The feeling of what happens. New York：Basic Books.

de Roten，Y.（1999）. L'interaction mère-enfant dans la narration d'un événement d'ordre émotionnel. Doctoral thesis，Faculté de Psychologie et Sciences d'Education，Université de Genève（Thèse No. 282）.

Favez，N.（1996）. Modes maternels de régulation émotionnelle du point-culmi-nant des narrations autobiographiques d'enfants en âge préscolaire. Doctoral thesis，Faculté de Psychologie et Sciences d'Education，Université de Genève（Thèse No. 233）.

Favez，N.，Gertsch-Bettens，C.，Heinze，X.，Koch-Spinelli，M.，Muhlebach，M. -C.，Valles，A.，and Stern，D. N.（1994）. Réalité historique et réalité narrative chez le jeune enfant：Présentation d'une stratégie de recherche. Revue Suisse de Psychologie，53（2），98 – 103.

Fivaz，E.，and Corboz，A.（1998）. The primary triangle. New York：Basic Books. Fivaz-Depeursinge，E.，Maury，M.，Bydlowski，M.，and Stern，D. N.（1995）. Une consultation mère-nourrisson: Entrerien clinique, micro-analyses et méthod interprétatives. In O Bourguignon and M. Bydlowski (Eds.), La recherche clin-ique en psychopathologie: Perspectives critiques. Paris: Presses Universitaires de France (Le Fils Rouge).

Gergely, G., and Watson, J. S. (1999). Early social-emotional development: Con-tingency perception and the social biofeedback model. In P. Rochat (Ed.), Early social cognition (pp. 101 – 136). Hillsdale, N. J.: Erlbaum.

Green, A. (1997). How far is empirical research relevant to psychoanalytic theory and practice? The example of research in infancy. A discussion with Daniel Stern at the Psychoanalysis Unit. London: University College London.

McCauley, J. (1994). Finding metrical structure in time. In E. Moser et al. (Eds.), Proceedings of the 1993 Connectionist Models Summer School. Hillsdale, N. J.: Erlbaum.

Nelson, K. (Ed.). (1989). Narratives from the crib. Cambridge, Mass.: Harvard University Press.

Port, R., Cummins, F., and McCauley, J. (1995). Naive time, temporal patterns and human audition. In R. Port and T. van Gelder (Eds.), Mind as motion. Cambridge, Mass.: MIT Press.

Rizzolatti, G., and Arbib, M. A. (1998). Language within our grasp. Trends in Neuroscience, 21, 188 – 194.

Rochat, P. (Ed.). (1999). Early social cognition. Hillsdale, N. J.: Erlbaum.

Rochat, P., and Morgan, R. (1995). The function and determinants of early self-exploration. In P. Rochat (Ed.), The self in infancy: Theory and research. Advances in psychology, Vol. 112 (pp. 395 – 415). Amsterdam: North Holland/Elsevier Science Publishers.

Stern, D. N. (1990). The diary of a baby. New York: Basic Books.

———. (1995). The motherhood constellation. New York: Basic Books.

Stern, D. N., and Fivaz-Depeursinge, E. (1997). Construction du réel et affect: Points de vue développmentaux et systemiques. In M. Elkaim (Ed.), Construction du réel et éthique en psychothérapie familiale. Paris/Bruxelles: De Boeck & Larcier.

Stern, D. N., Sander, L. W., Nahum, J. P., Harrison, A. M., Lyons-Ruth, K., Morgan, A. C., Bruschweiler-Stern, N., and Tronick, E. Z. (1998). Non-interpretive mechanisms in psychoanalytic therapy: The "something more" than interpretation. International Journal of Psycho-Analysis, 79, 903 – 921.

Thelen, E., and Smith, L. (1994). A dynamic systems approach to the development of cognition and action. Cambridge, Mass.: MIT Press.

Torras, C. (1985). Temporal-pattern learning in neural models. Amsterdam: Springer-Verlag.

Trevarthen, C. (1979). Communication and cooperation in early infancy: A description of primary intersubjectivity. In M. M. Bullowa (Ed.), Before speech: The beginning of interpersonal communication. New York: Cambridge University Press.

Trevarthen, C., and Hubley, P. (1978). Secondary intersubjectivity: Confidence, confiders and acts of meaning in the first year. In A. Lock (Ed.), Action, gesture and symbol. New York: Academic Press.

Varela, F. J., Thompson, E., and Rosch, E. (1993). The embodied mind Cambridge, Mass.: MIT Press.

Watson, J. S. (1994). Detection of self: The perfect algorithm. In S. Parker, R. Mitchell, and M. Boccia (Eds.), Self-awareness in animals and humans: Developmental perspectives (pp. 131 - 149). Cambridge, Mass.: Cambridge University Press.

Werner, H., and Kaplan, B. (1963). Symbol formation: An organismic-developmental approach to language and expression of thought. New York: Wiley.

Wilson, A. (1996). The relevance of infant observation for psychoanalysis. Journal of the American Psychoanalytic Association, 44(2).

Wolff, P. H. (1996). The irrelevance of infant research for psychoanalysis. Journal of the American Psychoanalytic Association, 44(2), 369 - 392.

Woolf, V. (1923). Diary. August 30, 1923.

第一部分

问题及其背景

第一章　探索婴幼儿的主观体验：
自我感的核心作用

任何关心人类天性的人都会对婴幼儿的主观生活充满好奇。他们如何体验自己和他人？最初的时候有自我感吗，或者是他人感，或者二者的混合物？他们怎么把声音、动作、触摸、景象和感觉组合在一起形成一个整体的人？或者是立即获得整体的概念？婴幼儿如何体验与别人"一起"的社交情境？与某人"一起"怎么被记得、或忘记、或形成心理表象？在发育过程中对亲缘的体验是怎么样的？总之，婴幼儿创建的是什么样的人际世界？

提出这些问题就像是询问大爆炸几小时后宇宙是什么样子的。宇宙的创造只有一次，在那浩渺遥远之处，而人际世界的创造就在这里、每时每刻发生在每一个新生婴幼儿的心里。尽管二者处于相反的两个极端，但对于我们的直接体验而言，它们都是遥不可及的。

既然我们不可能钻进婴幼儿的心里，想象一个婴幼儿可能的体验似乎毫无意义，尽管那是我们内心深处真切地想要并需要去了解的。我们设想婴幼儿的体验刻画了我们对他们是谁的概念，后者构成了我们对婴幼儿期对象的工作假设，从而形成关于心理病理的临床概念的指导模型：怎样发生、为何会发生、以及何时发生。它们是婴幼儿实验的理念源泉：他们想什么、感觉到什么？这些工作理论也决定了我们作为父母应该如何应对我们自己的孩子，并最终决定我们对人类天性的看法。

由于我们不可能知道婴幼儿栖息的主观世界，我们必须虚构出来，以此作为假设形成的起点。本书就是这样的虚构，是关于婴幼儿对其社会生活的主观体验的工作假设。

这个工作理论在现在能够提上议事日程，得益于近来研究的长足进展，使我们手上掌握了关于婴幼儿的一整套崭新的信息，以及探究他们的心理的全新的实验方法。其结果导致了对被观察婴幼儿的新见解。

从该新信息中得出关于婴幼儿主观生活的结论是本书的目的之一。前人未做过这个工作,原因有二。其一,发现这些新信息的发展心理学家通常固守观察和实验研究的传统,为保持这个途径,他们选择不对主观体验的特质作推论性的跃进。他们强调客观现象,即使面对的是临床问题,这与目前美国精神病学界中占主导地位的现象学潮流一致,但却严重限制了可被纳入临床现实的范围——只有客观事件,没有主观事件。同等重要的是,这个途径对于婴幼儿体验特质的基本问题无能为力。

其二,精神分析学家在建立其发展理论时一直在推导婴幼儿主观体验的特质。这既是重任也是强项,使得他们的理论能够涵盖广大的临床现实,包括主观体验到的生活(这也是它在临床上有效的原因)。不过,他们的推论仅仅建立在重建的临床资料上,以及对被观察婴幼儿的陈旧的、过时的观念。新的观察资料并未得到精神分析学家足够的重视,尽管出现了一些重要的尝试(例如 Brazelton,1980;Sander,1980;Call,Galenson 和 Tyson,1983;Lebovici,1983;Lichtenberg,1981,1983)。

我身为精神分析学家和发展心理学家的工作已经有一些年头,我感觉得到这两个理念之间的张力和兴奋。发展心理学的发现令人炫目,但似乎注定没有临床建树,除非有人愿意就这些发现对婴幼儿主观生活的意义作出推论性跃进。关于婴幼儿体验特质的精神分析发展理论——指导临床实践必不可少——显得越来越站不住脚,并对婴幼儿相关的新信息缺乏兴趣。正是在这个背景下——我知道很多人和我一样——我尝试从这个新的数据库推导出关于婴幼儿主观社会体验的结论。于是,本书的目的就是使用这些推论构建关于婴幼儿体验的工作假设,并评估其可能的临床和理论应用。

我们可以从哪里开始建构婴幼儿对自身社会生活的主观体验?我计划从将自我感置于探寻的核心开始。

自我及其边界居于哲学对人类特性的探索的核心,自我感及其对应物、他人感(sense of other)是一种普世现象,并深远地影响着我们的社会体验。

自我究竟是什么,每个人有自己的见解,作为成年人我们拥有一个真切的自我感,渗透到日常的社会体验中,以许多形式出现。自我感在一个单独的、独特的、整合的身体中,也在动作的开展、情绪的体验、制定目标、构建规划、把体验诉诸语言、个人知识的交流和分享中。大多数情况下这些自我感存在于觉察之外,就像呼吸,但是它们也能进入并停留在意识中。我们本能地以一种"这些体验属于某种独特的主观组织"的方式处理它们,前者我们通常称为自我感。

即便自我的特性可能永远游离在行为科学之外,自我感本身却作为重要的主观现实、确凿并显著的现象而存在,是科学不能黜免的。我们如何在与他人的关系中体验到自己为所有的人际情境提供了一个基本的组织性视角。

将自我感置于核心位置,甚至、或特别是在对前语言期的儿童的研究中,其原因有很多。首先,可能存在数种前语言形式的自我感,尽管它们一直被忽视。我们很容易假定,在发育过程的某个点、在语言和自我反思性觉察出现之后,对自我感的主观体验浮现,每个人都是如此,这是看待人际世界的一个首要的视角。在自我反思性觉察和语言出现之后,自我感无疑成为可观察的对象,本书提出的一个关键问题是:在这个时间之前存在某种前语言的自我感吗?有三个可能性:语言和自省可能只是简单地通过展现在前语言期已经存在的自我感而发挥作用,也就是说,一旦婴幼儿具备内省地描述内在体验的能力,就会使自我感明显起来。或者,语言和自省能够转化或甚至创建自我感,后者只有在其成为自我反思的对象时才开始存在。

本书的一个基本假设是:在自我觉察和语言出现之前很早就存在某些自我感,包括能动感、身体的整体感、时间的延续感、意图感、以及其他一些我们将在后文讨论的体验。自省和语言在这些前语言期既有的自我感的基础上发挥作用,同时,不仅揭示后者的存在,也将其转化为新的体验。如果我们假设某些前语言自我感在出生时(假如不是在此之前的话)开始形成,而其他一些自我感需要后期出现的一些能力的成熟才能浮出水面,那么,选择决定自我感何时真正开始的标准,这项部分语义性的任务我们就能免除。当描述以某种形式存在于从出生到死亡之间的事物的发展性延续和变化时,这个任务变得更熟悉一些。

一些传统的精神分析思想家认为前语言期主观生活超出了对方法学和理论基础的合法质询的范围,因而将其整个摒弃。许多发展心理学经验主义者加入了他们的阵营。从这个立场来看,关于人类体验的质询都要杜绝对其自身源头的研究。

而后者恰恰是我们想要研究的对象。相应地,这个问题必须要问:哪一种自我感存在于前语言期婴幼儿中?此处的"感"我指的是简单的(非自我反省式的)觉察。我们说的是直接体验、而非概念。"自我",我指的是觉察的一种恒定不变的模式,只在婴幼儿的动作行为或心理过程中出现。觉察的一种恒定不变的模式是一种组织形式,是对所有那些后来在语言期被语言性地指示为"自我"的主观体验的组织。这个组织性的主观体验就是前语言期的、存在性的对应体,对应后来的可客观化的、自省的、语言化的自我。

6

将自我（正如它很可能在前语言期就存在）置于探究的核心位置的第二个原因，是从临床角度理解人际间的发展。我最为关注的是那些与日常社会生活相关的自我感，而不是与非生命世界的交会。因此我聚焦在那些倘若受到严重损害就会破坏正常社会功能并导致疯狂或重大社会缺陷的自我感上，包括能动感（若缺乏可能出现瘫痪、对自己行为的非拥有权感觉、体验到失去对外界能动的控制）、躯体的统一感（若缺乏可能出现身体破碎感、去人格化、游离于身体外的体验、现实感丧失）、连续性感（若缺乏可能出现暂时性的解离、神游状态、失忆、以及 Winnicott 所说的"非进行中状态"）、情绪感（若缺乏可能出现快感缺乏、解离状态）、能与他人形成主体间性的主观自我感（若缺乏可能出现弥漫性的孤独、或另一个极端——精神透明）、构建组织的感觉（若缺乏可能出现精神混乱）、传递意义的感觉（若缺乏可能出现文化排斥、社会化严重不足、不验证个人认知）。简言之，这些自我感构成了社会性发展的主观体验的基础，无论正常与否。

第三个将自我感置于发展性探究的核心位置的原因是：近来再次兴起了对自我的不同病理的临床思考（Kohut，1971，1977）。不过，正如 Cooper（1980）指出的那样，自我并非新近发现的，自我的本质问题从弗洛伊德时代起就是所有临床心理学的重要问题，由于种种历史性的原因在自我心理学中达到了顶峰，同时也是许多主流学院派心理学的核心问题（如 Baldwin，1902；Cooley，1912；Mead，1934）。

聚焦于婴幼儿自我感的最后一个原因是：它与我们对发育过程的强烈的临床印象相符。心理发育以跳跃的形式进行，质的转变可能是其最显著的特点。父母、儿科医生、心理学家、精神病学家和脑神经学家一致同意新的整合以量子跃进的形式发生，婴儿观察者也赞同有这样几个巨大改变的时期：2 到 3 月龄之间（5 到 6 月龄之间改变程度较小一些）、9 到 12 月龄之间、以及 15 到 18 月龄期间。在这几个时期，无论你愿意从哪个组织水平去考量都存在量子跃进，从脑电图记录到外显的行为、到主观体验（Emde，Gaensbauer 和 Harmon，1976；McCall，Eichhorn 和 Hogarty，1977；Kagan，Kearsley 和 Zelazo，1978；Kagan，1984）。在这些快速改变期之间是相对静止的阶段，整合在其间逐渐加强。

在每一个重要转变期，婴幼儿给人留下深刻的印象：他们的自我与他人的主观体验在发生着重大的变化。突然间你面对的是一个新的人，不同的并不是他表现出一批新的行为和能力，他突然多了一些大于新行为、新技能的总和的"风采"和不同的社会性"感觉"。例如，大约两到三个月的婴儿能够回应性地微笑、注视父母的眼睛，并且发出咿唔的声音，毫无疑问，这是建立了新的社会感觉；但是，单个这类行为、甚至这类行为的组合均不是形成转变的原因，而是在这些行为变化的后面、婴儿的主观体验感使我们对婴儿作出不同的举动、产生不同的看法。你可能会问，婴儿内部的组织改变与来自父母方面新的概念，哪一个先出现？婴儿的新行为——如聚焦对视和微笑——使得父母认为婴儿具有了新的人格，但其实婴儿的主观体验尚未发生变化？事实上，婴儿的任何变化可能都部分地来源于父母对婴儿解读的改变、及其相应的行为调整。（成人在婴儿发育的近端区域内发生作用，即在婴儿的能力尚未出现、但很快会出现的最适区域。）最有可能的是，这两种形式均存在。源自婴儿内部的组织改变、父母对此的解读相辅相成。其结果是，婴儿对他/她是谁、你是谁有了新的认识，以及对当下能够进行的互动形式也有了不同的感觉。

另一个自我感的变化出现在9个月龄，婴儿似乎突然感觉到他们有一个内在的主观生命，其他人也一样有。他们对外部活动的兴趣相对减少，对在"后面"进行的、引起活动的心理状况更感兴趣。这个时候分享主观经历成为可能，人际间的交换的主观性质也发生了变化。例如，不需要说一个字，婴儿能够表达"妈咪我想要你看看这边（改变你的关注点以配合我的关注点），那么你也能看到这个玩具多令人激动多好玩啊（你因此能分享我对激动和愉悦的体验）"。这个婴儿操作不同的自我感与他人感，带着对社会世界的新的组织性主观认知参与到社会世界之中。

把自我感作为探究婴幼儿对社会生活的主观体验的起点，我们将考察作为能力的成熟而出现的种种自我感，而能力的成熟使得组织对自我和他人的主观认知成为可能。我们还将考察这种发育过程对临床理论和实践的应用。以下是对我们的主要观点的总结。

婴儿从出生开始就体验到新兴的自我感。他们先天具有觉察自我组织过程的能力。他们从来不会有完全的自我/他人非分化的阶段性体验，在一开始或婴幼儿期的任何点上都没有自我与他人的混淆。他们天生就会对外界社会事件选择性地回应，并且根本不存在类自闭（autistic-like）阶段。

在2—6个月龄之间，婴儿作为一个独立的、内聚的、有边界的、生理单位的核心自我感得到巩固，并有一定的自我效能感、情感性感觉、以及时间延续感。不存在类似共生（symbiotic-like）的阶段。事实上，与他人结合的主观体验只有在核心自我感和核心他人感存在之后才能产生。因此，结合体验应被视为对"自我与他人共在"体验的积极组织的结果，而不是"区分自我与他人"能力不足的消极产物。

9—18月龄期间的首要发展性任务并不是独立、或自主性、或个体化——即离开并摆脱照顾者,同等重要的是需求并建立与他人的主体间的结合,后者直到这个年龄段才有可能发生。这个过程涉及对能够与他人分享主观生活——思想的内容和感觉的性质——的认识,因此,自我体验的某些领域中分离持续进展,同时与他人共在的新形式在自我体验的其他领域中进行。(自我体验的不同领域指的是发生在自我感的不同侧面中的体验。)

最后一点强调了一个更为普遍的结论。我质疑把心理发展划分为围绕特定临床主题的数个阶段的观点,如口欲、依附、自主性、独立和信任。那些被视为特定阶段的发展任务的临床主题,在这里我们认为是终生的、而不是生命中阶段性的主题,它们在发展的所有节点上都以本质上一致的水平在运作。

因此,婴幼儿的社会性"表现"和"感觉"的量子跃进不再源自离开一个发展性阶段从而进入下一个,婴幼儿社会体验的主要变化源自他们获得了新的自我感。正是这个原因,自我感在这个工作理论中居于显要的地位。作为最基本的组织社会体验的主观视角,自我感在后来成为主导早期社会性发展的核心角色。

本书将描述四种不同的自我感,每一种定义了自我体验与社会关联的不同方面:显现自我感,出生至两月龄之间形成;核心自我感,2 至 6 个月之间形成;主观自我感,7 至 15 个月之间形成,以及言语自我(verbal self)感,在其后形成。这些自我感并非以一一替代的循序而阶段性存在,一旦形成,每一种自我感终生活跃、充分发挥功能,全都持续发展并共存。

婴幼儿具有非常活跃的记忆和幻想生活,但是与实际发生的事件有关。("诱惑"(seduction),如弗洛伊德在临床中碰到的那样,在该生命阶段是真实事件,并非实现愿望的幻想。)因此,婴幼儿被视为优秀的现实检验者,这个阶段的现实绝不会因为防御而扭曲。并且,精神分析理论认为在早期发展中扮演了重要角色的一些现象,诸如合并或融合的幻想、分裂、防御性或偏执性幻想,并不适用于婴幼儿期——大约 18 至 24 个月龄之前——而仅仅在象征能力(以语言的出现为标志)出现之后才有可能,这时婴幼儿期已结束。

概括地说,许多精神分析的教义更适合描述婴幼儿期结束后、儿童期(有会话可能的时期)已经开始的发展过程。这并不意味着精神分析理论无效,而是提出建议:精神分析理论被误用在了这个生命早期的阶段,它并不适合。另一方面,描述婴幼儿期的学术工作理论没有给予主观社会性体验足够的重要性,出于这个考虑,为逐步探索更为契合观察资料的理论,对自我感发展的强调成为朝着这个方向迈出的第一步,并最终证明其在处理主观体验中的实践意义。

最后,本书提出的工作假设的主要临床应用之一是:对于患者过去的临床重建,最好地使用发展理论的方式是将患者的病理性根源定位于自我体验的某一个领域。由于传统的临床—发展主题——如口欲、自主和信任——不再具有特定敏感的对应年龄阶段,而是终生存在,我们就不再能够对后期出现的临床问题的发展性起源点进行推测,如精神分析一直宣称的那样。然而,我们能够对不同的自我体验领域的病理性起源进行推测,其结果是给予了治疗性探索更大的自由度。

以上便是本书提出的工作假设的概要,来自于对新近获得的婴幼儿资料的临床推论。由于不同的自我感在这个问题上的中心地位,本书第二部分的章节都用于描述每一种新的自我感的产生、何种能力的成熟导致其产生、对婴儿社会性世界观增加了何种视角、以及新的视角如何增强了婴儿关联的能力。第三部分从不同的角度讨论该工作理论的临床应用。第九章以临床的眼光探讨"观察婴儿"(observed infant);第十章反转视角,从婴儿观察者角度探讨临床实践中重建的婴儿;最后一章探讨本书提出的发展观点在重建患者过去的治疗性过程中的应用。

不过,看起来首先需要详细解释我的理念的性质及其存在的问题。第二章会加以探讨,特别是:将实验与临床资源结合的有益之处及局限性,把自我感置于社会体验有关的心理发展的核心位置的合理性,以及自我感发展进程的概念化。

第二章　婴幼儿期视角与方法

本书刻画的婴幼儿的体验与当前精神分析和发展心理学均不相同。我对我所借鉴的发展心理学和临床实践的方法都做了调整，因此，对这二者的假设进行详细的讨论，并探讨把它们结合起来导致的问题，是很重要的。

观察婴幼儿和临床婴幼儿

发展心理学对婴幼儿的研究仅限于观察，必须通过推测的跨越才能把观察到的行为与主观体验联系起来。显然，建立这种跨越的资料库越广博、完善，推测就越准确。对内在体验的研究必须源自直接观察的发现，绝大多数关于婴幼儿的新信息仍然来源于自然的、或实验的观察。不过，对婴幼儿现有能力的观察充其量只能有助于明确其主观体验的范围，要得到这个体验的全貌，我们必需从临床生活中获得洞见，为达到这个目的，需要使用另一个方法。

与发展心理学观察婴幼儿不同，精神分析理论在临床实践中（主要对成人）重建了另外一个"婴幼儿"。这个婴幼儿由两个人联合制造：成年后的心理障碍患者和治疗师，后者具备对婴幼儿体验的理论知识。这个重建的婴幼儿由移情中重现的记忆、以及理论指导下的阐释所组成，我称之为临床婴幼儿，以区别于观察婴幼儿，对后者的行为研究是在行为发生的当时进行的。

对于思考婴幼儿自我感的发展，这两个途径不可或缺。临床婴幼儿赋予观察婴幼儿以主观生命，而观察婴幼儿是形成普遍理论的基础，在此之上方能推测临床婴幼儿的主观生活。

在大约十年前，这样的协作是不可想象的。在那之前，婴幼儿观察主要关注非社会性情境：如坐、握等生理性指标，或感知、认识客体的能力的出现。另一方面，临床婴幼儿一直关注主观体验的社会性世界。这两个不同主题下的婴幼儿在很长时间内各行其是,他们的共存没有问题,而协作的潜力微乎其微。

但这不再是现实。近年来,婴幼儿观察者开始探究婴幼儿如何以及何时能看到、听到、与之互动、感觉到、并且理解他人与自己。这些努力把观察婴幼儿带到了临床婴幼儿的阵线上,共同关注婴幼儿的社会性体验,包括自我感,至此,它们一面共存、一面比较和合作。

总结这两个由不同的源头派生出来的婴幼儿产生了一个问题:在何种程度上它 14
们探讨的是同一个东西? 它们之间的一致性有多大、是否能够在某一个主题下合并? 初看起来,两种视角似乎都关注婴幼儿的社会性体验,若确实如此,则它们应该能够相互证实、或证误对方的观点。然后,许多人认为这两个视角并非完全着眼于同样的现实,一方的概念化对另一方的发现完全绝缘。在这种情况下,应该不存在可以比较的共同性基础,可能甚至不存在合作的可能(Kreisler 和 Cramer,1981;Lebovici,1983;Lichtenberg,1983;Cramer,1984;Gautier,1984)。

这两个婴幼儿视角之间的对话以及它们如何相互影响,是本书的次级主题,首要主题是:怎样联合二者才能阐明婴幼儿自我感的发展。要实现这两个目的都需要对每一个视角进行更为充分的探讨。

临床婴幼儿是一个非常特殊的产物。创建它的目的是给患者早期生命故事赋予意义,这个故事是在对另一个人讲述的过程浮现出来的。这正是许多治疗师所说"精神分析治疗是一个特别的编故事的方式、一种叙事"的含义(Spence,1976;Ricoeur,1977;Schafer,1981)。在讲述过程中,讲者与听者共同发现、修改了故事,历史性真实建立在被讲述的内容上、而不是实际发生的事情。这个观点开启了一个可能性:任何关于个人生活(尤其是早年生活)的叙事都是同等的正当。确实也存在一些关于早年生活实际状况的不同理论、或其他叙事。早年生活叙事由弗洛伊德、艾瑞克森(Erikson)、克莱因、马勒创立,即便是同样的案例资料,科胡特(Kohut)的视角会有所不同。每一个理论家都选取了体验的不同侧面作为核心,因此每个人会得出不同的患者感觉到的生活史(felt-life-history)。

从这个角度而言,某个叙事能够被婴幼儿期实际发生的事情所证实吗? Schafer (1981)认为不能。他认为治疗性叙事并不是简单地说明、或反映了当时确实发生的事情,它同时也通过确定关注到的、以及最突出的内容创建了真实的生活体验。换言之,叙事产生了"体验到的真实生活",而不是相反。在某种意义上,过去即虚构。从这个角度看,临床(叙事)婴幼儿与观察婴幼儿存在相互效验(mutual validation)的看法绝 15

无可能成立,二者不存在交集①。

Ricoeur(1977)的立场相对不那么极端。与 Schafer 不同,他不相信不存在与外在效验的交集。他认为,如果真的不存在交集,那么"阐述在患者这里的可接受性才是真正具有治疗效果的,以此为借口,精神分析性陈述将变成辞藻华丽的劝导"(第862页)。

Ricoeur 认为,确实存在关于心智如何工作与发展的普遍性假设,独立于可能被构建的诸多叙事——例如性心理发展的顺序性阶段、以及客体关联性或人关联性的发展特点。这些普遍假设是有可能加以检验的,或者得到直接观察的、或存在于任何一个特定叙事和精神分析之外的证据的有力支持。Ricoeur 的立场的一个优势是:为临床婴幼儿提供了亟须的独立信息来源,以帮助考量进入到生活叙事构建的隐含的普遍假设。观察婴幼儿有可能正是这样的一个来源。

我完全赞同 Ricoeur 的观点,它为该领域的进展提供了部分基本原理,同我撰写本书中所做的一样,但是基于以下理解:这个观点适用于超心理学或发展心理学领域,而非任何患者重建的感觉历史(felt-history)。

关于这个构建问题,还有第三种考虑,一个不完全兼容的观点。决定何为关于事物的合理观点,现在的科学时代思潮具有一种极具说服力的、合法化的力量。当前,时代思潮偏爱观察性的方法,关于婴幼儿的流行观点在过去数年间发生了戏剧性的变迁,并将继续变迁下去。如果有一天精神分析的婴幼儿观点相对于观察性方法而言分歧和冲突太大了,则最终将导致不安与质疑。作为相关的领域,尽管视角不同,却大概着眼于相同的课题,它们不会忍耐太多的不和谐,目前看起来精神分析将做出让步。(这个观点可能显得太过相对论,不过科学的确是通过关于如何看待事物的范例的变迁而获得进展,这些范例最终成为信念系统。)如此,观察婴幼儿与临床婴幼儿之间共同的影响将——如 Ricoeur 暗示的那样——来自于这两个阵营对那些(能进行争辩的)特定主题的直接交锋,以及进化意义上的婴幼儿期特质,后者涉及双方的贡献。该过程逐渐决定了什么是可接受的、可行的、符合常识的。

观察婴幼儿也是一个特殊的产物,是一个对直观能力的描述体:动作、微笑、探索新奇事物、辨别母亲的脸、编码记忆等等。这些观察本身几乎不涉及已有的社会体验

---

① 两个婴幼儿存在于认识论的不同水平上。然而,对 Schafer 来说,叙事的效验是一个严格的内在命题,问题从来不在于生活叙事是否具有可被观察的真实性,而在于生活故事是否"在(叙述者)仔细地考虑过连贯性、一致性、综合性、以及常识之后出现"(第46页)。

的"感觉性质",并且也无法揭示观察婴幼儿作为更高组织水平的结构的状况,后者使得婴幼儿不仅仅是一个不断加长的、被组织以及再组织的能力清单。一旦我们尝试对婴幼儿的实际体验进行推测——即建构主观体验的性质,如自我感——我们就被迫退回去依赖自己的主观体验作为主要的灵感来源,但这恰恰是临床婴幼儿的范畴。这类信息的唯一库藏是我们自己的生活叙事,我们自己过去的社会生活感觉起来是什么样子。由此产生一个问题:成人的主观生活,以自我叙事呈现,成为了推测婴幼儿社会性体验的感觉性质的主要来源。一定程度的循环自证不可避免。

关于婴幼儿的每一种理念都有另一种理论所缺乏的特质。观察婴幼儿呈现的是能够直接目睹的能力,临床婴幼儿呈现社会生活基本的、共同的主观体验①。

这两个理念的部分结合至关重要,原因有三:第一,实际发生的事件——即可观察到的事件("妈妈做了这个、做了那个……")——一定是通过某种方式转变为主观体验,即临床所谓的内在事件("我感觉妈妈是在……")。正是这个跨界点涉及观察婴幼儿与临床婴幼儿的共同参与,尽管两个视角没有交集,但确实在某些特定点上相互接触,形成交界面。没有这个交界面,我们永远不可能理解心理病理的起源。第二,治疗师越熟悉观察婴幼儿,就越能帮助患者建立更为恰当的生活叙事。第三,婴儿观察者越熟悉临床婴幼儿可能就越会发现新的观察方向②。

发展主题相关理念

精神分析理念

发展心理学把新能力(例如手眼协调、回想记忆和自我觉察)的成熟及其再组织视为发展变迁的恰当的主题。为了临床实用和对主观性的重视,精神分析必须更深入一步,用更大的发育的或精神生活的组织原则来定义这个渐进的再组织过程。弗洛伊德从口欲到肛欲到生殖器期的心理发展进程是驱力或本我(id)特性的顺序性再组织;艾

---

① 拟成人化(adultomorphizing)危险确实存在。因此,避免选择那些仅限于成人的、或成人格外特别的心理病理性状态的主观体验,以及那些仅仅在大量的心理动力性自我探索之后才能被接受或才变得合理的主观体验,这一点很重要。应该选择那些对任何人而言都明显存在的、并且是正常的普遍体验。

② 即便那些志在心理药理学的人,最终(当神经化学取得新进展并被接纳时)也会在新的认识下,不得不一再或初次遭遇主观体验水平的问题。这个时候,从化学角度看,主观体验水平可能像是来自过去的事物,但很快就成为未来的潮流——如果化学精神病学兑现其承诺的话,或者当化学精神病学兑现其承诺时(并且只有在这个"如果和当"发生时才有可能)。

瑞克森（Erikson）从信任到自主到勤奋的发展进程是自我（ego）与性格结构的顺序性再组织。与此类似，斯皮兹（Spitz）的组织原则的进程与自我前体（ego precursor）的顺序性重构有关；马勒（Mahler）从正常自闭到正常共生到分离—个体化的发展进程涉及自我和本我的重构，不过是从婴幼儿对自我和他人的体验的角度。克莱因（Klein）的发展进程（抑郁、偏执和分裂位）也涉及自我与他人体验的重构，但是采用的方式很不一样。

本书论及的发展性理念认为自我感是发展的组织性原理，把婴幼儿对自我和他人的体验置于核心地位，与马勒和克莱因的理念最为接近，区别在于对这种体验的特质的思考、发展性序列的先后顺序以及我聚焦于自我感的发展从而摒除了自我（ego）或本我发展的干扰。

精神分析发展理论有一个共同的前提假设：心理发展从一个阶段到下一个阶段，不但自我或本我的发展在每一个阶段具有特定的特征，临床问题原型也如此。实质上，心理发展理论关注的是婴幼儿对特定的、在后来成为病理性形式的临床问题的处理方式。这正是 Peterfreund（1978）和克莱因（1980）所谓的"发展系统既是病理形态性的，也是回顾性的"。Peterfreund 进一步明确指出"两个根本的谬误——精神分析理念尤其典型：对婴幼儿期的成人形态化，以及采用对后来的心理病理状况的假设刻画生命早期的正常发展"（第 427 页）。

同样，弗洛伊德的口欲、肛欲等分期不仅被视为驱力发展的不同阶段，还被视为潜在的固着点——即病理起源的特异性的点——并导致后来的相应的心理病理性结构。与此类似，艾瑞克森在不同的发展阶段中搜寻后来的自我和性格病理的特异性根源。而马勒的理论中，欲理解诸如儿童自闭、儿童期共生性精神病和过度依赖等临床现象，首先要假设这些结构的雏形在早期发展中已经呈现。

这些精神分析家都是回溯性工作的发展理论家，其出发点在于厘清心理病理的发展，这实际上是一项具有治疗意义的任务，是别的发展心理学不会探讨的任务，但也迫使他们选择了成人呈现的临床问题作为心理发展的病理形态学的核心角色。

与此相反，本书的立场倾向于正常形态而非病理形态、前瞻性而非回溯性。尽管任何自我感发展中的损坏都可能预示后来的病理，定义不同的自我感是为了描述正常的发展，而不是去解释病原性模式的发生（这并不是说它们最终可能对这个任务没有任何帮助）。

精神分析还有一个假设：依照病理形态学设计发展阶段，每一个阶段涉及一个临床主题的发展工作，每一个阶段具有病因学上的敏感性。每一个临床主题，如口欲性、自主、或信任，被赋予了时间限制、一个特定的阶段，设定的时相特异性临床主题在这个阶段中"占有优势地位，遭遇危机，并通过与环境之间决定性的碰撞形成永久的应对方式"(Sander，1962，第 5 页)。从而，每个年龄段成为单个的时相特异性临床主题或人格特征的敏感的、几乎是至关重要的时期。弗洛伊德、艾瑞克森、马勒的序列是其中的佼佼者。在这样的体系中，每一个主题(如共生、信任、口欲)与其自身的时代一起终止，看起来就像是阅兵大典，每一个最基本的生命临床主题组成各自的方队，依次经过看台。

这些临床主题真的有特异的年龄时相性吗？不同临床主题依序占据优势能够解释观察者和父母随时看到的在社会关系中的量子性跃进吗？从发展心理学家的角度来看，有目地使用临床主题来描述发展时期是存在严重问题的。自主性和独立性这两个基本临床主题是很好的例子。

如何确定什么是界定自主性与独立性特异时期的关键事件呢？艾瑞克森(1950)和弗洛伊德(1905)都认为该主题的决定性的事件是对排便功能的控制，大约在 24 月龄；Spitz(1957)则认为是说"不"的能力，大约在 15 月龄；马勒(1968，1975)认为是行走的能力，自主性地离开母亲四处走走，大约在 12 月龄。这三种观点所界定的时期相差整整一年，哪一个是对的？他们都对，这既是问题也是关键点。

事实上，还有一些行为同样可以界定为自主性与独立性的标志，例如：在 3—6 月龄时母婴之间通过注视的互动与 12—18 月龄时母婴之间通过运动行为的互动惊人地相似；3—5 月龄期间，母亲控制婴儿——或者婴儿接受控制——的社交活动中直接目光接触的发动与终止(Stern，1971、1974、1977；Beebe 和 Stern，1977，Messer 和 Vietze，出版中)。必须注意的是，在此生命阶段中，婴儿不能行走，对四肢运动的控制能力以及眼手协调能力很弱，但是，视觉—运动系统却近乎成熟，使婴儿成为相当能干的注视互动伙伴，而注视是一种社会性交流的强有力的方式。观察这个生命阶段的母婴注视模式，你看到的是对同一项社会行为具有几乎同等设施和控制的两个人[1]。

从这个角度来看比较明显的是：对于发动、维持、终止、回避与母亲的社会性接触，婴儿能够施加主要的控制影响，换言之，他们参与了对接触的调节。进一步而言，

---

[1] 这同样适用于任何一对婴儿与照顾者的二联体。本书从始至终，"母亲"、"父母"和"照顾者"基本可以互换，用于指代基本照顾者。类似的，"二联体"指代婴儿与照顾者。例外情形应该相当明显：在一些特定的案例中以及专注于母性行为的研究中，指代母乳喂养。

通过控制他们注视的方向,他们自主调节自己接受到的社会刺激的水平和量。他们能够转移视线、闭上眼睛、视而不见、变得目光呆滞,通过使用这类的注视行为,他们可以表现出拒绝、疏离或对抗母亲保护自己(Beebe 和 Stern,1977;Stern,1977;Beebe 和 Sloate,1982)。他们可以在愿意的时候再次启动衔接与接触,通过注视、微笑和咿呀发声。

就一般的自主性与独立性而言,婴儿通过注视来调节自身的刺激和社会性接触的方式,与九个月龄之后为达到同样的目的从母亲身边走开、回到她身边的方式相当类似[①]。既然二者都展现出体验到主观性的外显行为[②],那么,我们为什么不把 3—6 月龄也视为自主性与独立性主题的特异性阶段呢?

妈妈们非常清楚,四个月大的婴儿就能够用厌恶的目光表达坚定的"不",从而捍卫其独立,七个月时用姿势和声音,十四个月时会跑开,两岁时会使用语言。在所有调节交会的量或质的社会性行为中,都能看到自主性与独立性基本临床主题的操作。那么,什么是导致自主性与独立性的时相特异性的决定性因素,似乎更多地与认知水平或运动功能的成熟性跃进有关,而后者却是在自主性与独立性范畴本身之外的。每一个理论家的阶段界定真正依仗的正是这些能力与功能,并且都在使用不同的界定标准。

那些相信确实存在基本的临床主题和时间节点锁定的特定阶段性的人可能会说:当然所有的临床主题在所有阶段中都存在,只不过在占优势方面有所不同,在某一个生命时期某一个生命主题相对更占优势。当然,在发育过程中的特定节点上,用于指挥进行中的主题的新行为可能更加戏剧性一些(比如,自主性与独立性在"烦死人的两岁"时使用的方式),这些新行为同时也导致更大的社会化压力,吸引更多的关注。不过,对更大的社会化压力的需求很大程度上取决于文化环境[③],"烦死人的两岁"并不是在所有的社会形态中都那么烦人。

因此,在特定年龄阶段某原型临床主题相对占优势,这看起来只是一个错觉,来自

---

① Messer 和 Vietze(出版中)指出,在一岁时这种二联注视的模式变得较少具有调节功能,这个时候婴幼儿获得了其他调节互动及其自身张力水平的手段(如运动)。

② 也许有人会说婴儿在 12 个月之前并不具备足够的主观意向、客体恒久性以及其他赋予自主性与独立性概念以意义的认知能力,不过也可以说在 18—24 月龄之前婴幼儿不具备足够的象征功能或自我觉察赋予这些概念以意义。这两种争辩都曾经有过。

③ Sameroff(1983)提供了一个系统理论模型,解释在决定一项主题是否"占优势"中社会与父母—婴儿二联体之间的互动,即社会水平的因素如何使某项主题对二联体而言更加显著一些。

理论、方法学或临床需求和偏见与文化压力的结合,仅仅存在于旁观者的眼中,而非婴幼儿的体验。进一步来说,如果指定一个基本生命主题,并把一个发展阶段界定为其决定性的发展期,那么对发展过程的刻画必将被歪曲,描绘的将是潜在的临床叙事,而非可被观察的婴儿。从观察的角度而言,用基本临床主题笼统地定义发展时相或阶段,缺乏令人信服的依据①。

临床主题贯穿一生,而不是生命的某些阶段。因此,临床主题不能解释婴幼儿的社会性"感觉"中的、或婴幼儿对社会生活的主观认知中的发展性变化。

将这些临床—发展主题作为生命的序列性阶段的主题,存在另外一个问题:尽管这些观点盛行了许多年,对于这些理论的如此清晰的预测,迄今为止尚无任何前瞻性纵向研究能够予以支持;特定年龄或阶段的心理损害及创伤应该能导致可以预见的、特定类型的临床问题,但没有相应的证据②。

23

临床导向的发展心理学家的观点

对于那些直接观察婴幼儿的人来说,发展当然具有阶段性,只不过这些阶段不是依照临床主题划分的,而是从当前由婴幼儿生理与心理能力的成熟所导致的适应性任务的角度去看待,其结果是:(母婴)二联体必须共同协作去适应和推进发展性主题的进展。Sander(1964)正是从这个角度描述了以下的发展阶段:生理调节期(0—3 个月);相互交换的调节期,特别是社会—情感的调制(3—6 个月);对婴儿启动社会性交换和操控环境的联合调节期(6—9 个月);对活动的聚焦期(10—14 个月);主见期(self-assertion)(15—20 个月)。Greenspan(1981)制订了一个类似的阶段序列,区别仅在于稍微偏离了显而易见的可观察到的行为,加入了一些精神分析和依附理论的抽象

---

① 对于妈妈们观察到的现象:婴儿能同时表现出许多时相特异性临床主题(比如依附的同时带有自主性、同时发展掌控性),Pine(1981)提供了一个折衷的解释:在任何一天或一个小时中,婴儿有许多重要的不同临床主题占优势的"时刻"。这个解释的问题在于双重性。重要的"时刻"看起来是在关于优势阶段的预设概念(即循环自证)基础上决定的,这类时刻围绕着高强度的体验组织起来。与中等或低强度时刻比较,对高强度体验的组织的优先是一个有待证实的问题。尽管如此,导致 Pine 给出这个方案的压力证明了对这个问题的广泛重视。

② 精神分析理论关于病理发生学的明示或暗示性预测的问题之一在于:它们的特异性可能太高了。近来对发展性心理病理学的思考(Cicchetti 和 Schnieder-Rosen,出版中;Sroufe 和 Rutter,1984)指出,病理性表现在不同年龄可以很不相同,现在甚至认为大部分正常的发展主题的表现随着年龄增长也经历了相当大的转变。这也是关于发展的连续性中的非连续性悖论的影响积累的结果(Waddington,1940;Sameroff 和 Chandler,1975;Kagan,Kearsley 和 Zelazo,1978;McCall,1979;Garmenzy 和 Rutter,1983;Hinde 和 Bateson,1984)。

的组织原理,因此他提出的阶段划分具有多相性:内稳态期(0—3个月);依附期(2—7个月);身心分化期(3—10个月);行为组织、启动、和内化期(9—24个月);表象能力(representational capacity)、分化和固化期(9—24个月)。

绝大多数父母—婴幼儿互动观察者都一致认为描述性的系统不同程度地抓住了许多重要的发展变化,尽管在这类描述性系统中有几个细节值得商榷,它们在临床评估和治疗陷入困境的父母—婴幼儿二联体方面很有帮助。核心的问题不在于这些描述有多么可靠,而在于它们所采用的视角的本质。它们聚焦于、并从适应性任务的角度去看待二联体,如此极大地摒弃了对婴幼儿可能的主观体验的考虑。婴幼儿自顾自地生长和发育,诸如内稳态、相互调节之类的抽象体并不是他们主观社会生活中令人信服的有意义的部分,然而婴幼儿的主观体验正是我们这个研究最为关注的内容。

源自精神分析和动物行为学的依附理论(Bowlby,1969,1973,1980)包含了发展心理学的方法与视角(Ainsworth 和 Wittig,1969;Ainsworth 等,1978),覆盖了诸多水平上的现象。在不同水平上,依附可以是一套婴幼儿行为、一个动机系统、一种母婴关系、一个理论构造和婴幼儿的一种"工作模式"形式的主观体验。

某些水平上的依附,如随着年龄改变的维持依附的行为模式,能够很容易看作发展的序列性阶段,而另外一些如母婴关系质量,则是持续终生的主题(Sroufe 和 Waters,1977;Sroufe ,1979;Hinde,1982;Bretherton 和 Waters,发表中)。

大多数依附理论家,可能是由于他们的学术性心理学立场,经历了比较缓慢的过程才接受 Bowlby 的这个观点:尽管依附理论的视角着眼于进化(既着眼于物种也着眼于个体),它同时也着眼于婴幼儿的主观体验,以"婴幼儿的母亲的工作模式"的形式。只是在最近才有研究者重新审视了 Bowlby 关于婴幼儿意识中的母亲的工作模式的观点。目前有几个研究者(Bretherton,发表中;Main 和 Kaplan,发表中;Osofsky,1985;Sroufe,1985;Sroufe 和 Fleeson,1985)正在进一步建构婴幼儿主观体验水平上的依附意义[1]。

关于发展中的自我感的观点

自我感的发展,即便是作为工作假设,也与传统的精神分析和依附理论共享许多

---

[1] 依附理论同时具有规范性和前瞻性。有意思的是,它被证明对后来的行为特别具有预测性,其中一些是病理性的行为。(在第五、六章中将详细讨论其研究发现。)

内容,而发展的组织原则(organizing principle)需要更高级的建构。就此而言,自我感的发展与上述两个理论是完全一致的,只在涉及自我的主观感觉的组织原则上有所不同。尽管自体心理学(self psychology)诞生伊始就是一个统一的、自成一体的治疗理论,把自我(self)置于结构和过程的核心位置,但是尚未试图将自我感视为发展的组织原则,虽然有一些朝向这个方向的思索(例如:Tolpin,1971,1980;Kohut,1977;Shane和Shane,1980;Stechler和Kaplan,1980;Lee和Noam,1983;Stolerow等,1983)。至于现有的发展观点与作为成人临床理论的自体心理学教义有多大的兼容性,目前还不清楚。

当然,马勒、克莱因和客体关系学派聚焦在自我—他人的体验上,不过主要是作为力比多或自我(ego)发展之外的另辟蹊径、或者其继发产物。那些理论家从未考虑过自我感可能是初始的组织原则。

以自我—他人感为核心,这种状态把推测的婴儿的主观体验置于第一步,从这个角度而言是独一无二的,主观体验本身成为主要的工作对象,与精神分析理论的主要工作对象形成鲜明对照:后者的主要工作对象是派生出主观体验的自我和本我。

自我感的发展进程

新的行为和能力出现之后经过再组织、形成对自我和他人的主观看法,其结果是以量子跃进的方式出现各种自我感,此处只罗列简短纲要,在本书第二部分有几个章节会分别详述。

其一是身体自我,体验为一个整体的、具有意愿的、物质的实体,带着其从属的、独特的情感生活和历史。这个自我通常在意识之外操作,被视为理所当然的,甚至很难将其语言化。这是一种体验性的自我,我称之为核心自我感(sense of a core self)①。核心自我感是一种依赖于诸多人际间能力的概念,一旦形成,主观社会世界就会改观,人际体验操作的领域也会不同。这个发展性转变或创造发生在2—6月龄之间,这个时期婴儿感觉到自己与母亲在身体上是分离的,是不同的个体,具有不同的情感体验,有各自的历史。

---

① 核心自我感包括涵盖在精神分析文献所使用的术语"身体自我"(body ego)之内的一些现象,但是比身体自我的范围更大,如果不涉及实体自我(entity ego)的话,其概念会很不一样。严格地讲,两者没有可比性。由于包含情感特征,核心自我感的范围大于感觉运动图式。

这只是一种对自我—他人主观知觉的可能的组织形式。在 7 至 9 月龄之间,当婴儿"发现"在自己之外还有其他意志存在时,他们开始发展出第二种主观知觉的组织。自我和他人不仅仅是物理性的存在、动作的、情感的和延续性的核心实体,在这一时期他们将物理性事件背后的主观心理状态——感觉、动机、意图——纳入核心关联(core-relatedness)的范畴之内。新的主观知觉组织对自我和他人的定义有了质的不同,他们能够"在心里持有"看不见但是可以推测得出的状态,比如意图或情感,后者指导外显行为。到此时,这些心理状态成为关联的标的。这个新的主观自我感开启了婴儿与父母之间的主体间性的可能性,并且在新的关联域——主体间的关联域(domain of intersubjective relatedness)——中操作,这是超越核心关联域的量子性跃进。现在,人与人之间的心理状态能够被"解读"、匹配、结成联盟或调频一致(或误读、误匹配、误结盟、调频失谐)。关联的性质得到戏剧性的扩展。需要注意的是,与核心关联一样,主体间关联域在意识觉察之外进行,且没有被语言化。事实上,与核心关联类似,主体间关联体验只能意会,不能真正地被描述出来(尽管能被诗歌唤起)。

主观自我和他人感有赖于那些形成核心自我感所必需的能力,包括共享注意聚焦,用于赋予其他人意图和动机并加以正确的理解、赋予他人情绪状态的存在并感觉这些状态是否与自己的情绪状态一致。

27   在大约 15 至 18 月龄时,婴儿发育出第三种组织有关自我与他人的主观知觉的能力,即感觉到自己(和他人)拥有个人的、对世界的知识和经验的储备("我知道冰箱里有果汁,我还知道我渴了")。此外,这种知识可以客观化,并改装为传递意义的象征符号,通过语言所允许的相互磋商而被交流、分享、甚至创造出来。

一旦婴儿能够创造出可以分享的、关于自己和世界的意义,一个在言语关联(verbal relatedness)领域内操作的言语自我感便形成了。这是一个在性质上全新的领域,使人际间事件的可能性扩展到几乎无限。同样,这种新的自我感有赖于新的一套能力:使自我客观化的能力、自我反省的能力、理解和创作语言的能力。

到此为止,我们讨论了 2 月龄到 2 岁之间发展出来的三种不同的自我和他人感,以及三种不同的关联的领域。未提到出生到两个月龄阶段,现在加以说明。

在这个最早期的阶段,一种关于世界的感觉,包括关于自己的感觉,已经出现。婴儿们忙碌于把各种各样的体验关联起来,他们的社会能力带着强健的目标导向运作着,以保障社会性互动,而这些互动产生情绪情感、知觉、感觉运动事件、记忆和其他认知。有一些对不同事件的整合是先天性的,例如,如果婴儿能通过触摸感觉一个物体的形状,他们就能知道这个物体看起来是什么样子的,尽管从未看到过。另外一些整合没有这样的自发性,但是会很快习得。联接很快形成,婴儿体验到组织的出现,显现自我感(sense of an emergent self)处在成形的过程中。体验到的是网络系统得到整合,我们可以把其领域称之为"显现关联域"(domain of emergent relatedness)。不过,成形中的整合网络尚未囊括在单一的组织性主观知觉之下,那是发展跃进到核心关联(core relatedness)领域的任务。

以上述及的四种自我感和关联域将占据本书的大部分篇幅。四种自我感出现的时间与已知的重要的发展性转变吻合,随着每一种自我感出现的婴儿的社会性感觉的
改变也与这些转变的特质一致。父母与孩子之间主导性的"行为"(从身体性的、行为性的转变为外显行为背后的心理性事件,然后转变为事件的意义)也如此。在进一步探讨这些自我感和关联域之前,我们必须注意敏感期的问题,并清楚地认识到我们面对的不仅仅是循序的不同阶段,还有同时存在的自我体验域。

四个关联域是循序发展的,一个接着一个,那么在下一个域出现时前一个域发生了什么? 当新的自我感出现时原来的自我感保持不变、大家并存? 或者新的自我感出现侵蚀已经存在的自我感,因此呈现此消彼长的顺序性?

对临床婴幼儿和观察婴幼儿的传统理解倾向于序列性阶段的观点。在这两个发展系统中,当每一个新阶段引入时,婴幼儿世界观出现戏剧性的变迁,主要是——如果并非完全是的话——依照新阶段的组织来呈现。那么,前一个阶段的世界观怎么样了? 要么是被侵蚀并丢弃,要么如同 Werner(1948)指出的那样,它们保持显性,只不过整合到新兴的组织中从而丧失了大部分先前的特征。拿 Cassirer 的话说就是,更高级的阶段的到来"不会消灭前面的阶段,而是把它包含进自己的版图中"(第 477 页)。皮亚杰的体系也持这个观点。

在这些发展性阶段序列中,退回到某种较早期阶段是可能的。但是,要在发展的时间轴上把一个人拖回去、用类似于更早阶段中所经历的体验模式去体验世界,是需要特殊的过程和条件的。在临床理论中,退行(regression)起到了这个作用。Werner和 Kaplan(1963)的体系认为人们可以在个体发育的螺旋上前后移动。这些退回到先前的、更为笼统的体验模式的现象主要发生于面临挑战、压力、冲突、适应失败、疲劳、睡梦状态、心理病理性状态或药物作用。除了这些退行的例外情境,发展的世界观总的来说是次第循序的,而非同时发生的。当前的体验组织包含着前一个阶段的组织,
而非同时存在。图 2.1 显示了这个发展性过程的概要,(a)可以代表口欲性、信任、正

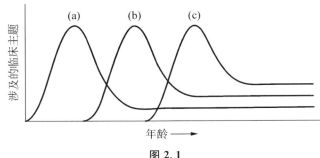

图 2.1

常自闭；(b)代表肛欲性、自主性；(c)代表生殖器性，以此类推。

　　在考虑特定的心理功能或认知能力时，这种关于发展的观点是最合理的，但这不是本书的重点。我们着眼于在人际间交会中产生的自我感，在这个主观范畴内，多种自我感同时存在似乎更接近我们的常识。而且也并不需要额外的条件或过程才能实现不同体验域，即不同的自我感之间的来回移动。

　　一个成人的例子可以帮助我们理解不同自我感的同时存在。作为充分卷入的人际间事件，做爱首先涉及自我和他人的独立物理实体感、动作形式感——在核心关联域内的一种体验、自我效能感、意志感以及包含在躯体动作之中的激活感；同时也涉及对对方主观状态的感觉体验：共同的欲望、一致的意图、同时变化的唤起水平，这些发生在主体间关联域之中。如果其中一人第一次说出"我爱你"，这三个字总结出发生于其他域（涵盖于语言范畴内）之内的事件，并可能将这一对儿的关系打上新的标记，并可能改变在这一刻之前的历史的意义以及之后的事件的意义，这是在言语关联域内的体验。

30　　显现关联域的情况是怎么样的呢？它并不那么明显，但是的确存在。比如，人们可能"迷失"在另外一个人眼睛的颜色之中，就好像那双眼睛暂时不是一个核心他人的一部分，与任何人的心理状态无关，是新近发现的、游离于任何更大的组织体之外的。瞬间之后，"彩色的眼睛"重新属于那个人，一个显现体验——显现关联域内的体验——发生了[1]。

　　我们注意到，社会互动的主观体验似乎同时发生在所有的关联域之中。人们肯定

---

[1] 从描述来看，显现体验是脱离于组织范畴的，然而，它们却不是解离（dissociation）的产物，后者是精神分析定义的一个心理过程；也不是以冥想模式看到的对某件作品或艺术的单个侧面的初始印象。

能够暂时关注一个域而把其他域排除在外,不过后者作为明确的体验继续着,存在于觉察之外,但是必要时可以被觉察到。事实上,大部分所谓的"社交"都是把觉察聚焦在单个域上,通常是言语,并宣称这是体验到的官方版本,而否认其他域内的体验(正在发生的事情的"非官方"版本)。然而,注意力能够、也确实带着流动性从一个域的体验漂移到另一个域。例如,服务于人际间的语言主要是对伴随其他域的体验的(言语域内的)解释,加上一些别的。如果你叫某人去做某事,某人回答:"我不做。我都没想到你会这么说!"他可能会昂起头、轻微向后偏,眉毛扬起、眼睛顺着鼻子略微向下看。这个非语言动作(在核心关联和主体间关联域之内)的含义已经有很好的语言解释,但是这些肢体动作仍然保持着确切的体验性的特征。做出这些动作、或者被别人用这些动作对待,都会涉及存在于语言之外的体验。

发展过程中所有的关联域都保持活跃。婴幼儿不会因为成长而抛弃任何一个域,没有域萎缩,没有域被发展性地淘汰、或者滞后。一旦所有域都已经出现,我们没有任何把握说在某个特定的年龄阶段、某一个域必将占据优势。没有一个域一直具有优先权。由于每一个域在发展过程中的出现有暂时的顺序性(最先是显现域,然后是核心域、主观域,然后是言语域),不可避免,在某些阶段中一个或两个域在其他域缺席的情况下默认占据优势。实际上,每一个后继的组织主观知觉都需要前一个作为先导。一旦形成,每一个域都作为体验社会生活与自我的独立形式永远保持,成人的体验中不会缺失任何一个,每一个仅仅是变得更为精细化。正是由于这个原因,我们选择关联域这个术语,而不是相位或阶段①。上述发展性情境请参见图 2.2(与内容对照,原书中图 2.2、图 2.3 顺序颠倒了,翻译时根据文意调换——译者注)。

现在我们回到敏感期这个问题上。许多心理(神经)过程的原初形成阶段具有相对的敏感性建立在"与较晚发生的事件相比,早期事件具有更大的影响、其后果更难逆转"的意义上,这个普遍性原则想必适用于每一种自我感的形成阶段。图 2.3 显示了形成时间表。

这使得我们能够用敏感期去考察每种自我感的形成阶段,其临床应用将在第九、十一章中探讨。

那些重要的、占据了临床婴幼儿的治疗性创建核心地位的临床主题,诸如自主性、

①"域"比"水平"更可取,因为"水平"暗含着等级的意思,对于个体发生而言是准确的,但不适合主观体验到的社会生活范畴。

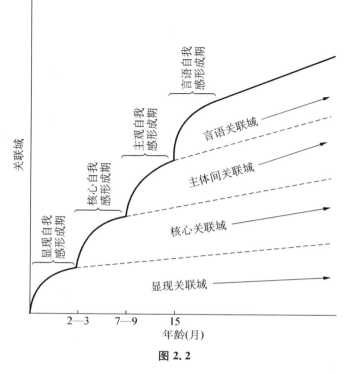

图 2.2

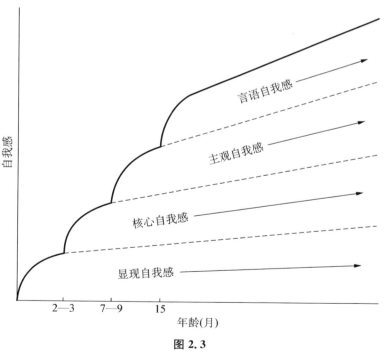

图 2.3

口欲性、共生、个体化、信任、依附、掌控、好奇等等,又怎么样了呢? 这些临床主题并没有退出舞台,只不过是把作为基本的主观体验的组织者身份让位于不断变化的自我感。诸如自主性、依附等终生临床主题均匀分布在各个关联域中发挥作用,后者在任何指定时刻均能获及。在每一个关联形成期内,各种主题得以展现的人际间活动随着自我、他人被感知为不同的人而改变。相应地,同一个终生主题的不同形式依次发展,例如核心关联期间的身体亲密、主体间关联期间的主观(类共情(empathic-like))亲密 *33* 以及言语关联期间的意义分享亲密。由此,每一个终生临床主题具有自己的发展线,每一个关联域对这个发展线的贡献略微不同①。

概括地说,我们将从以下特征去考察婴幼儿的主观社会生活:婴幼儿被赋予可观察到的、不断成熟的能力;当这些能力呈现出来,它们以量子心理跃进的形式被组织、变形,成为关于自我与他人感的、不断组织中的主观认知;每一个新的自我感定义了一个新的关联域的形成;尽管这些关联域导致社会性体验的质的变迁,但它们不是阶段性的,而是保持终生的社会体验形式;尽管如此,它们最初的形成阶段构成了发展的敏感期;主观社会体验源自于所有域的体验的总和和整合;基本临床主题被视为终生主题,而不是发展阶段性主题;每一个自我体验域的出现都对所有临床主题发展线的形成做出了各自不同的贡献。

手上握着这些观点和恰当的方法,我们现在可以转入本书的下一部分,近距离地考察四种自我感及其关联域。我们将集合支持这个婴幼儿主观社会体验观点的(婴儿)观察和临床证据。 *34*

---

① 这种发展线的处理是安娜·弗洛伊德(1965)提出的同样观点的极端版本,不过,她并没有完全抛弃力比多阶段特异性概念,而这里的观点是对这个概念的驳斥。在这里,所有的临床主题成为发展线,不存在隐藏、或者临床主题最终锚定在特定的发展时期。

第二部分

四种自我感

第三章　显现自我感

两月龄作为发展界碑,同出生一样明确。八周龄左右的婴儿经历了质的变化:直接眼对眼接触。其后不久他们的微笑开始变得更频繁,同时更具有反应性和感染力。他们开始咿呀学语。事实上,在这个发展转变时期内进行的过程远远超过由外显社会性行为增加所反映出来的内容。大多数的学习过程更快、更兼收并蓄。视觉扫描模式的改变显示出对外界关注策略的变迁。运动模式更成熟,如皮亚杰描述的那样,感觉运动能力达到了更高的水平。脑电图显示出重要改变。日间荷尔蒙环境以及睡眠与活动周期稳定。几乎所有方面都在变化。所有的婴儿观察者,包括父母,对此意见一致。

在此发展性转变发生前,通常认为婴儿处于某种前社会、前认知、前组织性的生命阶段,从出生延续到两月龄。本章的核心问题是:在这个原初的阶段,婴儿如何体验社会世界? 在这个时期,婴儿可能有的自我感是怎么样的? 我的结论是:在婴儿的最初两个月中,一种显现自我感在积极地形成。这是一种建构过程中的组织感,是一种终生保持活跃的自我感。在这个时期,首要的、概括的自我感尚未形成,但是在构建的过程中。要理解这个结论,必需了解该时期婴儿体验的可能的特质。

过去十五年间,在婴儿观察,其后在婴儿评估界发生了一场革命,其后果之一是不得不重新考量婴儿在出生后两个月内的主观社会生活。

小婴儿观察:婴儿研究的革命

以下对婴儿研究革命的描述有几个目的:展示婴儿的几种与形成自我感相关的能力,十年或二十年前没人能想象这些能力这么早就存在着;为后面的内容提供公用词汇库和一套概念体系;最重要的是,那些没有跟上婴儿研究相关文献快速增长的步伐的临床工作者及其他人员,扩展他们关于婴儿的理念。了解新近发现的婴儿的能力本身就是一种扩展。

关于婴儿，人们一直有诸多想问的问题。婴儿看到、嗅到、感觉、思想、欲求什么？好问题很多，但是答案很少。婴儿怎么可能回答？婴儿研究的革命包括从根源上扭转这个局面，不是去考虑：什么是可以问婴儿的好问题？而是：哪些婴儿力所能及的事情（如吸吮）可以用来作为答案？通过这个简单的转向，开始了对能够被用作答案的婴儿能力的探寻，启动了这场革命。

38 　　　观念上的另一个转变必不可少。即认识到新生儿并非总是处于睡眠、饥饿、进食、烦躁、哭闹、或极度活跃的状态中。如果这是事实，那么所有的潜在行为性"答案"要么已经在操作中，要么被其他活动或状态所阻止。但事实不是这样。出生伊始，婴儿就常常处于一种所谓的清醒静止（alert inactivity）状态，他们身体是静止的，但是清醒并显然在吸收外部事件（Wolff, 1966）。而且，清醒静止可持续数分钟，有时更长，在婴儿醒着的时间内有规律地、频繁地反复发生。清醒静止提供了时间"窗口"，在其中可以把问题呈现给婴儿，并从他们持续进行的行为中辨识出答案。

　　　利害攸关的问题是，我们怎么能知道婴儿"知道"什么？好的婴儿"答案"必须是可观察的频繁做出的行为，在随意肌的控制之下，可以在情绪静止中调用。三个从出生开始就有的行为答案完全符合要求：转头、吸吮、注视。

　　　新生儿对头的控制不太好，不能在竖立位时保持头的直立。不过他们躺着、头部得到支撑的时候，新生儿确实能够充分控制头的左右转动。转头成为这个问题的答案：婴儿能嗅出母乳的气味吗？MacFarlane(1975)让三天大的婴儿躺着，把浸了其母亲乳汁的药棉片放在婴儿的头的一侧，另一侧的药棉片浸了其他人的乳汁。不管药棉片放在哪一侧，新生儿准确无误地把头转向浸了自己母乳的那片。转头肯定地回答了MacFarlane的问题：婴儿能够识别其母亲乳汁的气味。

　　　新生儿很善于吸吮。生命依赖于吸吮，这是一种受随意肌控制的行为。不吃奶（营养吸吮）时，婴儿进行大量的非营养吸吮，吸吮任何他们可以拿到的东西，包括他们自己的舌头。非营养吸吮发生在清醒静止期，可以作为潜在的好"答案"。通过训练，婴儿能够很快掌握通过吸吮来让某事发生。研究者把连接了压力传感器的奶嘴放进

39 婴儿嘴里，压力传感器与磁带录音机或幻灯机的播放装置相连，当婴儿以某种特定速度吸吮时，录音机播放，或者幻灯机播放新的一页幻灯片。通过这个方式，婴儿可以通过保持某一吸吮速度来控制他们听到的或看到的内容（Siquel 和 DeLucia 1969）。吸吮被用来判断与同等音高、音量的其他声音相比，婴儿是否对人的声音特别有兴趣。婴

儿的吸吮速度对这个问题作了肯定的回答(Friedlander 1970)。

新生儿带着一个在许多方面都已经成熟的视觉运动系统降生,在适当的焦距内他们看得相当清楚,出生时他们负责目标锁定的眼球运动反射控制和视觉追踪能力相当完好。婴儿的注视模式也因此成为第三个潜在的"答案"。在一系列先驱性的研究中,Fantz(1963)用婴儿的视觉偏好寻找问题的答案:与其他各种视觉图像比较,婴儿是否更偏爱看人的脸? 他们确实是这样,虽然原因很复杂。(注意这些研究中所有的三个问题都与人际间或社会性主题相关,证明了婴儿对其社会世界的早期反应性。)

为了将这些"答案"①与更有趣的问题轳连起来,研究者制定并细化了几个范型。要研究婴儿是否相对 B 而偏好 A,只需要把 A、B 两个刺激放入到"成对偏好比较范型"(paired comparison preference paradigm)中进行竞争,看哪一个赢得更多注意。例如,先给婴儿看一幅左右对称格式的图像,然后把图像侧立,即图像上部与下部镜像对称,婴儿看着左右对称图像的时间会更长(见 Sherrod 1981)。结论:与水平对称的图像相比,婴儿更偏爱垂直对称的图像,后者也是人脸的特征。(注意父母会自动地倾向于把自己的脸置于婴儿的脸的垂直面上。)

但是,如果没有相对某物偏好另一物,我们能确定婴儿可以区分二者吗? 为确定婴儿是否能区分一物与另一物,可以使用"习惯化/去习惯化"(hibituation/dishubituation paradigm)范型。这个方法的理论基础是:若反复给婴儿看同一个物品,他们对该物品 *40* 的反应会逐渐减少。据推测,这种习惯化是由于刺激丧失新鲜性从而效能越来越低所致。实质就是婴儿觉得无聊了(Sokolov,1960;Berlyne,1966)。如果想知道婴儿是否能辨别微笑与惊讶的脸,可以重复六次左右给婴儿看同一张微笑脸图片,婴儿注视图片的时间会逐渐减少。在下一次本该呈现微笑图片时,用同一个人惊讶的脸代替微笑脸。如果婴儿注意到这个替换,就会出现去习惯化,即注视的时间加长,与第一次看到微笑脸图片时一样。如果不能辨别,则会继续习惯化,注视的时间与经过多次重复之后注视微笑脸的时间一样少。

以上程序只能说明婴儿是否能辨别,不能说明他们对构成微笑的特质形成了任何概念或表象。要确定这一点,还需再深入一步。比如,必须明确婴儿能识别任何人脸上的微笑,才能确定:尽管存在诸如不同的人脸等变量(不断变化的),婴儿具有对组成微笑的特质的不变量(不会变化)的抽象表象。

---

① 作为对外部事件的心理反应,心率和诱发电位也可以用作答案,独立或作为对行为性答案的验证。

使用这类向婴儿探得"答案"的实验范型和方法，获得了令人印象深刻的信息。上述例子不单解释了如何探索婴儿，也提示了婴儿具有的能力，同时也展示了我们可以从中归纳有关婴儿知觉、认知、情感的普遍原则的信息，后者是本章以及其他文献（见Kessen 等，1970；Cohen 和 Salapatek，1975；Kagan 等，1978；Lamb 和 Sherrod，1981；Lipsitt，1983；Field 和 Fox 发表中）必需的论据。简言之，即：

1. 婴儿寻求感官刺激。这种寻求带着强制性优势的特质，后者是假设驱力和动机系统的先决条件。

41

2. 他们寻求的感觉和形成的知觉带有清晰的偏差和偏好，且是先天性的。

3. 从出生开始婴儿就存在一个核心的倾向：形成并测试对世界上正在发生的事情的假设（Brunner 1977）。从探寻"这个与那个不同吗、或者是一样的"、"我刚才遇到的这个与我以前遇到的有什么不同"的意义而言，婴儿处于不断"评估"的状态中（Kagan 等 1978）。显然，这个心灵的核心倾向，在不断的应用中，很快将社会世界分类为确认一致和有差异的模式、事件、集合以及体验。婴儿将很容易地发现某一体验中的哪些特质是不变量、哪些是变量——即哪些特质"属于"这个体验（J. Gibson 1950、1979；E. Gibson 1969）。婴儿把这个过程应用到所有的感觉和知觉中，从最简单的到最复杂的——关于思考的思考。

4. 情感和认知过程不太能够轻易地分隔开来。一个简单的学习任务中也伴随激活的起起伏伏。学习本身是动机性的并负载情绪（affect-laden）。同样，在强烈的情绪性时刻，知觉和认知同时在进行。最后，情绪性体验（比如各种不同情境的惊讶）有其自身的不变量和变量特征，加以归类是一个与情感体验关联的认知任务。

这个由研究革命带来的、关于小婴儿的观点，总体上是认知性的，大体上由实验性观察的性质所决定。但是临床工作者和父母眼里的小婴儿是什么样的？带着促使他们离开清醒静止状态的动机和欲望的、更富于情绪色彩的婴儿是什么样的？这正是观察婴儿与临床婴儿开始分道扬镳之处。

临床与父母的小婴儿（young infant）观

婴儿出生后前两个月内，母亲的绝大多数时间用在了调节和稳定睡眠—清醒、日—夜和饥饿—饱足循环周期上。Sander(1962、1964)把这个时期称为心理调节期，Greenspan(1981)称之为内稳态期。

宝贝从医院来到家里之后，新父母每时每刻都在试图调教这个新生儿。几天之后，他们也许能够看到未来 20 分钟的情形，到一周时，他们可能拥有预测未来一、两个小时的奢侈。4 到 6 周后，有规律的、3—4 小时的时间段才成为可能。婴儿进食、睡觉和总体的内稳态基本都有父母的社会性行为伴随：摇晃、抚摸、安慰、说话、唱歌、发怪声、做鬼脸等，后者是对婴儿的同样也属于社会性行为的哭闹、烦躁、微笑和注视的回应，为实现心理调节进行了大量的社会互动。有时候，父母太过于现实地聚焦于行为的目的(如安抚婴儿)上，而没能理解社会性的互动；目的看起来是首要的，因而不会注意到达到目的的手段其实也是人际关联的时刻。另一些时候，从一开始，父母就聚焦于社会性互动并相应地采取行动，仿佛婴儿具有自我感。父母总是立即赋予婴儿意图("哦，你想看那个")、动机("你这样做妈妈就会快些把奶瓶拿来")和行为的创作权("你故意扔掉那个的吧，啊？")。不赋予婴儿这些人类的特质，就不可能与他们进行社会性互动。这些特质使得人类的行为能够被理解，通过在婴儿的最近发展区(zone of proximal development)内工作，父母毫无例外地把他们的婴儿当做可以理解的存在去对待，即当做他们将要成为的人[①]。

父母一方面把婴儿视为需要调节的心理系统，另一方面，视为具有主观体验、社会敏感性和生长中的自我感(如果还没有到位的话)的已经发展好的人。

经典精神分析排他性地专注于这个早期阶段的心理调节，并直接忽视了该调节是通过双方的社会行为交换实现的这一事实。这个理论导致了一个相当去社会化的婴儿形象，不过也对在心理状态变化影响下的婴儿的内在生活进行了丰富的描述。比如，弗洛伊德(1920)看到婴儿通过"刺激屏障"摆脱关联，保护他们免于处理外部刺激，包括他人。Mahler、Pine 和 Bergman(1975)认为婴儿有一种"正常自闭"(normal autism)状态，实质上就是不关联他人。这两个理论中，婴儿都间接地与他人关联，主观上不存在帮助他们发现自我感或他人感的社会世界。另一方面，婴儿遭遇的情绪波动和心理张力被视为体验的源泉，并最终界定自我感。这些体验在生命前两个月居于核心地位。

42

43

---

① 父母不断完善其向婴儿未来状态看齐的技术，在心理治疗中有一个类似的现象。Friedman(1982)指出"分析师没有必要清楚其推进的未来发展的确切状态。把患者当做其约摸会成为的那个人去对待就足够了。患者会探索其被对待的方式，填充个人化的细节"(12 页)。

英国客体关系"学派"和沙利文（H. S. Sullivan），一个美国同道，因为以下观念而在临床理论家中显得非常独特：相信人类的社会性关联从出生就存在，它的存在是为了其自身，具有可界定的性质，并不依赖于心理需求状态（Balint，1937；Klein，1952；Sullivan，1953；Fairbairn，1954；Guntrip，1971）。目前，依附理论家用客观数据进一步细化了这个观点（Bowlby，1969；Ainsworth，1979）。这些观点把婴儿的直接社会体验（父母本能地成为婴儿主观生活的一部分）视为关注的核心焦点。

以上所有临床理论有一个共同的信念：婴儿拥有活跃的主观生活，充满了不断变化的热情和困惑，与含混不明的社会事件奋力缠斗时他们体验到一种未分化状态，后者被假定为未联接（unconnected）和未整合（unintegrated）。这些临床观点认同了一些内在起伏和社会关联的突出体验，前者可能对自我感有所贡献，但是它们还不能够揭示可能引导婴儿使用这些体验去分化出自我与他人感的心理能力。这是发展学家的实验工作作出贡献的地方。它让我们得以审视婴儿如何体验情感和张力状态变化的世界以及对伴随情感和张力变化的外部世界的认知。毕竟，构成婴儿社会体验的正是对所有这些成分的整合。

显现自我感的性质：对过程和结果的体验

现在我们回到核心问题：在这个最初的阶段可能存在什么样的自我感？这么早的阶段，自我感存在的概念通常是被排除在考虑之外的，甚至不会被提出来，因为自我感的概念通常指的是关于自身的概要的、不断整合的图式、概念或认知。显然，在这个早期阶段的婴儿尚不具备这样的概观能力。他们只有分散的、互不关联的体验，尚未整合成一个包罗尽收的视角。

不同体验之间形成关联的方式是皮亚杰、Gibsons 和联想性学习（associational learning）理论家的大部分工作的基本主题。临床理论家把所有这些过程揉成一团，比喻式地描述为"同一性岛屿"（islands of consistency）的形成（Escalona，1953）。他们从认知的角度描述这个渐进过程中每一步或每一个水平上的组织的发展性跃进，因此倾向于把那些整合跃进的结果解释为自我感。但是过程本身是怎么样的——形成跃进和创建先前无关联事件之间的关联、形成局部性组织、固化感觉运动图式的这些体验本身。婴儿是否不但能体验到已经形成和掌握的组织感、也能体验到组织的形成过程？我的建议是：婴儿能体验到组织出现的过程和结果，正是这种对正在出现的组织的体验,我称之为显现自我感。是对过程以及结果的体验。

组织的出现也是一种学习的形式,而学习体验是婴儿生活中强有力的事件。我们已经说过,婴儿是预设为寻求并参与学习的。各种形式的观察学习的研究者都对创建新心理组织的动机(即正性强化)之强烈印象深刻。有人曾提出:皮亚杰描述的导致感觉运动图式(如拇指—嘴巴)固化的早期学习是受本能驱动的(Sameroff,1984)。形成组织的体验包括受驱动的过程和结果强化,这里我着重讨论过程①。

但是,首先,婴儿也能体验到非组织性吗?不能!未分化状态是非组织性的一个绝佳例子。只有对未来态势具备足够认知的观察者才能想象未分化状态。婴儿不可能知道什么是他们不知道的,也不知道自己不知道。传统的临床理论家的概念取自观察者对婴儿的知识——即与分化了的、年龄更大的儿童比较而言相对的未分化状态,加以具体化,然后作为婴儿自身的、占优势的对事物的主观感觉还给或赋予婴儿。从另一方面而言,如果没有把未分化具体化为婴儿主观体验的属性,整个局面将大相径庭。有大量的分散的体验存在,这些体验对婴儿而言可能具有精致的清晰性与生动性。而这些体验之间关联的缺乏没有被注意到。

当不同的体验以某种方式轭连(联合、同化或其他方式联接),婴儿体验到组织的出现。婴儿要具有任何形式的自我感,必需具备某种可以被感知为参照点的组织。最早的这样的组织与身体有关:它的连贯性、动作、内部感觉状态、以及对所有这些的记忆。这就是与核心自我感相关的体验性组织。但是,就在它之前,自我感的参照组织仍在形成中,换言之,正在显现。由此,显现自我感涉及的是过程和形成组织的结果。它与对婴儿感官体验之间的关联的学习有关。不过,这也基本上是所有学习的宗旨。 当然,学习并不是为了形成自我感这一个目的,而自我感是总体学习能力的诸多重要的副产品之一。

显现自我感包括两个成分,在孤立的体验之间形成关联的过程和结果。结果将在下一章详细探讨,在核心自我的层面上,详述哪些结果组合形成了最初的、对自我概括性的认知。本章我将聚焦在过程上,或者说"形成中的组织"的体验。我将探讨小婴儿可以用来创建关联组织的不同的过程,以及可能从这些过程中演变出来的主观体验。

---

① 许多系统的自组织(self-organizing)倾向被探讨过,Stechler 和 Kaplan(1980)把这些概念应用到自我发展,不过此处关注的是组织形成的主观体验。

形成显现自我与他人感所涉及的过程

非模态（amodal）概念

在 20 世纪 70 年代后期，数个实验的发现对婴儿如何了解世界提出了深刻的疑问，即他们如何关联体验。处于漩涡中的是长期以来悬而未决的哲学和心理学关于知觉单位的问题：我们怎么知道我们看到、听到、触到的实际上是同一件东西。我们怎样把来自外界同一个源头的、由不同的知觉形态获取的信息协同起来？这些实验把广泛的注意力吸引到婴儿的把来自一种感觉形态的体验传递到另一种感觉形态的能力上来，其使用的实验格式公开，可以复制。

Meltzoff 和 Borton（1979）的实验清楚地显示了问题和焦点。他们把三周大的婴儿眼睛蒙起来，给他们两种不同的奶嘴吮吸。一种奶嘴有球形的奶嘴头，另一种奶嘴头的表面上有向各个方向突起的结节。在婴儿对奶嘴仅仅用嘴有了一些体验（触觉）后，奶嘴被拿开，与另一种奶嘴并排放在一起。蒙住婴儿眼睛的东西被取下来，在快速的视觉比较之后，婴儿会用更长的时间看他们刚才吮吸过的奶嘴。

这些发现与当前的关于婴儿学习以及一般常识背道而驰。在理论层面上而言，婴儿应该不具备完成这项任务的能力。从皮亚杰理论来看，婴儿必需首先形成奶嘴感觉起来是什么样子（触觉图式）、看起来是什么样子（视觉图式），然后这两个图式必需经过某种交换或相互作用（交互同化），然后才是协同的视觉—触觉图式（Piaget，1952）。只有在这个时候婴儿才能完成这个任务。显然，婴儿实际上并没有走完这些建设的步骤。他们马上"知道"现在看到的这个就是刚才感觉到的那个。同样，严格的学习理论或联想论者（associationist）理论对这些发现完全不能解释，因为婴儿并没有形成必需的、触觉与视觉关联的先行经验。（对这个问题在理论背景上更全面的论述参见 Bower，1972，1974，1976；Moore 和 Meltzoff，1978；Moes，1980；Spelke，1980；Meltzoff 和 Moore，1983）。随着婴儿长大，这种触觉—视觉信息传递趋向完善并更快速，不过很清楚的是这种能力在出生后第一周便已经呈现出来（Rose 等，1972）。婴儿跨通道（cross-modal）传递信息的能力是预设的，这使得他们能够跨触觉和视觉识别出对应的同一个物品。这个案例中，触觉与视觉体验的轫连来自先天的知觉系统的设计，而不是重复的人世间的经验。一开始的时候学习并非必需的，其后对跨通道关联的学习也建立在这个先天的基础上。

这里描述的发生在触觉和视觉之间的对应涉及形状。其他的模式、其他的知觉特征如强度和时间，又是怎么样的呢？在识别这些跨通道等效性上婴儿也具有天赋吗？在习惯化范式中用心率作为结果指针，Lewcowicz 和 Turkewitz(1980)"问"三周龄的婴儿：哪个水平的光线强度(白色冷光)与某特定水平的音响强度(白噪音分贝)相当。 *48* 先让婴儿对一个水平的声音习惯化，然后用不同水平的光线进行去习惯化，反之亦然。本质上，实验结果显示，小婴儿确实把特定的绝对水平的音响强度与特定的绝对水平的光线强度对应。而且，这些三周大的婴儿所做的强度水平的跨通道匹配与成人一致。就是说，对绝对强度水平的听觉—视觉跨通道匹配能力在三周龄时已经发展得很好了。

关于时间呢？迄今为止，直接针对婴儿是否能够跨知觉通道传递时间性信息的实验(见 Allen 等，1977；Demany 等，1977；Humphrey 等，1979；Wagner 和 Sakotiwz，1983；Lewcowicz，发表中；Morrongiello，1984)为数不多。用心率和行为作为反应指针，这些研究者显示婴儿能够识别一个听觉时间性模式与类似的视觉呈现的时间模式对应。几乎可以肯定，在不久的将来将会出现大量类似实验，揭示婴儿通道间的(intermodally)、传递明确定义的持续性、节拍、节奏的能力。这些时间性特征很容易地被所有的通道感知，并且是能够跨通道传递的体验特性的绝佳备选，因为婴儿自出生后就对环境的时间性特征具有精细的觉察和敏感性，这一点越来越清晰(Stern 和 Gibbon，1978；DeCasper，1980；Miller 和 Byrne，1984)。

所有这些通道间性质传递之中，最难以想象的是婴儿也许能够在视觉和听觉通道之间传递关于形状的信息。通常，形状并不会被感知为声学事件，更容易想象在触觉和视觉通道之间传递形状信息。但是说话本身，在自然的情形下，就是视觉和听觉组合配置，因为嘴唇在动。当看得见嘴唇时，听懂度显著提升。六周龄的婴儿倾向于更严密地注视说话的脸(Haith，1980)。而且，当实际产生的声音与嘴唇的动作不一致时，视觉信息令人惊讶地超越听觉信息占据优势。换言之，我们听到我们看到的，而不 *49* 是真正说出来的(McGurk 和 MacDonald，1976)①。

接下来这个问题似乎就不可抗拒了：婴儿能够识别听觉和视觉呈现的声音之间的对应吗？也就是说，他们能够把一个听到的声音配置与看到的、形成这个声音的嘴

① 例如，若一个人看到一张嘴巴做出"da"这个音的口型(无声的)，听到声音"ba"，这个人体验到的是"da"或有时候是一个折中的声音"ga"。

巴的视觉动作对应起来吗？不约而同地研究这个问题的两个实验室都给出了正面的答案(MacKain 等，1981、1983；Kuhl 和 Meltzoff，1982)。两个实验采用了相同的范式、不同的刺激。他们都同时给婴儿呈现了两张脸，各自表现发不同声音的口型，但是只有其中一个声音是婴儿实际上听到的。问题是婴儿是否会更长时间地注视那个"对的"脸。MacKain 等使用不同的双音节词(mama、lulu、baby、zuzu)作为刺激，Kahl 和 Meltzoff 用的是单个元音"ah"和"ee"。两个实验均发现婴儿能够识别听觉—视觉的对应[1]。两个实验得出一致结果极大地强化了这个发现。

对自身动作或姿势的感觉、即本体感觉(proprioception)通道呢？1977 年有研究显示三周龄的婴儿会模仿成人伸出舌头、张开嘴巴(Meltzoff 和 Moore，1977)。尽管先前观察到并探讨了完成这些早期模仿任务的能力，但是没有做出最强有力的推论，即婴儿看见的、与做出来的行为之间存在先天性的对应。后续的实验表明，甚至一支铅笔或类似物品的突出也能引发婴儿伸出舌头。

50 　这个主题后来转移到了情感表达范畴。Field 等(1982)报告出生两天的新生儿能够稳定地模仿成人模特的微笑、皱眉或表示惊讶。这些发现提出了各种各样的问题。婴儿怎么"知道"他们有脸或者面部特征？他们怎么"知道"看到的脸就是那个类似自己的脸的东西？他们怎么"知道"，那个他们只看到过的另一张脸上的特定配置，与自己脸上的同样的特定配置相对应，后者他们只是本体感觉性地感觉到，而从未看到过？就预设的意义而言，这种跨通道流通的量是非凡的。然而，这是一个特例，因为没有人知道婴儿的反应是模仿性的抑或是类反射性的(reflex-like)。看见别人的脸的特定视觉配置与婴儿自己的脸的本体感觉性配置是对应的吗？如果是的话才能论及跨通道对应(视觉—本体感觉)。或者说，另一张脸上的特定配置激发了特定的运动程序去做出同样的动作？若是，那么探讨的是特定的先天性社会释放刺激。就目前而言，尚不能做出确定的解答(参见 Burd 和 Milewski，1981)。

由此，婴儿似乎先天具有某种普遍性的能力，可以称之为非模态认知(amodal perception)，从一种感觉通道获取信息，通过某种方式转变为另一种感觉通道信息。我们不知道他们是如何完成这项任务的。信息可能不会被体验为属于任何一种特定感觉通道，更有可能的是，它超越模式或通道，以某种未知的超通道(supra-modal)形式

---

[1] MacKain 等发现对左脑半球的激活能协助这个特定的听觉—视觉匹配任务，不过这个讨论不在本书的范围之内。

存在。那么这就不是一个简单的直接跨通道转变的问题了，更正确地说，它涉及编码为某种仍然处于神秘之中的非模态表象（amodal representation），后者可被任何感觉模式识别。

　　看起来，婴儿把世界体验为一个知觉统一体，在其中他们能够从任何形式的人类表达行为的任何模式中获取非模态特性，加以抽象地表象，然后转换到其他模式。这个观点得到一些发展学家的强烈支持，如 Bower（1974）、Moore 和 Meltzoff（1978）、Meltzoff（1981），他们提出：从生命的第一天开始，婴儿就不断形成对知觉特性的抽象表象，并以此行事。婴儿所体验到的抽象表象并非景像、声音、触摸、或可命名的物体，而是形状、强度、以及时间性的模式——这些属于体验的更为"总体性"的性质。对觉知的基本性质形成抽象表象的需求和能力、并且按照抽象表象去产生行为，在心理生命的最初就开始了；这并不是在出生后第二年达到的顶点或发展性里程碑。

　　非模态认知怎样影响显现自我感或显现他人感？以婴儿对母亲乳房的体验为例，"吸吮的乳房"与"看到的乳房"，婴儿最初体验到的是两种互不相干的乳房吗？皮亚杰派会说是，大多数精神动力取向派也会说是，因为他们采用了皮亚杰或联想论的假设。但现行的观点会说否。由于非习得性的视觉与触觉的轭连，乳房会作为一个已经整合的体验出现。婴儿看到并吸吮过的手指或拳头也是如此，以及其他诸多有关自我和他人的常识也都如此。婴儿并不需要重复的体验去开始形成显现自我和他人的片段，他们锻造某些特定整合的能力是预设的。

　　既然非模态认知帮助婴儿潜在地整合自我与他人的不同体验，如我们前文所说，那么显现自我感就不仅涉及整合的结果，也涉及过程。不管是通过非模态知觉或图式的同化，或重复联系（repeated association），最终看到的与吸吮到的乳房关联起来。与由同化或联系导致的整合比较，作为一种显现体验，来自非模态整合的体验是什么样的？每一个关联不同事件的过程可能都构成不同的、特征性显现体验。

　　例如，在摸起来是什么感觉的基础上，某物看起来应该是某种样子，而确实看起来是那样，则第一次看见某物的实际体验会是一种似曾相识感（déjà vu）。假定婴儿并没有预计某物应该看起来是什么样子，那么也就没有认知证实的体验。很多人会认为这种体验会被完全忽略，或者最多成为一种运转正常的非特异性的"全对"（all-rightness）感。他们可能会进一步提出这种体验只有在视觉证实了触觉信息时才会具有特定的性质，又一个认知视角。我认为，在前语言水平上（觉察之外），发现跨通道匹配的体验（尤其是第一次）应该像是当前的体验与以前的或熟悉的某物对应或浸染。

当前的体验以某种方式与来自别处的体验相关联。这种似曾相识感事件的原始形式与形成关联联接的过程很不相同,可能更多地带有发现的性质——过去已经了解到的两件事物属于同一个物体。很有可能,在这个显现体验域内同时存在对于隐藏的未来的预兆的体验,这个未来存在于揭示结构的过程中,而该结构只能隐晦地被感觉到。在体验水平而非概念水平上的、针对这类事件的类型学(typology)是非常必要的。

"形相"知觉(Physiognomic Perception)

Heinz Werner(1948)提出了另外一种小婴儿的非模态知觉,他称之为"形相"知觉。Werner 认为,婴儿直接体验到的是分类性情感,而不是诸如形状、强度、数量等概念性性质。比如,一个简单二维线条或一种颜色、一个声音被感知为快乐(⌣)、悲伤(⌒)或生气(ᴧᴧ)。情感充当了超通道的通货,任何通道的刺激都能转换成情感。这也是一种非模态知觉,因为情感体验并不与知觉通道绑定。我们所有人都参与"感觉知觉"——但是,它是频繁的、持续的或者相反?很有可能它是每一个知觉活动的组成成分(虽然通常是潜意识的)。然而,其机制仍然是一个谜,就像总体上的非模态知觉的机制一样。Werner 提出它有可能源自对展示情绪的人脸的体验,从而命名为"形相"知觉。到目前为止,关于其在小婴儿身上的存在以及性质,只有推测,没有实证依据。

"活力情感"(Vitality Affect)

到此为止我们探讨了两种婴儿体验其周围世界的方式。跨通道能力的实验提示:一些人或物的属性,如形状、强度水平、动作、数量和节奏,被直接体验为总体的、非模态概念特质。Werner 提出:人或物的某些方面被直接体验为分类性情感(生气、悲伤、快乐,等等)。

还有第三种性质的体验能直接产生于与人的交互之中,涉及活力情感。我们这么说是什么意思?为什么有必要为人类体验形式增加一个新术语?之所以这么做是因为许多感觉性质并不适用于我们现有的关于情绪情感的词典和分类学。这些难以名状的性质只能用动力、动态的术语如"涌动"、"消退"、"飞逝"、"爆炸性"、"渐强"、"渐弱"、"爆发"、"拉伸"等才能更好地形容。这些体验的性质是婴儿能感觉到的,这一点非常明确,并且日常,甚至随时都在发生。动机状态、食欲和张力的改变所引发的正是这些感觉。哲学家 Suzanne Langer (1967)坚持说,任何近体验(experience-near)心理学都必需紧密关注那些涉及生命的活力过程的"感觉形式",如呼吸、饥饿、排泄、入睡及醒来或感觉到情绪和念头的到来与消失。由这些活力过程引发的不同形式的感觉在绝大多数时间影响着有机体。不管我们是否意识到它们的存在,我们从未脱离过它们,而"常规"情绪会来来去去。

婴儿从自身内部,也从他人的行为中体验到这些性质。对活力的不同感觉能够表现在父母多样的,不被归入"常规"情感性的活动中:母亲怎样抱起婴儿、折叠尿布、整理她自己或婴儿的头发、伸手拿奶瓶、解开衬衫纽扣。婴儿沉浸在这些"活力感觉"之中。对它们的进一步研究将使我们能够丰富现有的、太过贫乏的应用于非语言体验的概念和词汇。

第一个问题是:为什么现有的情感理论没有适用于这些重要体验的术语和概念?通常,人们用离散的情感分类描述情感性体验——幸福、悲伤、恐惧、愤怒、厌恶、惊讶、兴趣,可能还有羞耻,以及它们的组合。这可能是达尔文的重要贡献,他假设这些情感每一个都具有先天的、独立的面部表情,以及特定的感觉性质,并且这些先天的模式进化为被所有成员"理解"的社会性信号,从而加强种族的存活①。普遍认为,每一个情感类别至少有两个公认的能被体验的维度:活动度和享乐度。活动度指的是感觉性质的强度或紧迫度的量,而享乐度指的是感觉性质上愉悦或非愉悦的程度②。

活力情感不适用于当前这些情感理论,因此需要有单独的术语。然而,它们确定无误是某类感觉,属于情感体验范畴。我们暂时称之为活力情感,以与传统的或达尔文的怒、乐、悲等类别情感(categorical affect)区分开来。

活力情感可以与类别情感同时存在,也可单独发生。例如,愤怒或喜悦的"急流",

54

---

① 这七八个离散的表达,单独或组合在一起,构成了人类面部表达的整个情绪体系。这也被称为"离散情绪假设"(discrete affect hypothesis)。一百多年来,这个假设被证明是相当稳健的。广为人知的跨文化研究令人信服地证实,所有进行测试的不同的文化都能识别基本的面部表情(Ekman 1971, Izard 1971)。巨大社会—文化差异上的面部表情的普遍性引起对其是否具有先天性的争论。现在我们都知道先天性眼盲的婴儿能表现出正常的面部表情,直到3、4个月年龄为止(Freedman, 1964; Fraiberg, 1971),有力地提示这些离散展示模式是先天性的,不需要视觉反馈所提供的学习就能呈现出来。但是,当我们探究与面部表情相应的主观感受时,跨文化的固着仍有,但是松散得多。关于悲伤的核心感觉,不同的人在语言表达上就具有不同的特质(Lutz, 1982)。我们共享了一套情感表达,但并不一定有相同的感觉性质。

② 有一些情绪分类,如快乐或悲伤,总是涉及愉悦与不愉悦,但是其他情绪,如惊讶,却不是这样。总体而言,活动度和享乐度是各类情绪体验的维度,例如:狂喜是快乐分类的,体验居于活动度的高端,而静思的幸福也是快乐分类,但是体验居于活动度的低端。然而,两种感觉在享乐度上的愉悦感却可能是相当的。相反,愉悦和非愉悦的惊讶在享乐度上处于不同的两端,但却在活动度上处于相同的水平。情绪还有其他的维度(见 Arnold, 1970; Dahl 和 Stengel, 1978; Plutchik, 1980)。

感知到光的流动,思想的加快,被音乐激发的难以名状的感觉波动,注射毒品,都可能产生"急流"感。它们都有重叠的神经激活,虽然在神经系统的不同部分。所有这些被感觉到的、相似的变化性质,我称之为对"急流"的活力情感。

这一类的表达并不局限于类别情感信号,它存在于所有行为之中。不仅是在类别情感——如"爆炸性"微笑——过程中能体验到各种活动度廓形(activation contour)或活力情感,在不具备类别情感信息意义的行为中也一样,如我们可能会看到某个人"爆炸似地"从椅子上跳起来,我们并不知道这种爆炸性地起身是缘于愤怒、惊讶、高兴、或者恐惧。爆炸性可与达尔文论的任何一种感觉性质相连,也可以不相连。那个人也可以并不是由于某种情感类型才从椅子上起来,而是由于突然的决定。可能有一千种微笑、一千种离开椅子的方式、一千种各式各样的行为,而每一个都能呈现一种不同的活力情感。

活力情感的表达可以同木偶表演联系起来。木偶没有或只有很少的通过面部表情表达类别情感的能力,它们定型的手势或姿势情感信号系统是很贫乏的。从它们移动的方式、从不同的活动度廓形我们推测出不同活力情感。通常来说,木偶的性格在很大程度上由其独特的活力情感所决定,一个木偶可能是无精打采的,耷拉着手脚、低垂着脑袋,另一个是干劲十足的,还有一个可能洋洋自得。

抽象的舞蹈和音乐是活力情感表达的卓越的例证。无需借助于情节或引发活力情感的类别情感信号,舞蹈向观者—听者传递多重活力情感及其变奏。编舞者常常尽力去表达感觉的方式,而非特定的感觉内容。考虑到当婴儿观看父母无内在表达的行为(即无达尔文论的情感信号)时所处的情境同抽象舞蹈或音乐的观/听众一样,这个例子特别具有指导意义。父母行为的方式表达了某种活力情感,不管这种行为是否具备类别情感(或带有部分类别情感的色彩)。

很容易想象,婴儿一开始并不会像成人那样去感知外显的行为。(这个行为是去拿那个瓶子,那个行为是打开尿布。)更有可能的是,婴儿直接感知,并根据行为表现出来的活力情感对其进行分类。就像舞蹈之与成人,婴儿体验到的社会世界在成为正式行为世界之前,最初是一个活力情感的世界。同时也类似于非模态认知的物质世界,基本上是一种关于形状、数量、强度水平等的抽象性质,而非一个可以看到、听到、触摸到的世界。

区分活力情感与类别情感的另一个原因是用活动度水平的概念不足以解释前者。就大多数情感及其维度而言,此处所谓的活力情感可归属于通用的、稳定的活动度或唤起水平维度。活动或唤起确实会发生,但是它们并不被简单地体验为伴随、或在某种情况下居于这个维度上的感觉,而是体验为其内部动力的转变或模式的变化。我们可以把唤起—活动性仅用为唤起—活动水平的通用指标,我们需要增加一个全新的类别用于这类体验,即活力情感,以对应特征性的模式变化。这些跨时间的模式变化,或活动度廓形,构成了独立的活力情感①。

这个关于活力情感的观点极大地归功于 Schneirla(1959,1965)和 Tompkins(1962,1981)的工作,特别是后者。只不过,Tompkins 的结论是神经激发(强度 X 时间)的离散模式——本书称之为活动度廓形——形成了达尔文论的情感,而我认为它们形成了一种独特的情感体验模式,或活力情感。尽管如此,Tompkins 的工作为当下的观点奠定了基础。

由于活力廓形可适用于任何种类的行为或感觉,从一种行为抽象出来的活动度廓形能够以某种非模态形式存在,因此可以应用到另一种外显行为或心理过程中②。这些抽象的表象可能使在不同行为表现之间相似的活动度廓形得以实现跨通道对应。只要具有相同的被称之为活力情感的感觉特质,极端异同的事件也能由此轱连起来。这种对应可能就是笛福(Defoe)的小说《摩尔·弗兰德斯》(*Moll Flanders*)的一个隐喻的基础,当女主人公一生罪行累累,最终银铛入狱时,她说:"我对天堂或地狱没有什么想法,只要稍微多点乐子就成……"(纽约,Signet Classic 出版社,1964,第 247 页)。她的观念的活动度廓形与某种特定的生理感觉相似,某种稍纵即逝的感觉,两者激活了同样的活力情感。

如果小婴儿体验到活力情感,如同设想的那样,他们多半会处于与摩尔·弗兰德斯同样的情境中,具有相似活动度廓形的不同感觉体验被激活,也就是说,它们会被体验为对等物,从而产生组织。例如,为了安抚婴儿,父母会说:"好啦、好啦、好啦……",开始的话语带有更多的张力和振幅,逐渐减弱;或者父母无声地轻抚婴儿的背或头,带

57

---

① 所有的活动度廓形都能以感觉强度的时间函数来描述。随时间变化的强度足以解释"爆炸性"、"渐弱"、"急流"等等,不管导致这些变化的源头的实际行为或审计系统究竟是什么。这也是活力情感隐藏于活动度—唤起维度之中的原因。不过,活动度—唤起维度不但需要拆解成单独的维度,而且应该被视为随时间改变的更为瞬时性的活动度变化,即以非模态形式存在的活动度廓形。这些活动度廓形产生了感觉水平上的活力情感。

② 这假定婴儿很早就具有模式探测器或扫描探测器,能够识别这种轮廓。有证据支持这一点,例如 Fernald(1984)的研究显示婴儿很容易识别上升与下降的音高轮廓,即便二者是同样的声音、发同样的元音、同样的调域和振幅,仅仅在时序模式上异同。该领域的进一步研究是很重要的。

着与"好啦、好啦"同样的由重到轻的模式。如果轻抚与停顿的时长与声音停顿的绝对和相对时长一致，婴儿会体验到相似的活动度廓形，不管使用的哪一种安抚技术。两种安抚感觉上是一样的（超越了感官的特异性），并且导致同样的活力情感体验。

如果这是事实，则婴儿在体验显现他人的过程中更进了一步。婴儿体验到的不是一个独特的轻抚的妈妈或者另一个不同的说"好啦好啦"的妈妈，婴儿体验到的只是在安抚行为中的一个活力情感——一个"安抚的活力情感性的妈妈"。以这种方式，活力情感的非模态体验、以及对认知形式的跨通道匹配能力极大地增强了婴儿朝向体验到显现他人的发展①。

活动度廓形概念（作为活力情感的基础特质）可能是对"在从特定感知模式抽象出来时，是什么形成了非模态表象遗迹"这一神秘问题的回答。非模态表象可能由强度或神经激发的时间性变化构成。不管一个物体是用眼、触摸、甚至也许是用耳朵触及的，都会产生同样的总体模式、或者活动度廓形。

不过，活力情感概念可能是通过另外一种方式帮助我们想象婴儿对形成组织的体验。一种感觉运动图式的固化提供了一个例证。由于很早出现，手—口图式是一个很好的例子。按照 Sameroff（1984）的提议，我们可以这样描述手—口图式的最初固化过程：婴儿最开始把手伸向嘴巴的动作是很不协调的，方向不准确、动作不平滑；这个手—口模式是本能驱动的、物种特异性行为模式，以完整和功能平稳为目标。在成功完成的开始部分，及手接近但是没有到达嘴巴之时，模式没有完成，唤起水平增高；当手最终到达嘴巴，由于模式圆满完成、"功能平稳"的吸吮（已经固化的图式）接班，唤起水平回落。伴随唤起的降低，在恢复平稳功能的基础之上，有一个朝向积极享乐性的相对偏移。这种"手找到嘴"或"嘴找到手"反复发生，直到形成平稳的功能，即通过对感觉运动图式的同化/调节，完成了对这种模式的调试。当这个过程发生、图式得到完全固化之后，手—口行为不再伴随唤起或享乐水平的波动，于是成为不会被注意到的"平稳功能"。但是在最初的实验期，图式仍在固化中，对每一个不太牢靠的成功尝试，当手在不太确定地寻找到达嘴巴的途径时，婴儿体验到一种特殊的唤起廓形以及在找到了嘴巴之后唤起的回落和享乐张力的偏移。换言之，每一次固化尝试都伴随与手臂、手、拇指和嘴巴感觉相关的特征性的活力情感，这一切都朝向圆满。

---

① 可能有无限多种可能的活动度廓形。只能假定它们组织成可识别的群，因此我们能够识别轮廓家族，相对离散的活力情感就是被感觉到的成分，甚至可以对一些家族命名——"冲击"、"渐弱"、"绝决"等等。向更为离散、数量更庞大的家族的分化是一个经验性的发展论题。

这个发展的产物——功能平稳的手—口图式——一旦形成便不再被觉察,但是形成过程本身会非常突出,且是已加强的关注的焦点,这是形成组织的一个体验。这个例子与我们更为熟悉的饥饿累积(张力、唤起)没有原则上的差异,后者在进食(唤起回落和享乐偏移)行为以及对自我与他人的感觉和认知中达到圆满。不过,手—口图式的例子有一点不同之处,在于其涉及的是感觉运动图式,而不是心理需要状态,其动机的概念化有所不同,就我们的主张而言重要的是它激起了与不同身体部位和情境相关的不同的活力情感。

许多感觉运动图式需要调节,每一个的固化过程都涉及对不同的活力情感的主观体验,而前者与不同的身体部位和不同情境下的感觉相关。正是这些关于各种各样组织形成的主观体验我称之为显现自我感。与似曾相识感或对已经描述过的显现自我的其他感觉相比,对感觉运动图式固化的特殊体验可能具有更多解除张力的性质。

到此为止,我们探讨了与形成显现自我与他人感有关的三个过程:非模态认知、形相知觉以及相应的活力情感知觉。三者均为直接的、"全局"的知觉,其中不同体验的轭连伴随各自特有的主观体验。不过,这并不是关联体验世界形成的唯一形式。另有构建论(constructionist)过程提出婴儿体验显现自我与他人的其他方式,这些过程与考察婴儿体验别的方法有关,不过是对前文讨论的方法的补充。

构建论对关联社会体验的研究

构建论假设婴儿最初把人感知为诸多物理刺激队列中的一种,与其他诸如窗户、摇篮、手机等没有本质区别。并进一步假设婴儿一开始探测到的是人的分散的特征性元素:大小、动作或垂直条纹。这些特征性元素本身可以属于任何刺激队列,然后循序地整合,直到构型(一个整体的形式)被合成进入一个更大的结构单位——开始是一张脸,逐渐是一个人。

形成构建论观点的过程包括同化、适应、确定不变量以及关联性学习。因此,显现自我感被更多地从在已有的、相互异同的体验之间发现关系的角度去描述,而不是过程本身的角度。既然某种形式的学习是构建方法之下的基础,那么可能或将会被学到的内容就会受到物种共有的先天偏性的引导。人类生而具有注意一个刺激队列之内的特定特征的偏好或倾向。这一点适用于任何感觉通道刺激。婴儿在不同的年龄探测到或发现的最突出特征是不同的,这里有一个发展性的顺序。对这个进展的研究最为完善的是视觉。从出生到两月龄,婴儿倾向于发现移动(Haith, 1966)、大小、轮廓密度、单位面积中轮廓元素的数量（Kessen 等，1970；Karmel，Hoffma 和 Fegy，1974；Salapatek，1975）这些刺激特征。两月龄之后，曲度、对称性、复杂度、新奇性、非周期性和最终的构型（形式）成为更为突出的刺激特征（见 Hainline，1978；Haith，1980；Sherrod，1981；Bronson，1982）。

61

婴儿带着注意（潜在的信息收集）策略来到世界上，后者具有自身的成熟过程。同样，研究最完善的是视觉。两月龄之前，婴儿优先扫描物体的外围或边缘；之后，他们的目光转移到注视内部特征（Salapatek，1975；Haith 等，1977；Hainline，1978）。当目标对象是人脸时，这个通用的注意策略过程存在两个重要的例外。当附加了声音刺激、如有人说话时，即便是小于两月龄的婴儿也倾向于从外围转而注视人脸的内部特征（Haith 等，4977）。当脸上出现动作时也观察到类似的倾向（Donee，1973）。

用这些信息，从构建论的角度去预测人脸会怎样被体验到，我们可以大致描绘以下过程：在出生后的前两个月，婴儿会觉得人脸与其他可以移动的、大小和轮廓密度大致相同的物体没有分别。婴儿会对组成边缘区域的结构非常熟悉，如发际线，但是不熟悉脸上内部的结构，如眼睛、鼻子、嘴巴——简言之，所有那些加在一起组成构型或"脸性"（faceness）的特征。两月龄之后，注意策略转为内部扫描，婴儿一开始注意那些具有更多他们偏好的刺激特性的特征：曲度、对比、垂直对称、角度、复杂度等等。这些偏好让他们首先注意眼睛，其次嘴巴，最后是鼻子。在对这些特征及其不变的局部关系有了相当多的体验之后，他们会建构图式，或确定那些定义"脸性"的构型的不变量。

确实很容易展示 5 到 7 月龄的婴儿能够在一周后还记得那张他们只看过一次，只看了不到一分钟的脸的图片（Fagan，1973，1976）。这种长期识别记忆需要对一张特定的脸的独特形态形成表象，不大可能是建立在对特征的再认基础上。脸发出声音，其内部组成部分在说话和表达时出现动作，这将构建论的时间表往前推进了一些，不过并不会改变形态认知建构进程的顺序。

62

构建论方法可以同样良好地应用到听觉、触觉和其他人类刺激通道。如果接受构建论关于最早的人类刺激的刻画和时间表，就必须得出结论：婴儿与其他人关联的方式并不特别或者独一无二。人际间的关联与同物的关联之间尚未有本质区别。婴儿的无社会性（asocial）是由于无差别性、而非无反应性导致的，后者如精神分析提出的在生命最初几个月保护婴儿的刺激屏障。他可以保留"与孤立刺激特征或性质关联"的概念，但那实在是一个脆弱的概念。与圈子或领域（或者精神分析的术语"部分客体"(part object))关联的见解也不会让他更深入人际间的领域。

那么,问题是:这些构建如何以及何时与人类的主观性关联,从而出现自我与他人? 处理这个问题之前,我们应该注意有证据表明婴儿从未把任何突出的人类形式(脸、声音、乳房)体验为超越某种特定物理刺激队列的东西,但是他们确实从一开始就把人体验为独一无二的形态。有几类证据:(1)一月龄的婴儿确实表现出对人脸的整体(非特征性的)方面如动态、复杂度、甚至构型的偏好(Sherrod,1981)。(2)扫描生动的人脸与观看几何形状,婴儿的注视模式不同。在出生的第一个月,他们就更少被单一的特征元素所吸引,扫视更加流动(Donee,1973)。(3)扫视真人脸时,新生儿的行为与扫视动画时不同,他们移动手臂和腿的动作、张开和闭合手与脚的方式更为平滑、更多控制,而更少急促和不连贯。同时伴随更多的发声(Brazelton 等,1974)。(4)Field等(1982)最近的发现:出生两到三天的新生儿就能识别并模仿互动的真人脸上的微笑、皱眉和惊讶的表情,清楚地表明婴儿不仅能够知觉面部表情,并且似乎能够识别其不同的构型①。(5)对某一特定个人的脸或声音的识别是一个支持性的证据,表明对该人的刺激产生了某种特殊依附。朗读同样的内容,新生儿能够将母亲的声音与其他女性的声音区分开来,这个证据很有说服力(Decasper 和 Fifer,1980)②。关于小于两月龄婴儿识别人脸的证据说服力弱一些。许多研究者继续在寻找证据,但是更多的人没有(见 Sherrod,1981)。尽管有这些构建论观念的确认,婴儿直接构建并感知关系,这一点几乎没有疑问。

理解婴儿主观体验的途径

非模态认知(基于抽象的体验性质,包括离散的情感和活力情感)和构建论成果(基于同化、适应、关联和对不变量的确认)是婴儿体验到组织的过程。尽管这些过程大部分是在知觉领域的研究,它们同样适用于所有体验域的组织形成:运动活动、情感、意识状态。也可以应用于跨域的体验轭连(感觉与运动、或认知与情感,等等)。

理解婴儿的一个最为普遍的问题依然是:找到一个能够涵盖发生在不同体验域内的组织形成的统一概念和语言。比如,说到轭连不同的认知从而形成更高阶的认

---

① 但是,人们可以辩论说对表情性构型的识别是基于对单个特征的探测,这单个特征是识别构型的必要且足够条件。

② 音域和应力模式并不是使得婴儿做出识别的鉴别特征。音质可能是最关键因素(Fifer,个人交流,1984)。

知,我们能够用认知术语;说到感觉体验与运动体验的轭连,我们可以使用皮亚杰概念体系以及感觉运动图式的术语;说到认知与情感体验的轭连,我们退而依靠更加体验性,但缺乏系统化的概念,诸如精神分析所使用的那些概念。所有这些轭连必需建立在我们前面讨论过的同样的基础过程上,但我们的行为倾向于似乎组织形成在每一个体验域内遵循各自不同的规律。在某种程度上可能确实是这样。但是很可能共性远远大于差异性。

没有理由把一个体验域当作基本原点,由此出发去探讨婴儿的体验组织。我可以列举几个渠道,它们全都有效、全都必要、全都同等的"基本"①。

婴儿行为。由皮亚杰的研究工作展示出来。自发动作和感觉是最初始的体验。开始时物体显现的性质是一种行为——感觉混合物,物体首先是通过在其上所做的动作才在意识中构建起来的;比如,有些可以抓的东西,有些可以吸吮的东西。在对世界的学习中,婴儿需要界定许多对自发动作和自我感觉的主观体验的不变量——换言之,显现自我体验。

愉悦和非愉悦(享乐度)。弗洛伊德最先研究这个方向。他宣称人类体验最突出、最独有的方面就是对愉悦(张力降低)和非愉悦(张力或兴奋积聚)的主观体验,这是快乐原则(pleasure principle)的基本假设。他假定:对环境的视觉知觉(如乳房或脸)、或触觉、或气味,若与愉悦(如摄食)或非愉悦(如饥饿)相关联,会变为情感灌注,通过这种方式情感与知觉体验轭连。表面上看是联想论的观点,但是弗洛伊德的理念稍有不同。情感不仅通过关联使得知觉具有意义,它们还为知觉提供入场券,允许后者进入意识。没有享乐张力的体验,知觉根本不能注册。对弗洛伊德,享乐度起到了自发行为在皮亚杰那里的作用。他们都把知觉"创造"为心理现象并将这些知觉与初级体验轭连。

出生一个月内的婴儿能体验到享乐度吗?观察处于苦恼或满足之中的婴儿,人们很难说相信他们不能。Emde(1980a,1980b)推测享乐张力是第一个体验到的情感。生物学家普遍从进化立场假设痛苦和愉悦、趋近与回退应该是最基本的情感体验,因为它们具有生存价值。并且,进化在享乐度基础上建立了类别情感体验(Schneirla,1965;Mandler,1975;Zajonc,1980)。Emde等(1978)提出:在情

---

① 人们可以争辩说有些体验相比其他体验来说对生存更关键,但那超出了对主观体验的考虑范围。

感体验进程中,个体发生可能重现了种系发生的过程。按照这个观点,Emde 等的报告非常有意思:在解释小婴儿的面部表情时,母亲们对享乐度的判断最为自信,其次是活动度水平,最后是离散的类别情感。

离散类别情感。即便作为一种情感体验,享乐张力出现更早更快,对婴儿脸部的研究清楚地表明他们也表达(不管他们是否感觉到)离散类别情感。采用细化影像分析,Izard(1978)观察到新生儿表现出兴趣、快乐、苦恼、厌恶和惊讶。对害怕的面部显示出现在六月龄(Cicchetti 和 Sroufe, 1978),羞耻出现的时间晚得多。一开始,情感就不仅仅在脸上表达出来,Lipsitt(1976)描述了新生儿由于乳房挡住鼻孔,导致呼吸不畅时,通过转过脸去、移动手臂和整个身体表达愤怒。与此类似,Bennett(1971)描绘了婴儿整个身体如何表达愉悦,有快乐的颤抖和微笑。

我们不知道婴儿是否实际上感觉到他们的脸、声音和身体如此强烈地表达给我们的情感,不过,目睹这样的表达却不作相应的推论,是非常困难的。同等困难的是在理论上设想:当婴儿需要那些他们表达出来去调节自己、去定义他们的自我并从中学习的感觉时,他们得到的是空洞但具有说服力的信号[1]。

婴儿的意识状态。在生命的最初几个月,婴儿在首次由 Wolff(1966)描述的意识状态序列中戏剧性地轮转:困倦、警觉不活跃、警觉活跃、吵闹—啼哭、规律睡眠、异相睡眠(paradoxical sleep)。有人曾提出不同的意识清醒状态可能为其他所有体验起到组织焦点的作用,并针对性地为描述婴儿早期主观体验提供了一个基础途径(Stechler 和 Carpenter, 1967; Sander, 1983a, 1983b)。

知觉与认知。这是实验主义学者最常采用的切入点。其结果是认为婴儿的社会性体验是知觉与认知总体之下的子集。社会知觉和社会认知遵循的是适用于其他所有客体的规律。

以上每个渠道都有的问题是:婴儿不是从这些角度(即按照我们的学术分支)去

---

[1] 过去十年中,发展心理学家倾向于强调婴儿需要具备一定的认知能力才能产生情感体验(Lewis 和 Rosenblum, 1978)。其结果是对认知结构与情感发展之间的联接的过度强调。现在已经认识到不是所有的情感生活都是认知的侍女,婴儿和成人都是如此;婴儿的感觉,特别是在开始时,能够也必须被认为是与他们所知的无关的。(见 Demos, 1982a, 1982b; Fogel 等, 1981; Thoman 和 Acebo, 1983 的关于这个问题与婴儿关系的讨论, Zajonc, 1980 和 Tompkins, 1981 与成人关系的讨论。)

看世界的。婴儿的体验更加统一和整体。婴儿不会顾及他们的体验发生在哪个域内。他们按照强度、形状、时间模式、活力情感、类别情感和享乐度去产生感觉、知觉、动作、认知、内在动机状态、意识状态，并直接加以体验。这些是早期体验的基本元素。认知、行为、概念，诸如此类，并不存在。所有体验都重铸为模式化的、婴儿所有基本主观元素组合的族群。

这正是 Spitz(1959)、Werner(1948)等谈到整体和普遍感觉体验时所指的意思。在他们提出构想的那个时代没有被确认的是婴儿提取和组织抽象、整体性体验性质的强大能力。婴儿并没有迷失在体验的抽象性质之中，他们逐渐地、系统地整理这些体验元素，从而识别自我不变量和他人不变量族群。一旦有族群形成时，婴儿体验到组织的出现。组成这些显现组织的元素不同于成人的主观单元，成人大部分时间相信他们主观地体验到一些单元，如思想、概念、行为，等等，因为他们必须将体验翻译为这些术语，以便进行言语编码。

这个组织不断显现的整体的主观世界成为并保持为人类主观的基本域。它作为体验基质在觉察之外发挥作用，后来从这个基质中产生思想、被感知的形式、可鉴别的行为以及言语化的感觉。同时也是对进行中的事件的情感评估的源头。最后，它是所有创造性体验都能沉浸其中的终极水库。

所有的学习和创造活动都始于显现关联域。该域独自涉及居于创造与学习核心的组织的形成。这个体验域在其后的自我感的每一个域的形成阶段都保持活跃。后面出现的自我感是组织过程的产物。它们是真实的，包含关于自我的所有概念——关于物理的、行动的自我，关于主观自我，关于言语自我。形成这些概念的过程、涉及自我与他人性质的创造性活动，正是产生显现自我感的过程，在形成其他自我感的过程中被体验到，后者是我们接下来要讨论的。

第四章 核心自我感：I. 自我与他人

在两三月龄时，婴儿开始给人留下似乎变了一个人的印象。当处于社会性互动时，他们显得更加具有整体的整合性。在人际情境下，似乎他们的行为、计划、情感、知觉和认知都能暂时地启动并聚焦。他们并非只是简单地更加社会化、更有条理、更专注或更聪明。他们似乎带着更具有组织性的知觉进入人际关联，显得似乎存在一个关于他们自己是独立、统一机体的综合感觉，具有对自己行为的控制感、对自身情感的拥有感、连续性感以及对他人作为独特并独立的反应物的感觉。这个世界也开始把他们当做完整的、具有对自己的综合感觉的人来对待。

尽管给人这种深刻的印象，主流的临床发展理论并没有反映出婴儿具有自我感的形象。相反，普遍认为婴儿经历了相当长的一个自我/他人未分化阶段，并且是缓慢地、有时候要到近一岁时才分化出自我与他人感。一些精神分析发展理论——以 Mahler 为最具影响力的代表——提出：婴儿在未分化阶段中体验的是一种与母亲融合或"二元体"（dual-unity）状态。这即是"正常共生"（normal symbiosis）阶段，大致从出生后两个月到七或九月龄。该二元体状态被视为一种背景，婴儿逐渐从中分离、个体化，直到形成自我和他人感。都认为自我越过一个缓慢、冗长的未分化阶段方才出现，在这个层面上学术理论与精神分析理论基本上没有差异。

婴儿研究的发现挑战了这些被普遍接受的发展时间表和顺序，并与一个变化了的婴儿，能够具备——实际上很有可能具备——关于自我与他人的综合感，这一实际印象相符合。这些发现支持了这个观点：在建立一个人际世界中，婴儿的首要任务是形成核心自我感和核心他人感。这些证据还支持：该任务大部分在两到七月龄之间完成；并且进一步提出具有精神分析所描述的类兼并（merger-like）或类融合（fusion-like）体验的能力次生于且有赖于既有的自我与他人感。新的时间表把自我的出现时间点大幅度地提前了，并反转了发展任务的顺序。首先是自我和他人的形成，只有在此之后类兼并体验才成为可能。

在探讨这些新证据之前,我们必须问,在生命的最初两个月出现的显现自我感之外,婴儿可能发现或创造的是哪种自我感?

组织的自我感(organized sense of self)的性质

关于自我的最初的组织主观体验应该处于相当基础的水平①。要形成对一个核心自我的组织感,婴儿可用的且必需的体验预备名单包括:(1)自我能动性(self-agency),对自身行动的创作权感和对他人行动的非创作权感:拥有意志、拥有对自发行动的控制(当你想要动你的手臂时手臂就动了)并接纳随行动而来的后果(当你闭眼时眼前就黑了);(2)自我统一性(self-coherence),具有不管在运动(行为)还是静止时,都是作为一种非碎片状的存在,是一个有边界和整合行动轨迹的物理性整体的感觉;(3)自我情感性(self-affectivity),体验到归属于其他自我感体验的模式化内在感觉(情感)特质;(4)自我历史感(self-history),具有持续感,对自己的过去有连续感,因此得以"继续存在",甚至能够在保持同样的同时改变。婴儿注意到事件流中的规律性。

这四种自我体验加在一起构成了一个核心自我感。核心自我感由此也就是一种对事件的体验性感觉。它很正常地完全被视为理所当然,并在觉察之外运作。在这里关键的术语是"对自我与他人的感觉"(sense of),与"对自我与他人的概念"或"关于自我与他人的知识"或"对自我与他人的觉察"截然不同。强调的是对实质、行动、感觉、情绪和时间的可触碰的体验性现实。自我感不是认知的建构,它是一个体验性的整合。核心自我感将是后来增加的更为精细的其他自我感的基础②。

由于对成人心理健康来说是必要的,因此不论从临床角度还是发展角度,这四个基础自我体验都是合理的选择。只有重性精神病的情况下才会见到这四种自我感的显著缺失。能动性的缺失可见于紧张症(catatonia)、歇斯底里性瘫痪(hysterical paralysis)、现实感丧失(derealization)以及一些行动的自主性被接管的偏执状态。统一性缺失可见于人格解体(depersonalization)、破碎感(fragmentation)以及对兼并和融合的精神病性体验。情感性缺失可见于某些精神分裂症的快感缺失(anhedonia),连续感缺失可见于神游症和其他解离状态(disassociative state)。

---

① 本书主要讨论自我感,他人感通常是同一个硬币的另一面,并隐含其中。

② 有理由相信一些非人类的高级动物也形成了这样的核心自我感。但这并不能削弱这一成就的重要性。

核心自我感是将这四种基础自我体验整合为一种社会性主观体验的结果。这每一种自我感可以视为一种自我不变量(self-invariant)。所谓不变量就是在其他所有事物都在变化时保持不变的那部分。欲相信作为一项基本社会任务,核心自我在生命的第一年就形成了,你会想要确定婴儿有恰当的机会去发现日常社会生活中必要的自我不变量(能动性、统一性等),有能力去识别这些自我不变量,并且能够把所有这些自我不变量整合成为一个主观概念。我们从机会开始。

识别自我不变量的自然机会

两到六月龄可能是最专一的社会性阶段。到两三月龄时已经出现社会性微笑,开始有对他人的发声,更热切地寻求相互对视,预设的对人脸和声音的偏好充分发挥,婴儿所经历的生物行为变化赢得了高度社会化的伙伴(Spitz,1965;Emde 等,1976)。在两月龄出现这些变化之前,婴儿的社会行为相对更多地直接由生理需要调节——睡眠和饥饿。在六月龄之后,婴儿再次改变,沉迷于并且熟练地操控外界客体;四肢和手——眼协调能力迅速提高,对非生命物体的兴趣席卷全场。当生理与情感平衡时,婴儿相对更多地关注物,而不是人。因此在这两与六月龄的两个转变之间婴儿是相对更多地社会性导向的。这个短暂的高强度和几乎专一的社会性阶段源自默认和设计。

在这个高强度社会性蜜月期,人际互动是如何相互构建的,以至于婴儿得以识别那些将来确定核心自我与核心他人的不变量("恒定性的岛屿")? 这个问题在别处有非常详细的讨论(Stern,1977),与我们的主题相应的重点有以下几个。

首先,由婴儿引发的照顾者的社会行为通常都夸张且比较刻板。"婴儿语"(baby talk)就是一个最好的例子,带着标志性的音调升高、简化语法、夸张的音调等高线(Ferguson,1964;Snow,1972;Fernald,1982;Stern,Spieker 和 MacKain,1983)。"婴儿脸"(baby face)(成人面对婴儿时自动做出来的通常是奇怪但有影响力的鬼脸)的特点是各个方面的夸张、持续时间拉长、鬼脸成型和平复得更慢(Stern,1977)。与此相似,注视行为也是夸张的,成人倾向于"凑近"到婴儿最佳的聚焦距离,能最好地把婴儿的注意力吸引到自己的行为上。婴儿的出现引发成人行为的变化,以使其能最好地配合婴儿先天的认知偏差;比如,婴儿偏好高音调的声音,于是就有了"婴儿语"。其结果是成人的行为得到婴儿最大化的关注。

最终,正是照顾者的这些行为对婴儿构成了刺激,他们必须从中辨认出界定他人的诸多不变量。照顾者行为变量与婴儿偏好的配合给了后者最优的机会,去认识那些界定自我与他人的行为不变量。

照顾者典型的夸张行为有主题和变量格式。这种格式在语言上的例子就像这样:

嗨,宝贝……对呀,宝贝……嗨,宝贝……你在做什么啊,宝贝? ……对呀,你在干什么啊? ……你在干什么啊? ……你在这里干什么啊? ……你什么也没干?

这里有两个主题,"宝贝"和"你在干什么"。每一个主题反复数次,语言以及副语言(paralanguage)的变化很小。

重复的面部展示和身体触碰游戏也具有同样的主题与变量格式。例如,"我要抓到你啦"这个普遍的游戏,如果玩"乱动手指"的挠痒痒,反复用手指去碰婴儿的腿和躯干,最后到脖子和下巴挠痒痒,引发大笑。一遍又一遍地玩,但是每一次手指的进攻在速度、停顿、伴随的声音或其他方面上与前一次不同。照顾者能在每一轮的游戏中引入最优量的新奇性,婴儿就能保持入迷。

照顾者使用这种有变化的重复有两个原因(虽然通常他们对此毫无觉察)。第一,如果他们每次重复都一模一样,婴儿会习惯化(habituate)并失去兴趣。婴儿能飞快地确定一个刺激是否是刚才看到或听到的同一个,若是,他们很快就停止对其产生反应。因此,如果照顾者想要让婴儿维持一个稳定的较高水平的兴趣而不是习惯化,就必须不断地稍微改变一下刺激的形式。照顾者的行为必须持续变化,以让婴儿停留在同一个状态,不能一成不变地重复。那么为什么不每次做完全不同的事情呢? 为什么对同一个主题进行微调呢? 这引出了第二个原因:顺序与重复的重要性。

婴儿很容易展现出来的一个核心心理倾向是通过寻找不变量整理世界。一个格式中每一个延续的变量既是熟悉的(重复的部分)又是新奇的(新的部分),是教会婴儿识别人际不变量的理想的模式。他们得以看到一个复杂的行为,并观察到其中哪些部分能够删除、哪些部分必须保留因此这个行为才得以是同一个。他们从中学习识别人际间行为的不变特征。

照顾者使用夸张的、被婴儿引发的行为,并将其组织成为主题—变量格式,并不是为了教给婴儿有关人际不变量的知识,这只是一个副产品。他们这么做是为了把婴儿的唤起与兴奋水平调节到一个可耐受的范围内(并让父母不至于厌倦)。

每个婴儿都有一个最佳的、愉悦的兴奋水平。超越这个水平的兴奋,其体验是不愉悦的，而低于一定水平，其体验变得无趣，也不愉悦。最佳的水平实际上是一个范围。双方共同调节，使婴儿处于该范围之内。一方面，照顾者调节面部和声音表达、姿势、身体动作的活动度水平——决定婴儿兴奋水平的刺激事件。与每个婴儿最佳兴奋范围对应的是最优刺激范围。通过操控诸如夸张程度、变化的量等行为水平，以与婴儿当下的兴奋水平及其可预测的变化方向相当，照顾者就能实现最优的刺激范围。

74

另一方面，当刺激升级超过最佳范围时，婴儿通过注视回避切断刺激，当兴奋水平下降太低时，婴儿通过注视和面部表情寻求新的、更高水平的刺激（Brazelton 等，1974；Stern，1974a，1975；Fogel，1982）。当人们观察婴儿在这些双向调节中扮演的角色时，很难不得出结论说他们感觉到了一个独立的他人的存在，并感觉到他们改变他人及其自身体验的能力。

伴随这一类的双边调节，婴儿实际上获得了对他们自身兴奋水平的自我调节以及调节（通过信号）寻求必应的照顾者的刺激水平的广泛体验。这相当于是早期的应对功能。婴儿也获得对照顾者作为兴奋水平调节者的广泛体验，也就是说，与他人在一起，对方协助他们的自我调节。所有这些都能在这个生命阶段的刻板的父母—婴儿游戏中很好地观察到（Call 和 Marschak，1976；Fogel，1977；Schaffer，1977；Stern 等，1977；Tronick 等，1977；Field，1978；Kaye，1982）。

在这个生命阶段中，这些社会性互动绝非纯是认知事件，注意这一点很重要。它们主要涉及的是情感与兴奋的调节。知觉、认知以及记忆在这些调节中扮演了有相当分量的角色，但是一切都关乎于情感和兴奋。必须记住的是，在这个阶段，面对面社会互动是人际间交汇的主要形式，社会生活重大的情绪波峰波谷发生在人际交汇之时，而不是发生在如进食这样的活动之中，后者是生理调节占据最高位置。而这类社会性事件涉及婴儿的认知与情感体验两个方面。

不过，与生理和躯体需要相关的极端的情感状态——因为饥饿或不舒服的烦恼、哭闹，由于饱足而来的满足——是怎么样的呢？由于对自我和他人的发现，对婴儿而言，这些会呈现为完全不同的社会情境吗？不会。在这些情境下，父母的行为遵循与社会游戏同样的规则。行为夸张，重复中带着适当的变化，刻板。想象一下试图去安抚一个烦恼的婴儿。面部表情、声音、触碰动作极力夸张，带着恒定的变化重复，直到成功。安抚、安慰、哄睡觉等都是遵循内容很有限的主题与变量的仪式。（不成功的安抚由一系列不完整的、破碎的、无效的仪式组成，但不管怎样仍然是仪式。）在这些事件中，婴儿当然体验到随着父母的行为主题和变量而来的情感的变化。

75

这些就是为婴儿必须识别界定一个核心自我以及核心他人的不变量提供机会的日常生活事件。现在我们可以开始讨论婴儿所需要的、用以发现界定核心自我和他人的基本不变量的能力。

识别自我不变量（self-invariants）

首先，整理自己的世界的内在动机是精神生活的必要规则。婴儿具有这个综合能力，很大程度上通过识别不变量（同一性岛屿）逐渐为体验提供组织。在此普遍的动机和能力之外，婴儿需要特定的识别能力，去界定核心自我感最关键的不变量。让我们仔细地探究一下四个关键的不变量。

能动性（agency）

能动性，对行为的主控感，可分解为三个体验的不变量：（1）先于运动动作的意志感；（2）动作之中发生或未发生的本体感觉反馈；（3）动作后果的可预测性。婴儿具有什么能力可以识别这些能动性呢？

意志不变量可能是核心自我体验不变量中最为基本的一个。所有随意（横纹）肌的、组织水平高于反射的动作都有一个预先的发动计划，然后由肌肉群执行（Lashley，1951）。这些发动计划究竟如何成型的尚不清楚，但是普遍认为先于动作有某种心理策动存在（通常在意识之外）。当执行被压制或因某种原因未能触发，并未能符合原初的计划（例如拇指没有进入嘴巴而是戳到脸颊上）时，这个计划的存在立刻能进入意识。我们预期自己的眼睛、手和腿按照我们的计划去动作。发动计划在心理中的存在使得我们感觉到意志或意愿。即便当我们没有觉察到发动计划时，意志感让我们的动作看起来属于我们，并且是自主行为。没有意志感，婴儿的感觉会如同木偶"感觉"到的一样，对自身的行为没有主控。

发动计划在生命一开始就存在，至少在随意动作技能变得明显时。当然，这发生在出生后第一个月，随着手—口技能、注视能力和吸吮能力而发生。其后，四月龄的婴儿伸手去拿特定大小的物体，开始能够控制手指的位置、手掌的张开程度，以与要抓的物体匹配（Bower 等，1970）。在接近物体的途中完成了这些手的调节，与看到的、尚未触碰到的物体大小相适应。其中必然发生的是：伸手过程中的手型运动计划在视觉信息基础上完成。

你可以争辩说如手型调节之类的运动计划只不过是带着目标修正反馈的匹配/失匹配操作而已。但是这个论点仍然没有说明形成运动计划的始动心理事件。而这正是意志的地盘。这种匹配/失匹配操作只决定了原初计划是否成功地被执行,或是否进入意识之中。

作为心理现象,关于运动计划的现实性与重要性——特别是在应用于诸如说话、弹钢琴这样的技巧性动作时,Lashley 做出了精彩的论述。最近我得到了另一个对这一现象的阐述(Hadiks,个人交流,1983)。如果叫一个人签名两次,一次在一张纸上,另一次以很大的字体签在黑板上,在调整大小之后比较,两个签名会显著地相似。这个例子的有趣之处在于,两次签名动用的肌肉群是完全不一样的。第一次纸上的签名,手肘和肩膀不动,所有动作由手指和手腕完成。第二次签名在黑板上,手指和手腕固定,所有动作由手肘和肩膀完成。因此,签名的动作编码绝对不可能存储于签名所需的肌肉中,而是存储于头脑中,并且为了执行,可以从一组肌群转移到完全不同的另外一组肌群。以运动计划为形式的意志作为一种心理现象存在,在执行时可以与不同的肌群结合。这就是皮亚杰说到感觉运动图式和婴儿集结不同手段达到同一目标的能力时所指的东西。这让我想起了一个临床案例。

几年前,在我教学的大学附近的医院诞生了一对"暹罗双胎"(Siamese twins)(胸腹联体双胞胎)。这是世界上报道的第六对这样的双胞胎。她们的腹部从肚脐到胸骨下端连接,因此总是面对面。她们没有共享的器官,有独立的神经系统,也几乎没有共享血供(Harpet 等,1980)。人们注意到经常一个在吸吮另一个的手指,反之亦然,两个都没什么反应。当四月龄时(经过早产校正),在进行手术分离前的一周,出于对这一对的心理兴趣,新生儿护理主任 Rita Harper 给我打来电话。Susan Baker、Roanne Barnett 和我得以在分离手术前做了几个试验。其中一个试验是关于自主运动计划和自我。当双胞胎中的 A(Alice)吸吮她自己的手指时,我们中的一个人把一只手放到她的头上,另一只手放到她吸吮手指的的那只手臂上。我们轻柔地把手臂拉离她的嘴巴,并用我们自己的手感知她的手臂是否抗拒被拉开、和/或她的头是否前伸跟随后退的手。在这个情境下,Alice 的手臂抗拒对吸吮的干扰,但是她没有显示出任何证据向前伸头。当 Alice 吸吮姐妹 Betty 的手指时,重复同样的程序。当 Betty 的手被轻柔地拉离 Alice 的嘴巴时,Alice 的手臂没有显示任何抗拒或动作,Betty 的手臂也没有,但是 Alice 的头向前伸了。也就是说,当她自己的手被移开时,维持吸吮的计划的执行是试图把手臂收回来放到嘴边,当另一个人的手被移开时,维持吸吮的计划的执行是把她的头向前伸。在这个案例中,对于哪些手指是哪个人的、哪个运动计划能够最好地重建吸吮,Alice 一点儿都不含糊。

我们有幸碰到几次 Alice 吸吮 Betty 的手指,同时 Betty 在吸吮 Alice 的手指。进行了同样的干扰吸吮动作,只不过是两个同时进行的。其结果显示她们每一个都"知道"自己的嘴巴在吸吮手指、自己的手指在被吸吮,但这并不构成统一性的自我。缺乏两个不变量:前面提及的(手臂的)意志、虽然这不能证实和可预测到的后果,我们将在后文论述[1]。

能动性的这个方面,意志感,应该是在新生儿早期发生,因为即便是出生时,婴儿的行为也并非全是反射性的。鉴于新生儿的行为在相当大的程度上属于反射性的,意志感不会是行为的不变量。有时候它在,在诸如转头、某些吸吮、大部分注视、某些踢腿动作中显示出来。有时候不在,当动作由反射启动时,例如许多手臂的动作(颈紧张反射)、头部的移动(觅食反射)等等。到反射性自主行为所占的比例降到相当低之前,意志感都会是一种自主行为的"类不变量"。到出生后第二个月,当核心关联开始后,必定会是这种情形。

界定自我能动性的第二个不变量是本体感觉反馈。不管是由自己发动的还是被动地受他人操控,它都是自主行为的普遍现实。从出生后的几天开始,婴儿的运动活动就受到本体感觉反馈的指导,这一点很清楚,并且我们有理由假设本体感觉是自我能动性的一个发展性恒定不变量,即使婴儿什么也没做,仅仅是保持任何抗重力的姿势。Papoušeks(1979)对此有过讨论,这也是 Spitz(1957)关注的核心。

只要有了这两个不变量,意志和本体感觉,婴儿怎样感觉到它们的三种组合就变得更清楚了:自我意愿行为(把拇指伸进嘴巴),体验到意志和本体感觉;他人意愿行为(妈妈把奶嘴伸向婴儿的嘴巴),无意志和本体感觉体验;他人意愿作用到自我的行为(妈妈握着婴儿的手腕玩"拍手"或"拍蛋糕"游戏),只体验到本体感觉。正是以这种形式婴儿得以识别那些界定核心自我、核心他人的不变量,以及界定自我与他人的这两个不变量的不同混合状态。随着我们增添更多的人际间属性的不变量,可能性将极大地扩展开来。

有潜在可能界定能动性的第三个不变量是行为后果。与他人事件不同,自我事件

---

[1] 这个例子在某种程度上是"单接触"对"双接触"的不太寻常的案例。双接触指的是:当你触碰自己时,被触碰的部位反过来触碰到始发触碰的部分。

通常具有权变关联(contingent relation)。当你吸吮手指时,你的手指在被吸吮——并且不是笼统的吸吮,而是带着舌头、触觉感觉和被吸吮手指的互补感觉的感觉性同步。如果你闭眼,世界就变黑暗了。如果你转头、转眼珠,看到的景象就在变化。如此等等。

事实上所有的对自己的自我启动行为都有能被感觉到后果。持续强化就会一定有结果发生。相反,自我对他人的行为通常产生相对不确定的后果,其形成的强化程序也很多变。婴儿单单感觉到权变关联对自我/他人的分化没有帮助。但是,既然只有自我启动的行为得到持续强化,那么,有作用的是婴儿区分不同强化程序的能力。

近来的试验表明,婴儿辨别不同强化程序的能力相当好(Watson,1979,1980)。使用一个试验范式(婴儿必须对抗加压的枕头才能转头),Watson 的实验结果显示三月龄的婴儿能分辨持续强化程序(每次转头都有奖励)、固定频率强化(例如每三次转头强化一次)和随机强化程序(转头获得奖励是不可预期的)。这是对自我/他人分化存在的清楚的暗示。这种辨识也对我们手头的问题提供了必需的手段。大多数自我加诸自身的行为具有持续强化程序。(手臂动作总是导致本体感觉,发声总是导致独特的头、颈、胸腔的共鸣,等等)。

与此相反,自我加诸他人的行为导致的后果通常都变化多端。常常报道的是母亲对婴儿行为的反应的易变和不可预测性(见 Watson,1979)。例如,三月龄的婴儿发声时百分之百会感觉到胸腔对声音的共鸣,但是母亲发声音回应却只是一种可能性概率(Stern 等,1974;Strain 和 Vietze,1975;Schaffer 等,1977)。同样,如果一个三个月半大的婴儿注视母亲,她肯定会进入视线,不过,她也回应性地注视婴儿的几率只能说很高,并非一定(Stern,1974b;Messer 和 Vietze,1982)。

在对婴儿期因果推论(causal inference)基础的研究中,Watson(1980)提出三到四月龄婴儿可以使用三种因果结构模式:对事件间暂时联系的理解;对知觉关系的理解,即把某行为的强度或持续时间与其后果相关联的能力;对空间关系的理解,即把某行为的空间法则与其后果法则关联起来的能力。我们将在后面的章节更详细地讨论这三个关于因果结构的信息维度,据推测,它们是通过叠加或交互作用的方式为婴儿提供关于因果律的不同场景和情境的基本知识。这个知识反过来协助婴儿把世界分为自我导致的后果、他人导致的后果。

自我能动性无疑是自我与他人的一个主要界定因素。但是有一个同等份量的平行问题:婴儿难道不是必须先有一个整合的、动力性的物理实体感,然后能动性感才能依附于其上？

自我统一性(self-coherence)

人际间体验中的哪些不变量可能把自我界定为相对于他人的单个的、同一的、有边界的物理性实体？婴儿用什么能力识别它们？没有自我与他人都是统一性实体的感觉,核心自我与核心他人感是不可能存在的,并且能动性也将无处可居。

以下几个体验特性可协助建立自我统一性:

发源统一性(unity of locus)。一个统一性的实体应该在同一时间存在于同一个地方,其不同的动作都发源于同一个源点。我们很早以前就知道刚出生的婴儿的视线能够转向声源(Worthheimer,1961;Butterworth 和 Castillo,1976;Mendelson 和 Haith,1976)。发现发源统一性的部分问题就这样被神经系统的预设解决了。到三月龄时,婴儿会在看到的脸所在的方向去寻找声源。

由于婴儿的反射和寻找都表明他们会去观看他们听到的,反之亦然(在绝大多数自然情境下),那么他们就很有可能注意到来自他人的独特行为具有独立的发源点,后者独立于他们自身独特的行为发源点之外。然而现实生活的互动会混淆这个概念,作为界定自我和他人的特征的共同发源点常常遭到破坏。例如,在近距离面对面互动中,妈妈的嘴巴、脸遵循共同发源点不变量规则,但她的手可能在抱着婴儿、或挠婴儿痒。在这种情况下,妈妈的手离开她的脸的距离与婴儿的身体一样。她的手违反了她的脸部行为的发源统一,其程度在表面看起来与婴儿的身体相同。发源统一性无疑在人际间不变量中扮演了重要的角色,但就其本身最多只能把婴儿带到界定核心自我与他人这个程度。当妈妈穿过房间的时候它很有用处,但是在近距离时作用有限。

动作统一性(motion coherence)。当事物属于一个整体时是行动一致的。妈妈作为一个客体,穿过房间,或者相对于静止的背景移动,婴儿看在眼里,会体验为具有统一性,因为她所有的部分都在相对于背景移动(Gibson,1969)。Ruff(1980)指出,一个移动中的客体(妈妈)的连续性光学变化给婴儿提供了独特的信息去探测结构不变量。因为心智能够从动态事件中提取不变量,Ruff 探讨的是婴儿与客体可能均处于运动之中的事实,并把加以利用。但是,以运动作为不变量,把妈妈界定为核心他人,这里有一个类似于发源统一性所遭遇的问题。首先,当她离得很近时,婴儿会观察到她的某些部分相对其他部分而言移动得更快一些。这通常意味着,相对来说,她的某些部分成为了背景。在这种时候,常常会发生一条手臂与另一条、或者与身体属于不同的实体。第二个问题是,如果所有部分按照一种似乎是硬性联结在一起的方式移动,婴儿会感受到更强的统一性(Spelke,1983)。社会性互动的母亲通常都不会这样。她的手、头、嘴巴和身体的动作相互间的联结可能是太过于流畅,因而不能给出它们从属于同一实体的印象。

因此,动作统一性本身,作为一个不变量,对探测核心实体的价值是有限的。值得高兴的是,人类动作有其他特性可以作为更可靠的不变量。

临时结构的统一性(coherence of temporal structure)。时间提供了有助于界定不同实体的组织结构。一个人总是同时做出的许多行为分享共同的临时结构。Condon和 Ogston(1966)将其命名为自我同步(self-synchrony),以免与互动性同步(ineractional synchrony)混淆,后者将在后面的章节讨论。自我同步指的是身体各部分如四肢、躯干和脸倾向于——事实是必须——在瞬时同步动作,就是说一个肌肉群的启动、停止、方向或速度的变化与另一个肌肉群的启动、停止、方向或速度的变化同步发生。这并不是说两条手臂必须在同一时间做同样的动作,也不是说脸和腿一起开始或停止移动。它允许身体的每个部分按照自己的模式去独立启动与停止,只是它们全都遵循一个基本的临时结构,因此身体一部分的变化仅仅在与其他部分的变化同步时才会发生。另外,这些动作的变化与音位水平上的自然语音边界同步,使得自我同步行为的临时结构与乐队相似,身体是指挥、声音是音乐。(试着拍你的头、揉你的肚子的同时数数。这个行为能够实现对暂时统一性的破坏,但是需要注意力非常集中。)简言之,所有自我发散的刺激(听觉的、视觉的、触觉的、本体感觉的)都有一个共同的临时结构,而所有由他人发散的刺激有不同的临时结构。Stern(1977)发现母亲自我同步行为的所有特征都得到强调或扩大,Beebe 和 Gerstman(1980)观察到母亲的行为会特别紧密地"打包"为同步发散或单位。以上发现均提示母亲们会把她们的行为临时结构弄得特别明显。

所有这一切存在一个潜在的问题。Condon 和 Sander 曾经指出,在自我同步性之外还存在母婴之间的"互动同步性",婴儿的动作与母亲的声音完美同步。如果这是事实,那么双方的行为都没有一个独立、独特的临时结构,因为行为的时机很大程度上由对方决定。不过,自从文章发表之后,有几次复制互动同步性的尝试,均不成功。有一些尝试用其他更为精确的方法展示这个现象,也没有成功。尽管互动同步性一诞生就被迅速、广泛地接受——它的吸引力显而易见,但却没有经得起时间的检验,我们不需要纳入考虑之中。自我同步性看起来站得住脚,我们面对的是两个人,他们大部分时间具有相互不同并独特的、其自身个体行为共同的暂时模式。

如果婴儿具备知觉共同临时结构的能力，区别自我与他人、区别这个他人与那个
他人的工作会得到极大地促进。近年来的证据强有力地提示婴儿确实具有这种能力，
并可在四月龄的婴儿身上观察到，如果不是更早的话。

Spelk（1976，1979）报告，婴儿对听觉和视觉之间的暂时一致性刺激有反应，具有
把时间上同步的事件跨感觉通道匹配的倾向。她给四月龄的婴儿并排播放两部动画
片，在两部动画片的正中间放置扬声器，播放其中一部动画片的音轨（即同步）。婴儿
能够分辨哪一部动画片与音轨同步，并倾向于看声音同步的那部片子。通过一系列类
似的试验，研究者发现婴儿能够识别共同临时结构。两个事件是否是在同一个通道
（都是视觉）或是混合模式（一个听觉一个视觉）并没有什么影响，婴儿都会认出具有共
同临时结构的一对（Spelke，1976；Lyons-Ruth，1977；Lawson，1980）。此外，婴儿能辨
别出原本应该配对的图像与声音之间 400 毫秒的差距，比如读唇（Dodd，1979）。

这项工作显示，临时结构是界定核心实体的宝贵的不变量。婴儿的表现就好像两
个有共同临时结构的事件属于一个整体。从实验刺激元素更进一步到自然的人类行
为造成的刺激，看起来婴儿很有可能可以轻松地知觉具有共同临时结构的声音与图像
（说话、动作和表情）属于一个实体（自我或他人），后者因为其独一无二的临时组织特
征而与别的实体区别开来（Spelke 和 Cortelyou，1981；Sullivan 和 Horowitz，1983）。
虽然尚未有试验把这些发现延伸到本体感觉或触觉，日益增多的证据表明，婴儿继承
了一个感觉世界，在其中他们整合跨通道体验，分别把来自自己和他人的声音、图像、
触碰感觉识别为独立的现象，各自具有奇特的临时结构。

如果我们假设婴儿能够界定具有共同临时结构的核心实体（如母亲的行为），那么
界定她的临时结构会被婴儿自己的行为摧毁或干扰吗？婴儿手臂的一个动作或者发
出一个声音会与母亲的临时机构混合起来，或者建立一个竞争性的临时机构让前者模
糊不明吗？婴儿能够对配对的其中一个成员发散出来的临时结构的听觉和视觉刺激
选择性关注，不会受到另一个成员行为的干扰或导致结构紊乱吗？

最近的一项试验关注了这个问题。Walker 等（1980）显示四月龄的婴儿具有选择
性忽视不同时间结构的竞争性视觉事件。婴儿被放置在背投屏幕前，把两部不同事件
的影片投到屏幕的同一位置上，一个重叠在另一个之上，播放的音轨与其中一部影片
同步。两部影片的画面逐渐分开，直到并排在屏幕上。短暂迟疑之后，婴儿会注视那
部音轨不同步的片子。其行为表现得似乎没有音轨的片子是一个新奇事件，以前没有

注意到;尽管在两部片子重叠期间他们一直都在看。作者得出结论:"知觉选择并不是在认知发展过程中伴随特殊机制建构的产物,而是很早就有的知觉艺术的特质。"(第9页)一方干扰另一方行为的临时结构,从而模糊核心自我与核心他人的界限,这个仅仅是我们的一个理论问题,但不是现实生活中婴儿的实际问题。

强度结构统一性(coherence of intensity structure)。另一个界定分离的、独特个体行为的不变量是共同强度结构。一个人发出的不同的行为中,一个行为或通道的强度梯度模式往往与另一个行为的强度梯度匹配。比如,愤怒爆发时,声音的响度通常与伴随动作的速度或力度相匹配,不仅仅在绝对程度上匹配,并且与动作强度的波形一致。这种强度结构的匹配可见于婴儿自身的行为及其对该行为的知觉。例如,当婴儿的烦恼度增加时,哭(作为一个声学事件)的强度也增加,对胸腔、声带的本体感觉和对使劲挥舞的手臂的视觉和本体感觉也在加强。简言之,所有发自自身(相对于他人)的刺激(听觉、视觉、触觉、本体觉)可能有共同的强度结构。

有无可能婴儿是利用对强度水平的知觉来辨别自我与他人? 第三章中谈到的实验性研究提供了一个线索,表明婴儿有可能知觉到跨通道的共同强度,就像他们跨通道知觉到形状或临时结构一样,并且他们能够利用这类信息确定人际间事件的源头(自我相对他人)。Lewcowicz 和 Turkewitz(1980)的研究显示,在实验设置下,婴儿能够将一个通道(光)体验到的刺激强度与另一个通道(声)体验到的刺激强度匹配。由此,跨通道强度匹配(寻找跨通道的一致强度)是婴儿得以把自己与他人区分开来的另一个方法[①]。

格式统一性(coherence of form)。一个人的格式(或构型)是一项"属于"这个人的醒目的特征,并可用来把该人识别为延续的、同一的实体。两、三月龄的婴儿能够毫无费力地辨认出他们妈妈的静态图片上的独特面部构型。由此引出两个问题。当面部表情变化时会发生什么? 当脸或头改变角度、位置、或位相时会发生什么? 首先,婴儿如何处理格式的内部变化? 当一张脸的情绪表达变化时,它的构型也改变了。婴儿会把不同的面部表达构型确认为许多不同的脸,从而形成"快乐妈妈"、"悲伤妈妈"、"吃惊妈妈"等等,每一个都是离散无关联的实体吗? Spieker 的研究结果显示婴儿"知道"

---

① 最近有几位研究者强调,与分类信息相对立的梯度或维度信息(亮度对模式,或响度对音位结构)对婴儿的重要程度大于对成人(Emde,1980a;Stern 等,1983)。鉴于小婴儿可能对刺激中的定量性变量(相对于定性变量来说)特别注意,尤其是强度的变量,那么跨通道匹配强度的能力在辨别一个特定刺激(诸如声音的响度、或动作的力度速度)是否属于婴儿参与的二联体的某个成员中最有帮助。

表现出快乐、惊讶、或恐惧的脸其实都是同一张脸（1982）。他们跨越不同表情下脸部的不同构型，保持对某一张特定的脸的确认①。

第二个问题是：婴儿如何处理格式的外部变化？转动头部的时候，面部的边界格式也在变化，因此一张脸可以是正面、四分之三侧面以及完全侧面。与此类似，一个人走近来或者离开，脸的大小不断变化，即便构型没有变形。随着每一个这样的变化，婴儿会觉得有"新的"实体出现吗？有小妈妈、大妈妈、正面妈妈、侧面妈妈存在吗？

婴儿的知觉系统（已经有一些对世界的体验）看起来有能力保持对某客体识别的轨迹，尽管它存在大小、距离、方向、位相位置、明暗度等等变化。好几种理论都有丰富的、关于婴儿如何跨越这些变化保持对非生命客体的识别的论述（例如 Gibson，1969；Cohen 和 Salapatek，1975；Ruff，1980；Bronson，1982）。公认的是：婴儿可以做到这一点。这些能力无疑既适用于人类刺激也适用于非生命刺激。比如，Fagan 发现，在经过短暂的对一张脸正面的熟悉之后，五到七月龄的婴儿能够辨认出从未见过的侧面，如果先熟悉的是四分之三侧面的话，这种辨认更准确（Fagan，1976、1977）②。

有时候，婴儿跨通道匹配能力提供的线索能加强这些能力。Walker-Andrews 和 Lennon（1984）的研究显示，给五月龄的婴儿看并排的两部影片，一部是前进的大众汽车，另一部是同一辆车在后退，如果同时听到汽车声音越来越响，他们会看着前进的汽车，如果声音渐弱，他们会看后退的那一辆。父母的来和去肯定构成了数不清的类似例子。

这样一些证据表明，距离、位置和表达性（内部）变化，这些互动中正常伴随的他人的表现，并不需要当做是婴儿的难题看待。婴儿识别的格式能够超越这些变化，即便是在婴儿那么早的生命时期中，格式的不变量也构成了另外一个把某人与其他人区别开来的手段。

到此，我们讨论了五个界定核心自我实体的潜在的不变量特征。许多不变量并非真正的不变量——即一直毫无变化，更为可能的是，在发现组成核心自我与核心他人的独立组织的任务中，它们的效果是累加的。存在的问题与谁的组织属于谁有关。比

---

① Spieker 还发现婴儿在看陌生人的脸时也会跨越展示某个表情的不同的脸、保持对该特定表情的确认。虽然婴儿能够保持特征和表情，在面对陌生人时，似乎对他们来说面部表情比面部特征更为突出："如果你不认识他们，你最好知道他们的情绪是怎么样的，而不是他们是什么人。"当面对一张非常熟悉的脸时，我们推测是相反的情境："还是那个人，但是带着一副不同的表情。"

② Fagan 发现，与正面或侧面比较，婴儿从四分之三侧面提取的构型不变量信息最多。警察局罪犯辨认专家认为成人也是这样的。

如,婴儿怎样感觉到某个特定行为的统一性组织实际上是他或她自己的、而不是别人的? 最现成的答案是假定只有婴儿自己的组织伴随着能动性不变量,特别是意志和本体感觉。

自我情感(self-affectivity)

到大约两月龄时,婴儿已经具有了许多种情绪情感的无数体验——快乐、兴趣、烦恼,可能还有惊讶和愤怒。对每一个独立的情绪,婴儿都会慢慢识别并期待一组特征性事情发生(不变性自我事件):(1)面部、呼吸、发声器官的特定的运动流中的本体感觉反馈;(2)唤起或兴奋时内在的模式化的感觉;(3)感觉的情绪特异性性质。这三个自我不变量加在一起,组成高级不变量,属于自我的不变量群,并界定情绪分类。

情感是极佳的高级自我不变量,因为相对固定:每一种情绪的组织和呈现都由先天设计所固定,发育过程中鲜有变化(Izard 1977)。在每一个独立情感的构型中,面部表现(以及随之而来的来自面部肌肉的本体感觉反馈)是一个不变量。如果 Ekman 等的证据被证实的话,每一个独立的情感同样有一个特定的自主引发模式,伴随独立的内在感觉群,至少在成人是这样。最后,每一个情绪的主观感觉性质是特异性的。因此,每一个独立的情绪都伴随有三个独立的自我不变量事件的协调。

对每个婴儿而言,属于每一个独立情绪的自我不变量群都发生在一定的背景之下,通常伴随着不同的人。妈妈做鬼脸、婆婆挠痒痒、爸爸把婴儿抛向空中、临时保姆发出一些声音和叔叔的木偶表演,可能都被体验为快乐。这五个"快乐"的共同点是三种反馈群:来自婴儿的脸、来自兴奋特征和来自主观体验的性质。也就是那些跨越背景和不同互动他人而保持不变的群。情感属于自我,而不是那些引发情感的人。

目前为止我们仅仅探讨了分类情感,活力情感的情况也类似。比如,婴儿在不同的行为、知觉和情感中体验到众多的渐强现象。尽管引发事件不同,所有这些都追溯到活动度廓形的类似的族群,后者导致了熟悉的内在状态。感觉的主观性质依然是一种自我不变量体验。

自我历史(记忆)

若没有体验的延续性,核心自我感将转瞬即逝。延续性或历史性是把互动与关系(与自己和与他人)区别开来的关键因素(Hinde 1979)。也是形成 Winnicott(1958)所谓的"持续存在"感(going on being)的因素。延续性要求婴儿有记忆能力。婴儿的记忆足够完成维持核心自我——在时间中延续的自我——的任务吗？婴儿有能力记住组成其他三个主要核心自我不变量——能动性、统一性和情感——的三种体验吗？二到七月龄的婴儿具有体验到能动性的"运动记忆"、体验到统一性的"知觉记忆"和情感性体验的"情感记忆"吗[①]？

能动性问题主要涉及行为计划、行动及其后果。长期以来学界假定婴儿具备极佳的运动记忆。Brunner(1969)把这种记忆称为"没有文字的记忆"。它指的是随意肌模式及其协调中留存的记忆：怎样骑自行车、扔球、吸吮拇指。运动记忆是婴儿成熟的一个比较显著的特征。学会坐、手眼协调等要求一定程度的运动记忆。皮亚杰在其感觉运动图式中隐含的就是这个（以及其他内容）。

现在我们很清楚回忆记忆"系统"的存在，它不基于语言且在生命很早时期就已经开始操作（见 Olsen 和 Strauss，1984）。运动记忆是其中一种。Rovee-Collier 和 Fagen 及其同事的研究显示，在线索辅助下，三月龄婴儿就有运动记忆长期回忆（Rovee-Collier 等，1980；Rovee-Collier 和 Fagen，1981；Rovee-Collier 和 Lipsitt，1981）。婴儿被放在婴儿床里，头上有一个很吸引人的可活动玩具，一根线把婴儿的脚和这个活动玩具相连，每次婴儿踢腿，玩具就会动。婴儿很快学会通过踢腿让玩具动起来。训练几天之后，把婴儿放在同一个带着活动玩具的婴儿床里，但是脚上没有连线。房间的背景、人物、摇篮、玩具等唤起运动行为，婴儿开始高频率地踢腿，虽然没有连线因而玩具没有动。如果在记忆测试中换了一个玩具，婴儿踢腿次数比用原来的玩具少；也就是说，新玩具寻回或唤回运动行为的线索作用比较弱。同样，婴儿床护栏样式——整

个剧情的一个周边视野——的改变，也会改变婴儿的线索激发的回忆（Rovee-Collier，1984）。

你可以说线索激发的记忆既非唤起记忆也非再认记忆。线索并不等同于原物，也不是凭空自发唤起的记忆，但却是无形的。关键在于线索激发的运动体验能够通过试验显示出来，同从自然行为推断的结论一样，并且这些运动体验最终形成自我延续性。由此构建了另外一套自我不变量、"运动自我"（motor self）的一部分。

[①] 目前再认记忆（recognition memory）（被记忆的对象在场）与回想或唤起记忆（被记忆的对象不在场）的区别将会被忽视。回忆与再认记忆的差异被过度夸大了。很可能根本不存在所谓自发激起（纯回忆）的记忆。不管多么遥远或牵强，一定有一些联想或线索诱发了它。唤起线索呈延续谱分布，从牵强或轻微、如同一些自由联想中出现的现象，到一些相当紧密但不等同于原件，到原件本身的再次出场，把我们带到再认记忆（参见 Nelson 和 Greunndel，1981）。截然的区分二者部分缘于以前假设回忆记忆系统必须建立在语音或象征的基础上（Fraiberg，1969）。

统一性问题主要涉及婴儿的知觉和感觉。有什么证据表明婴儿具备记住知觉的能力？五到七月龄的婴儿具有非凡的对视觉知觉记忆的长期再认，这一点已经很明确。Fagan(1973)的研究显示给婴儿看一张陌生人的脸部照片不到一分钟，一个多星期后婴儿能够认出这张脸。这种知觉记忆最早什么时候开始的？可能始自子宫。DeCasper 和 Fifer(1980)让孕妇对她们的胎儿说话，也就是说，在孕期最后三分之一对她们的大肚子说话。他给每个孕妇一段稿子，每天重复很多遍。所使用的稿子(例如，Seuss 博士的故事中的段落)具有独特的节奏和强调句型。出生后不久，婴儿被"询问"(用吸吮作为反应)：与对照段落比较，他们是否对在子宫内听到过的段落更熟悉。婴儿对听过的段落反应为熟悉。通过类似的方法，Lipsitt(个人交流，1984)在破腹产手术前给胎儿听纯音，后者也被新生儿反应为熟悉。因此，有一些事件的再认记忆的运作可以跨越出生这个关口。

前文已经提到对母乳气味、母亲的脸和声音的再认记忆。婴儿具有在记忆中注册知觉事件的强大能力，这一点很明确。并且，不管对外界事件的再认何时发生，它不单是对外部世界延续性的确认，也确认了心智知觉或图式的延续性，后者是再认得以产生的基础。众所周知的"再认微笑"显示再认记忆很可能被体验为自我确认和世界确认，前者并不仅仅限于费力地同化获得成功所带来的愉悦("我的心理表象在起作用——也就是说，可以用于真实世界——这是多么令人愉快啊")。从这个角度来看，记忆本身可以视为一个自我不变量。

最后，有什么证据证明婴儿具备再认或回忆情感性体验的能力？Emde(1983)最近讲过有关前表象自我(prepresentational self)的情感核心。这正是我们所说的情感性体验的延续性，以不变量族群为形式，并且参与自我延续性感的构建。我们已经看到，情感非常适合这项任务，因为在两月龄之后，情绪表现和体验不管是以天来计算的短期，还是以年来计算的长期来看，变化都非常少。在所有的人类行为中，情感可能是跨越一生变化最少的。两月龄婴儿用来微笑或啼哭的肌肉与成人用的完全一样。相应地，来自微笑或啼哭的本体感受反馈从出生到死亡都保持一致。由于这个原因，"在发育过程中尽管我们在许多方面都发生了变化，我们的情感核心保证了我们体验的延续性"(Emde，1983，第 1 页)。但这并没有回答这个问题：在这些年龄段，引发特定情感体验的特异性情境是否能够被记忆。

为了用实验回答这个问题，Nachman、Nachman 和 Stern 用会动、会"说话"、会玩躲猫猫游戏、消失又出现的手偶逗六、七月龄的婴儿发笑，一个星期后，婴儿再看到这个手偶就会微笑①。因为单单看到一个不动、安静的手偶就微笑,这个反应被视为线索引发的回忆,换言之,它激发了情绪体验。并且,只有在有过游戏经验后婴儿才会对手偶微笑。由此看来,线索引发的对情绪和运动体验的回忆并不需要等到语言编码工具发育之后,它涉及不同的编码形式。这对大多数精神分析理论家来说并不新奇,他们一直假设从生命最初的时刻——至少最初几周——情绪记忆就开始沉淀,实际上已经描述过这个过程的第一年的情形(McDevitt,1979)。

Gunther 描述过一个例子,在出生后头几天、线索引发的对情绪体验的回忆(1967)。哺乳中被乳房意外堵住鼻孔的新生儿在后续的几次哺乳中表现出"乳房畏缩"。显然,婴儿具备注册、再认、回忆情感体验的记忆能力,从而保障了情感自我的延续性。

简言之,婴儿具备为自己的"运动"、"感知"、"情感"自我——即能动性、统一性和情感性——记录不断更新的历史的能力。

整合自我不变量

能动性、统一性、情感性和连续性如何整合成为一个处于持续组织状态的主观知觉?记忆能够回答这个问题:这是一个整合不同体验特性的系统或过程。在真实时间之中发生的体验只有在其结束后才能成为一个完整的结构。从这个意义来说,经历过的体验结构与记忆的体验可能是不同的,对所谓情景记忆(episodic memory)的深入探讨正是现在理解嵌植于体验中的不同自我不变量如何整合的关键。

Tulving(1972)描述的情景记忆指的是发生在真实时间内的真实生活经历记忆。这些生活经历包括从琐事——今天早餐时发生的事情、我吃了什么、按什么顺序吃的、我坐在哪里——到更具有心理意义的事件——他们告诉我父亲中风时我的感觉。就我们的目的而言,情景记忆发挥极大的效益,能够把动作、认知和情感作为成分或附属与记得的情景组合在一起。这也是与我们探究婴幼儿期体验关系最为重大的、关于记忆的观念。它把日常个人事件转化为记忆和表征性条文(Nelson,1973、1978;Shank 和 Abelson,1975、1977;Nelson 和 Greundel,1979、1981;Nelson 和 Ross,1980;Shank 1982)。

---

① 这并不是再认微笑,因为:另一组婴儿看到的是没让他们发笑的不动的手偶,一周之后这一组在配对比较程序的手偶测试中能够再认手偶,尽管认出来,但是他们不会微笑。

记忆的基本单位是情景,微小但是具有统一性的既有体验片段。本书无法确定一个情景的确切维度,这仍是该领域的一个未解之题。不过还是有一些共识的,即:一个情景由小一些的元素或属性组成。这些属性包括感觉、知觉、动作、想法、情感和目标,在某种时限性的、身体性的、因果性的关系中发生,从而构成了一个统一性的体验情景。依据对情景的定义,没有经历过的体验不能构成情景,因为几乎没有不伴有情感和认知和/或动作的知觉或感觉。没有情绪不带有知觉内容,没有知觉不带有情感起伏,即便仅仅是兴趣。一个情景发生于一个单个的身体性、动机性设置之中,事件在时间中进行,暗含因果关系,或者至少带有期待。

情景作为一个不可再分的单位进入记忆。构成情景的不同片段、体验的不同属性,如知觉、情感和动作,能够从这个情景中分隔出来,但总的来说,情景是一个整体。

我们假设婴儿曾经体验过一个特定的情景、一个具有以下属性的情景:饿了、被放在乳房前(伴随触觉、嗅觉、视觉感觉和知觉)、觅乳、张嘴、开始吸吮、得到乳汁。让我们称之为"乳房—乳汁"情景。下一次,类似的"乳房—乳汁"情景发生,如果婴儿能够认出当前的"乳房—乳汁"情景的大多数重要属性与上一次"乳房—乳汁"情景类似,将会有两个特定的"乳房—乳汁"情景。两个也许就够了,但是如果再多发生几次,带着可分辨的相似性、仅有较少的变化,婴儿会很快形成一个概括的(generalized)"乳房—乳汁"情景。这个概括的记忆是对事情可能会怎样按照一个一个节点发生的个体化的、个人期待。概括的乳房—乳汁情景本身不再是一个特定的记忆,而是对许多不可避免的具有轻微差异的特定记忆的抽象,产生一个概括的记忆结构。这个就是平均体验(averaged experience)的构建原型。(从这个意义上而言,它现在是语义记忆的潜在组成部分。)

现在,假设发生了一个特别的乳房情景,与概括的情景有偏移,比如,在婴儿含住乳头时鼻子被乳房堵住了,婴儿不能呼吸,感觉烦躁、挣扎,转头避开乳房,重获呼吸。这个新的情景("乳房—堵塞"情景)与预期的、概括了的"乳房—乳汁"情景类似,但是又具有重要的、可识别的不同形式,成为一个被记住的特殊情景。Shank(1982)把这种特异性的"乳房—堵塞"情景的记忆称为期待失败的结果。记忆是失败驱动的,特定情景只有在打破了概括的情景期待的情况下才会成其为一个有意义的、能被记住的情景①。一个情景不需要达到非常超出常规的程度才能作为一个特定情景被记住,它只

---

① 堵塞情景也会因为别的原因被记住。但此处关注的主要是相关事件之间的关系。

要具备足够的差异性与原型区分开来即可。

在这个点上,以下三种情况都可能发生。"乳房—堵塞"经历可能再没发生过,它将被铭记为一个特定的情景性记忆。Gunther(1961)曾经报道一次乳房—堵塞情景会影响新生儿其后的几次哺乳。情景可能变成长期的、线索唤起记忆。或者乳房堵塞经历可能一次又一次反复发生,这一特定的情景被概括、形成新的概括情景,我们可以称之为"乳房—堵塞"情景。一旦形成,特定的情景例子只有在其与概括的乳房—堵塞情景具有可觉察的区别时才会被记忆为实际情景。

最后一种情况,在初次"乳房—堵塞"体验之后,婴儿可能再没有经历过概括的"乳房—乳汁"情景的实际例子,也就是说,哺乳问题持续存在,母亲不得不换成了人工奶瓶喂养。这种情况下,原来的"乳房—乳汁"概括情景在一段时间后不再成为常规以及日常生活中被期待的部分,从而可能不再是活跃的(甚至可唤回的)记忆结构。

关于概括的情景,有几点需要明确。概括情景不是某种特定的记忆。它并不按照事件实际发生的情况描述事件,它包含了多个特定记忆,但是作为一种结构,它更接近于抽象表征这一临床上使用的术语。它是以平均体验为基础,关于事件的大致过程的结构。相应地,它构建对动作、情绪、感觉等等的期待,这种期待要么被实现、要么被打破。

究竟什么事件组成了这些概括情景? Nelson 和 Greundel(1981)对学龄前儿童的、可能最好被称之为外部事件(external event)(以语言讲述为准则)进行了研究,例如生日派对上发生的事情。构成情景的动作包括:装饰蛋糕、迎接客人、拆开礼物、唱"生日快乐"、吹蜡烛、切蛋糕、吃蛋糕。这些动作按照预期发生,时间和因果顺序都是可预见的。只有两岁大的孩子也能在这些事件之上构建概括情景。Nelsoon 和 Greundel 把这些普遍的范式(带有变化因素但总体上结构化)称之为概括事件结构(generalized event structure,GER),并认为它们是认知发展和自传性记忆的建构模块。

与此相反,我们关注的是前语言期的婴幼儿,以及与此不同的事件,例如:当你饿了并在吃奶会发生什么,或者当你和你妈妈玩一个很兴奋的游戏时会发生什么。我们的兴趣不仅在于动作,也在于感觉和情感。因此,我们关注的是那些不同类型的、涉及人际间互动的情景。进一步说,我们关注的是互动体验,不仅仅是互动性事件。我认为这些情景是以前语言形式平均化和表征的,它们是概括化的互动表征(representations of interaction that have been generalized,RIG)

我们确实知道婴儿具有一些前语言性地抽象化、平均化和表征化信息的能力。最近的一项关于原型形成的实验在描述婴儿的过程相关的能力上很有启发。Strauss (1979)给十月龄的婴儿看一系列的脸部示意图,每一张图上鼻子的长度、或者眼睛或耳朵的位置不同。一个系列的示意图看完之后,婴儿被询问(通过新奇性测试)哪一张图最能"代表"整个系列。实际上他们选择的是一张他们从未见过的图。那是一张平均了前面所看过的图上所有的面部大小和位置特征的图,但是这个"平均脸"却不在系列之中,之前没有展示给婴儿看过。结论是:婴儿具有一种聚合经验、提取(抽象出)平均原型的能力。我认为,如果是更加熟悉和重要的事物,例如互动体验,婴儿抽象和表征这种类似 RIG 的经验的能力出现得早得多。

由此,RIG 构成了核心自我表征的基本单位。RIG 缘自体验到的多种现实的直接印象,并整合成为核心自我的不同的动作性、感知性和情感性属性的整体①。RIG 可以按照特定属性进行组织,如同特定属性可以按照 RIG 进行组织一样。任何一种属性,例如享乐情调,限制了哪些种类的 RIG 可能在该属性呈现时发生。

不管怎样,自我体验的不同的不变量得到整合:做出动作的自我、有感觉的自我、对自己的身体和动作有独特知觉的自我统统集合在一起。与此类似,一起玩的妈妈、安慰人的妈妈、感知到婴儿的快乐和苦恼的妈妈统统厘清归类。"同一性岛屿"形成并联合。其背后的成因正是以 RIG 为基本记忆单位的情景性记忆的动力性特质。

我们这里简要描述的情景记忆系统的好处是:它允许用流动和动力性的方式对自我不变量(或其他不变量)的记忆事件进行索引、再索引,组织、再组织。它使得我们可以想象许多不同种类、以不同的方式相互关联的特性,最终形成不断成长和整合的 组织性自我体验的网络。[这正是 Shank(1982)的动力性记忆所指的意思。]

据推测,不同的主要的自我不变量如能动性、统一性和情感性也是通过这种方式充分地整合起来(作为整合过程的一部分的记忆体现了延续性),共同为婴儿提供了一个统一的核心自我,提示在这个生命阶段,二至七月龄,婴儿获得了不同的主要自我不变量的足够体验,反映在情景记忆中整合过程进展到足够的程度,婴儿能够实现量子跃进并创建一个不断组织中的主观知觉,后者可以被称为核心自我感。(可以默认核

---

① Nelson 和 Greundel 认为,对于婴儿和幼儿,形成概括情景的任务显然具有首要的重要性,特定的(情景性)记忆只有在它是一个不寻常例子的情况下才会形成,也就是说,对概括情景的部分打破(Shank 所谓的失败驱动记忆)。她认为大部分"婴儿失忆"都能用概括情景未充分形成或正在形成中来解释,因此,特定的变异(特异性情景记忆)不会得到编码,直到概括过程得到进一步发展。换言之,反例不会被记得。治疗中的重建的一些真正的问题可能与特定记忆是某一个类别事件的偏差例子有关。

心他人感通过互补过程平行出现。)在此阶段,婴儿具有识别那些界定自我和他人的事件的能力。社会性互动为捕捉这些事件提供了许多机会,整合过程同时组织这些主观事件。能力、机会和整合能力的结合,加上对婴儿变化为更为完整的人的临床印象,得出一个合理的结论:在这个阶段出现了坚实的核心自我与核心他人感。

第五章　核心自我感：II. 自我共在他人

上一章没有提到一个重要的主题。我们探讨了婴儿的自我对他人感（sense of self versus other），但没有涉及自我共在他人感（sense of self with other）。可以体验到与他人共在的方式有许多，包括一些使用得最广泛的临床概念，如：合并、融合、安全港、安全基地、抱持环境、共生状态、自体客体（self-object）、过渡现象（transitional phenomenon）、贯注客体（cathected object）等等。

我们与互动的他人的共在感可能是社会生活最强有力的体验之一。并且，与一个不在现场的人的共在感可以具有同等的强度。不在场的人可以被感觉为强有力的、几乎可以触碰的存在，或者如同沉默的抽象物，仅仅通过微量的迹象知觉到。在哀悼过程中，如弗洛伊德（1917）指出的那样，亡故的人通过许多不同的感觉形式几乎可以再物化。坠入爱河显示了另外一个例子。情人们不仅仅专注于对方，被爱的人常常被体验为持续的存在，甚至是一种气场，差不多能改变一个人做的所有事情——提亮对世界的看法或重塑一个人的生活轨迹。怎样在现有的框架结构下解释这种体验？怎样捕捉婴儿和成人体验的高度社会性特质？

在 Winnicott、马勒和许多其他理论的演绎中，与母亲共在的重要体验建立在以下假设上：婴儿不能充分地将自己与他人区分开来。自我/他人融合是一个婴儿不断地退回去的背景。这个未分化状态和独立自我与他人逐渐融合的情形相当。从某种角度而言，这种观念中的婴儿是完全社会性的。在主观上，"我"其实是"我们"。婴儿通过不分化自我与他人达到完全的社会性。

与这些理论相反，目前的观点强调核心自我感与核心他人感在生命早期的形成，其他理论把该时期分配给延迟的自我/他人未分化状态。并且，目前的观点把与他人共在的体验视为整合的积极行为，而不是消极的分化失败。如果我们把共在体验视为一个独立自我与独立他人的积极整合的结果，我们如何看待与他人共在的主观社会性感？现在它不再是一个马勒的未分化"二元一体"中的被动者。

显然,婴儿是深深嵌植于社会基质之中的,许多体验是他人行为的结果。那么,为什么不从婴儿的主观视角、在单独的自我与他人之外去考虑合并的"自我/他人"或"我们自我"?婴儿最初的体验难道不是完全社会性的吗?英国客体关系学派正是这样教我们的。从客观的角度来看,自我与他人之间确实显得存在混合事件。这些会怎样被体验到呢?我们首先考虑作为一个客观事件的自我共在社会性他人(self with the social other),以此深入社会自我(social self)问题。

作为客观事件的自我共在他人

婴儿能够与他人一起共同行为,使某事发生,而这事在没有两人各自行为的合作下不会发生。例如,在"躲猫猫"或者"我要抓住你啦"游戏中,双方的互动在婴儿身上引发了一种高度兴奋的自我体验,充满了快乐和悬念,也许夹杂着一丝害怕。这种感觉状态,循环递增数次,绝不可能由这个年纪的婴儿独自达到,其循环性、强度或者其独特的性质,都不可能达到。客观而言,它是一个双方的产物,一个"我们"或自我/他人现象。

婴儿与一个他人共在,后者调节婴儿自身的自我体验。就此而言,他人成为婴儿的自我调节他人(self-regulating other)[①]。在躲猫猫这样的游戏中,主要涉及的是婴儿的唤起调节,我们可以说是一个自我唤起调节他人(self-arousal-regualating other)。不过,唤起只是可能被他人调节的诸多自我体验之一。

情感强度是另一个关于唤起的婴儿自我体验,且差不多总是被照顾者调节。比如,在微笑互动中,双方都能够增加情感展示的强度水平。一个伙伴加大了微笑的强度,会在另一个伙伴处引发出甚至更大的微笑,这会再一次提高水平,以此类推,产生正性的反馈螺旋。[见 Beebe(1973)、Tronick 等(1977),以及 Beebe 和 Kroner(1985),对这类引导与跟随的充分描述。]

安全感或依附是另一个这样的自我体验。所有调节依附情感的因素、空间邻近性和安全都是相互促生的体验。搂抱或依偎温暖的、曲线起伏的身体,或者被搂抱,注视别人的眼睛与被注视,握着别人的手与手被握着——这些与他人共在的自我体验属于我们的体验中最具有完全社会性的那一类,除非被另一个人的在场或行为引发或维

① 这里的"自我"并不是反身用法,与本书中其他地方一样,指代的是婴儿的自我。因此,自我调节他人指的是调节婴儿的人,而不是他人本身。

持,否则绝不会发生,不可能作为没有他人参与的自我体验而存在。即便自我调节他人是一个幻想而非真实的人。(拥抱体验即便在幻想中也需要一个伙伴,否则只能被完成但不会有充分的体验。这个适用于拥抱枕头也适用于拥抱人。问题不在于枕头是否也回馈拥抱,只要枕头在那儿或相应的感觉被想象出来。从这个角度而言,不存在半个拥抱、半个吻这种东西。)

依附理论家强调在安全感调节中他人的作用不可或缺。虽然依附作为父母/孩子关系质量的指标具有极大的重要性,但是它并不等同于整个关系。有许多被他人调节的自我体验处于依附的领域之外。上文已经讨论过兴奋性,其他的将在后文论及。

父母还能调节婴儿体验到的情感类别。该调节可能涉及对婴儿行为的解释,询问诸如"这个表情是好玩还是惊讶""这个敲杯子的意思是好玩、敌意、还是感觉糟糕"的问题。事实上,两至七月龄的婴儿能够感觉到宽广的、整个情绪情感连续谱,但是只有在他人存在并通过互动为媒介——即共在他人——的情况下才有可能发生。

婴儿与其照顾者也调节婴儿对外界的关注、好奇和认知性的交汇。照顾者的媒介作用极大地影响着婴儿对探索的好奇和热望。

纵观历史,最值得注意的是,他人能够调节婴儿的躯体体验。传统上,这类体验是精神分析关注的焦点,比如:对饥饿的满足、清醒的疲倦到睡眠的变迁。所有这些调节都涉及一个神经生理状态的戏剧性变化。为什么这些事件吸引了精神分析如此大的注意力、即便在识别出有其他与自我调节他人共在的方式存在很久之后,原因之一毫无疑问地在于它们更容易用力比多变化和能量模型去解释,而其他的共在模式却非如此。但共在模式无疑非常重要。正是这些体验及其表征,相比于任何其他因素,被认为最为接近整体融合的体验,消除自我/客体界限,融合成为"二元一体"。然而,没有任何理由把饥饿的满足、睡着解释为进入一种二元一体状态,除非,如同快乐原则所暗示的,我们默认"共生"是一种兴奋性跌落到零的既有体验,当任何输入有效停止时的主观体验。实际上,大多数传统的理论就是这样默认的,我们将在第九章加以详细探讨。但是,很有可能的是,饥饿体验的降低和其他躯体状态调节主要被体验为自我状态的显著转换,并需要他人的实质性媒介(Stern,1980)才能完成。在这种情况下,占优势的体验应该是与躯体状态调节他人(somatic-state-regulating other)共在,而不是融合。

现在有足够多的、对收容所和基布兹(kibbutz,以色列集体农场——译者注)里得到良好喂养的婴儿的观察资料,以及对灵长类动物的研究数据,明确表明:强烈的情绪和重要表征的形成所必需的不是喂养或哄睡觉(即通过躯体状态调节他人)行为本身,而更多地有赖于这些行为的态度。而这种态度通常用前文所述的被他人自我调节的方式才能最好地解释。获得最大效益的喂养体验是通过游戏、在同一时间内把许多不同形式的自我调节集中到一起。最后,Sander(1964,1980,1983a,1983b)进一步指出,婴儿的意识状态和行为是最高程度的社会性协调状态,部分地通过自我调节他人的媒介得以成型。

非常明确的是,自我调节他人的社会行为是婴儿体验中的一个普遍客观事实,但在主观体验上是什么样子的呢?

作为主观体验的自我共在他人

婴儿通过某种方式把与他人共在的客观经历转变为主观体验,与先前称之为合并、融合、安全满足等的体验相同。

精神分析会区分初级与次级融合,我们这里讨论的体验大概也包含了这两种类型。初级融合(primary merger)指的是边界的缺失,因而在感觉上自己是他人的一部分,缘自能力的欠成熟——即不能分化自我与他人。次级融合(secondary merger)指的是感知觉的和主观的界限在形成之后再度失去,也就是说,被他人的半渗透性人格吞没或溶解。一般认为次级融合是对初级融合的再编辑,由派生于愿望相关的防御性操作的次级退行所导致①。

从这个角度看,这些重要的社会体验既非初级也非次级融合。它们不过是与某人(一个自我调节他人)共在、自我感觉被显著改变了的真实体验而已。在此实际的事件中,核心自我感并没有被打破:他人仍然被感知为独立的核心他人。自我体验的变化只属于核心自我。发生变化的核心自我也与核心他人关联(但非融合)。自我体验确实有赖于他人的存在与行为,但仍然属于自己。没有扭曲。婴儿拥有准确的对现实的表征。我们通过几个问题来探讨这几个假设。

首先,为什么与自我调节他人共在的体验不会打破或混淆核心自我感与核心他人

---

① 融合的主观体验观点来自两个独立的概念。第一个包括可见于较年长儿童的病理性状态(共生性精神病),儿童体验到自我/他人边界的消解从而感觉到融合。同时也包括合并的愿望和对吞没的恐惧,这些在成人患者中也并非罕见。第二个概念是现在为人熟知的推测:婴儿会经历一段较长的自我/他人不分化状态。推测婴儿不能够分辨自我与他人,这并非是历史的大大的倒退,婴儿也会同年长一些的儿童那样体验到融合的自我/他人联合体。在这里,初级融合体验的观点得到对次级融合体验的观察的历史性启发。初级融合是一个病理形态的、回顾性的次级概念化。

感？为搞清楚这个问题，我们得回到先前的躲猫猫游戏的例子，婴儿的兴奋性体验受到他人调节。为什么婴儿会把预期与快乐的循环体验为属于核心自我？同样，为什么奇妙的消失—重现的滑稽动作属于核心他人的妈妈？为什么自我或他人感不会被破坏、溶解？

有几个原因保证核心自我与他人感不会被瓦解。在正常情形下，婴儿也会在其他稍微有些不同的情境下体验到相似的悬念建立、爆发的快乐循环："我要抓到你"游 105
戏、"走路的手指"、"挠肚子"，以及大量其他的这个年龄常见的悬念游戏。婴儿也很可能在开始前已经经历过十几次、甚至更多的各种躲猫猫游戏：尿布遮住宝宝的脸、尿布遮住妈妈的脸、妈妈的脸被宝宝的脚挡住、她的脸在床的水平线上升起又落下、等等。不管妈妈怎么做，婴儿体验到的是她的滑稽动作属于作为核心他人的她；这仅仅是无数体验到她的组织性、统一性和能动性的方式之一。

此外，不管妈妈玩哪一种游戏，在婴儿身上引发的大体的感觉状态是一样的。很有可能别人也会同婴儿玩这一类的游戏——父母、保姆等。尽管互动模式、互动参与者有变动，特定的情感是不变的。只有属于自我的感觉状态才成其为自我不变量。

让婴儿定位并识别哪些不变量属于谁的是变量。当然，正常的父母/婴儿互动必定是非常多变的。在鉴别自我不变量与他人不变量中需要标记出不同体验的关键作用，我们可以想象一下：

假设一个婴儿只在与妈妈的互动中体验到预期和结果的快乐循环，而妈妈总是用一模一样的方式引导这些循环（实际上是不可能的），那么婴儿会处于一种很棘手的境况中。在这个特别的、一成不变的活动中，由于其行为遵守了对比自己定义他人的大多数定律（能动性、统一性、连续性），妈妈会被感知为核心他人。但是，由于双方都毫无例外地协同了这种感觉，婴儿会不确定在何种程度上他/她的感觉是自我或妈妈的行为的不变量特征。（这与许多人假定的自我/他人不分化状态很接近，除了它是我们从限制母亲而不是婴儿的角度衍生出来的。）

正常情境下变化不可避免，于是在这类交汇中，婴儿不会遇到感知谁是谁、什么属于哪个的困难。不过，有许多游戏和惯例中，规则是父母与婴儿的行为在很大程度上一致。这不会给婴儿分辨自我与他人，我们带来更大的困难吗？这些游戏包括初级形 106
式的拍蛋糕：妈妈手的动作与婴儿的手的动作一样，各种模仿活动，情绪引导和跟随（如相互递增微笑）等等。可以想象，在这种情况下，由于模仿互动，他人的行为可能会同型（具有类似的强度和活力情感轮廓），并常常与婴儿的行为同时、甚至同步，所以定义自我不变量和他人不变量的线索被部分破坏。可以预期,这类体验最接近那些与自我/他人边界合并或溶解概念,至少在知觉层面上(Stern,1980)。

然而,即使在这样的情况下,也很不可能有足够多的分化线索被抹去。婴儿的时间感能力极好。他们能够分辨出同时性中几分之一秒的差异。例如,如果在电视屏幕上把妈妈的脸给三月龄的婴儿看,但是她的声音有几百毫秒的延迟,婴儿能够发现这个不同步的差异,并受到干扰,就像译制得很差的电影(Trevarthan,1977;Dodd,1979)。同样,也是由于这个能评估几分之一秒的时间的能力使得婴儿能够区分 ba 和 pa 这两种发音,其区别仅在于发音开始的瞬间(Eimas 等,1971,1978)。即使父母能像完美的镜像一般行事,对核心自我感的延续性记忆也不会被抹掉[①]。

在这些涉及婴儿安全感或转变状态的互动中自我感是什么状况呢?既然这些互动并不比上文所述的互动更多地引起情感变化,它们被历史性地认为更有助于融合体验。在这些体验中,父母的行为是对婴儿行为的补充(抱着婴儿、而婴儿被抱着)。从这个角度而言,每一方所做的大体上与另一方很不相同。如此,由于知觉线索显示另一方遵循的是与自我相比不同的一套时间、空间、强度、和/或动作组织,自我与他人的完整性很容易得到维护。换言之,所有界定自我不变量或他人不变量(在第四章讨论)的线索没有受到干扰,因此没有必要在核心关联水平发生自我感与他人感的混淆。由此,自我调节他人的在场并不一定会破坏核心自我感或核心他人感,即便在婴儿情绪状态体验中也是如此。

现在产生了第二个问题。改变了的自我体验、与促成这种改变的他人的调节作用之间是什么关系?或者,更明确一些,婴儿体验到的关系是怎么样的?若是成人或大一些的儿童,我们能回答这个问题。有时候这种体验非常喧器,似乎占据了所有的注意力空间,就像与一个你觉得不安全或害怕的人在一起,或者被一个人的胳膊搂抱着并完全沉浸在类似安全的东西之中,或几乎像是沉没到他人的人格之中(正像所谓的

---

① 自我/他人相似倾向于发生在高度唤起的时刻,并终生保持建立关联、相似、或亲近、好或坏的强烈感觉的能力。情人们倾向于保持相似的姿势,并大致在同时相互靠拢或分开,就像跳宫廷舞。在把一个群体分为两个阵营的政治讨论中,持相同立场的人会共享同样的姿势(Scheflin,1964)。母亲与婴儿,感觉双方都快乐或兴奋时,会倾向于一起发声。这个现象有几个不同的名称:协同、齐声、匹配、以及模仿(Stern 等,1975;Schafler,1977)。

其负性的一面是:注视、表情或姿势的模仿,以及“学人说话”都会被小孩用来激怒同伴或成人。在这些独特的自我/他人相似性(非自我/他人联合体)体验之中,有一些难以忍受的、攻击性的负性亲密感(negative intimacy)。不过,这种负性亲密感不会在婴儿的核心关联域内发生。它必需要有独立他人的意图存在为前提,而这要到后来主体间关联域开放之后才有可能。

正常"融合"体验)。

在另一些时候,改变了的自我体验与他人的调节作用之间的关系是静默的、不太被注意到。这种情况与 Wolf(1980) 和 Stechler、Kaplan(1980)用自体心理学(Self Psychology)术语所描述的静默或无形的"自体他人"(self-other)类似。

> 暂时把与年龄相当的特定的自体客体(selfobject)需要放一边,我们可以把对心理滋养性自体客体环境的持续需求、与对环境所含的氧气的持续性生理需求进行比较。后者是一种相对静默的需求,只有在需求得不到满足、环境逼迫人痛苦地呼吸时才会被敏锐地觉察到。自体客体需求也是如此。只要一个人安全地沉浸在社会基质中,后者给他提供一个包含了他能够得到、但是不会实际上使用的镜像反应以及所需的理想化价值的场,他会感觉自我得到确认,并且,有点矛盾的:相对的自我依靠、自给自足和自主。但是,通过一些相反的事件,这个人会体验到格格不入或敌意,不管别人可能对他多么友善。这种情况下,甚至强大的自我也可能碎片化。在人群中人们也能感觉孤独。独处,心理上的独处,是焦虑之母。(Wolf 1980,第 128 页)

不管改变了的自我体验与他人的调节作用之间的关系是显著的还是不易觉察的,自我体验的改变总是完全属于自我。即使在安全需求得到满足的情况下,他人也会显得是先提供了——也许实际上好像是拥有——"安全",然后才能包裹你。但是安全的感觉只属于自我。当他人的调节作用没有被注意到的情形下,自我改变体验默认只属于自我。

以上讨论涉及主观上谁拥有自我体验的改变——自我、他人、或者某种"我们"或融合物。答案看起来完全在自我感领域之内。不过,这种主观拥有感主题并不能回答关系是如何被感觉到的这个问题。

单是因为两者一起发生,在自我体验的改变与他人的(显著或者不易觉察的)调节作用之间就必定存在某种关系。就像任何反复发生的既有体验的属性一样,它们发生关联。并非融合或混淆的两种元素,它们就是有关联。它们是任何特定的伴有自我调节他人的外显元素(即属性)中的两个。这个年龄段的融合体验只是与某人共在的一种简单方式,只不过某人起到了自我调节他人的作用。任何这类体验都包括:(1)婴儿感觉状态的重要改变,后者显得是属于自我的,即便它们是自我与他人共同创造的;(2)在改变发生的同时被看见、听到、感觉到的他人;(3)发生这一切的基础:安然无恙的核心自我感和核心他人感;(4)各种背景性、情境性的事件。这些是怎么轳连在一起形成一个主观单位,后者既不是我们—自我的融合、也不是在独立多个自我与多个他人之间的认知关联?这种轳连以一个实际发生过的生活事件的形式发生。既有生活事件——就像是记忆中的那样——把体验的不同属性紧密结合成自我与他人的关系。这也正是那种会压倒实际发生事件的关系。

从这个角度看,改变了的自我体验与他人的调节角色并非简单地以一种习得的方式关联起来。相反,它们包裹在一个更大的共同主观体验单位中,即包含了双方以及其他属性并保存它们自然关系的事件。

既有生活事件立即变成特定的记忆事件,如果重复,变成第四章中述及的概括化的事件。它们是对互动体验概括化的事件的心理表征——即概括化的互动的表征,或者RIG。例如,第一次躲猫猫游戏之后,婴儿存储了这个特定事件的记忆,在第二、第三或第十二次仅仅具有轻微变动的事件后,婴儿会形成躲猫猫的 RIG。RIG 是对几个实际事件的、平均化的、灵活的结构,并形成代表全部事件的原型,记住这一点很重要。RIG 所呈现的,以前绝没有实际发生过完全一样的,然而,确实没有发生过的也不会纳入到 RIG 中。

与自我调节他人共在的体验逐渐形成 RIG。当 RIG 的属性之一呈现时,就能唤起这些记忆。当婴儿有了某种感觉,这种感觉会唤起相应的、以这种感觉为属性之一的 RIG。属性因此成为唤起既有体验的线索。每当 RIG 被激活,它都会裹挟着一些原初经历体验的冲击,以活跃的记忆的形式呈现。

我认为,众多不同的、与同一个自我调节他人的每一种关系都具有其独特的 RIG。当不同的 RIG 激活时,婴儿会再体验到不同形式或方式的与自我调节他人的共在。对不同 RIG 的激活能够影响不同的调节功能,从生物及生理到心理[1]。

---

[1] 通过动物实验探讨丧失的心理生物学,Hofer 说道:

> 那些与我们亲近的人在一起的内在生活体验元素能产生生物调节作用吗,就像在我们的实验中母兽对幼兽的行为中的感觉运动互动?这种内在的客体关系能够联系到生物系统吗?我认为有可能。联想或巴普洛夫条件化是一个众所周知的机制,通过它,象征线索、甚至内在时间感得以控制生理反应。因此,重要的人类关系对生物系统的调节可能被转化,不仅被实际互动的感觉运动或时间模式所转化,也被在当事人心里展开的、对关系的内在体验所转化。永恒的丧失在两个组织水平上维持,因此表征的和实际的互动都在事件的真实性的影响之下。

Field(发表中)的"婴儿对延长的、与母亲的分离的反应"研究,Reite 等(1981)对猴子婴儿的研究,得出了相似的结论。

另一个问题涉及与在场的、不在场的自我调节他人共在的主题,这也相应地提出了"内化的"(internalized)关系这个议题。若顺着我们这里呈现的讨论思路,在场与不在场自我调节他人的区别并不大,因为这两种情况下婴儿都必须处理他们与他人的历史。这涉及与一个历史性自我调节他人共在的体验,后者最好描述为与诱发伴随(evoked companion)共在的概念。

诱发伴随

当与某人共在的 RIG 激活时,婴儿会遇到诱发伴随。图 5.1 显示了这个概念。

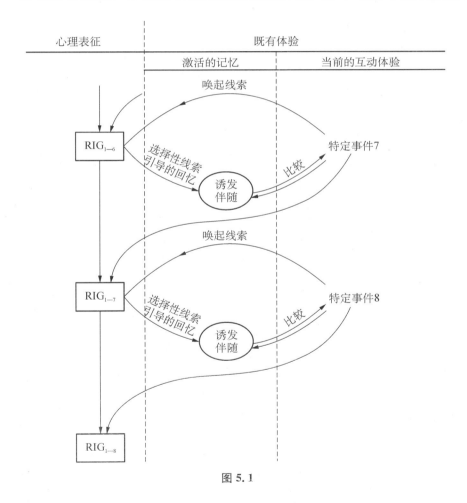

图 5.1

假定一个婴儿经历过六个大致类似的与某自我调节他人的互动事件，这些特定事件会被概括并编码为"已概括了的互动的表征"（RIG_{1-6}）。当再次遇到类似、但非完全一致的特定事件（特定事件 7）时，其某些属性会对 RIG_{1-6} 起到唤起线索的作用。RIG_{1-6} 是表征，不是激活的记忆。唤起线索从 RIG 中诱发激活的记忆，后者我称为诱发伴随。诱发伴随是一种与自我调节他人共在或自我调节他人在场的体验，可以在觉察之内或之外。这种伴随从 RIG 中被诱发出来，并非作为一件过去实际发生过的事件，而是一个这类事件的活化的例子。要解释在临床与日常生活中遇到的这类事件的模式——在抽象的表征中加入体验的血肉，该概念是必要的。诸如 RIG 这类的抽象表征不是以经历过的生活的模式被体验到，而必须是作为激活的记忆形式被实例化，这种记忆是既有体验的一部分①。[诱发伴随中伴随（companion，也有伙伴之意——译者注）指的不是伙伴的意思，而是某人与另一人相伴的一种特殊状态。]

诱发伴随的作用是评估进行中的特定互动事件。把当前的互动体验（特定事件 7）与同时发生的、与诱发伴随的体验相比较。这种比较决定了当下特定事件（7）的哪些新属性可以加入并修正 RIG_{1-6}。基于特定事件 7 的独特性程度，可以形成对 RIG 的改变，从 RIG_{1-6} 到 RIG_{1-7}。由此，当后来遇到下一个特定事件（8）时，RIG 会稍微有些变化，以此类推。以这种方式，RIG 慢慢地被当下体验更新。不过，体验越是陈旧，改变某单个特定事件的相对影响就越小。历史造就惯性。（Bowlby 认为母亲工作模型——一个与 RIG 不同的表征单位——是保守的，实质上指的就是这个意思。）

当婴儿独处时，诱发伴随也可能在事件中被唤醒为活跃记忆，只要事件具有历史性的相似度、涉及自我调节他人。例如，一个六月龄的婴儿，一个人，看到一个拨浪鼓，抓起来，摇出声音，开始的愉悦可能很快变成极度的高兴和兴奋，表现为微笑、咿呀发声和全身的扭动。这种极度的高兴和兴奋并非只是掌控成功的结果，后者只形成了开始的那部分愉悦，也是过去类似的、有高兴和兴奋强化（调节）他人在场的时刻的结果。一定程度上，这是一个社会性反应，只不过发生在非社会性的情境下。在这种时刻，开始的愉悦来自掌控动作的成功，并作为唤起线索激活 RIG，导致想象的与诱发伴随的互动，后者包括分享的、相互激发的对成功掌控的愉悦。以这种方式，诱发伴随起到把另一个维度添加到体验中的作用，在上述例子中，是极度的高兴和兴奋。因此，即便实

---

① 在考虑表征时，精神分析也遇到同样的困难。应该视其为记忆意象、概念、抽象或对兴趣焦点的整体心理功能的呈现吗？（见 Friedman，1980）

际上是独自一个人,以对原型既有生活事件的激活记忆的方式,婴儿也是与一个自我调节他人"共在"的。当下的体验包括了一个诱发伴随的存在(在觉察内或外)。

RIG 与诱发伴随的概念与其他公认的现象之间具有重要的相似和区别,例如依附理论的"母亲工作模型"(working models of mother)、自体心理学的自体客体、马勒理论中的融合体验、经典精神分析理论的内化的早期原型形成,以及"我们"体验(Stechler 和 Kaplan,1980)。所有这些概念的产生都是为了满足临床需要、填补理论空白。

与依附理论的工作模型相比,RIG 和诱发伴随概念在以下几个方面有所不同:首先,大小与顺序不同。单个 RIG 关注的是某特定互动类型的表征,而工作模型涉及很多这样的互动组合成的大的表征,代表一个人在特定情况下的全部反应。可以把 RIG 的概念视为基础建筑单位,在它的基础上构建了工作模型。这一点可参见图 5.2。

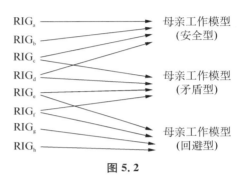

图 5.2

随着新的 RIG 进入,其他的被删除,构成工作模型的层级结构的 RIG 重组,作为更大的结构的工作模型发生相应的变化。尽管如此,近来出现了对最早的表征,或母亲内在工作模型性质的观点的汇合。Sroufe(1985)、Sroufe 和 Fleeson(1985)、Bretherton(发表中)、Main 和 Kaplan(发表中)的研究结果与这个方向的框架一致。他们还发现有必要重新把事件记忆归为这类个人表征形成的基本过程。

RIG 与依附理论工作模型的第二个不同在于,至少从纵向来看,工作模型涉及对安全依附状态的初级调节的预期。RIG 包含了对能够相互导致自我体验变化的任何以及全部互动的预期,例如唤起状态、情感、掌控、生理状态、意识状态和好奇,而不是仅限于那些与依附有关的方面。

最后一个不同点:工作模型是一个带有高度认知性的概念,操作上类似图式,检测对平均预期的偏离。作为激活的 RIG 的诱发伴随是一个事件记忆的概念,更适用于与他人共在的情感性质,因为既有的、唤回的体验并不会变形为认知形式,后者仅仅发挥检测和指导作用。从这个角度而言,诱发伴随更贴近主观体验的生动性,而不是居于远离体验的指导模型的位置。不过,诱发伴随在两个方面与工作模型的功能类似:第一,它们都是非局限于单一既往事件的原型记忆,相反,它们代表的是与他人某一类互动的累积的历史。第二,从过去创造了对现在与将来的预期这个意义而言,它们都具有指导功能。

RIG 和诱发伴随概念与自体客体和融合有重要的差异,在于:当诱发伴随出现时,核心自我感、核心他人感的完整性不会被破坏。与"我们"体验的区别在于:它是与他人共在的我体验(I-experience)。最后,与内化的区别在于:它们的最终形式会被体验为内在信号(象征线索),而不是既有的或再活化的体验。

在发展过程的某些点上,唤回诱发伴随、获得一些既有体验不再必要。属性本身能够起到改变行为的线索作用,不需要激活概括了的事件。(这与巴普洛夫关于经典条件化中的二级信号概念没有差异。)这些发展中的点何时发生? 二级信号(属性)是否、或在何种情况下真正是独立发挥作用? 它是否在某种程度上激活诱发伴随? 这些依然是经验主义的问题。无论是哪种情况,诱发伴随绝不会消失。它们终生处于休眠状态,由于始终是可唤起的,它们的活化度可以是多种多样的。在重大失调、如丧失的情况下,活化非常显著。

诱发伴随在实际发生的与他人的互动和他人不在场的情况下都发生作用。它们被激活,因此自我调节他人通过活化的记忆的形式"在场",以此发挥作用。即便在他人在场的互动中,诱发伴随起到告诉婴儿现在正发生什么的作用。比如,如果妈妈用一种与以前很不一样的方式(我们假定她有些闷闷不乐、只是机械地走走形式)玩躲猫猫,婴儿会使用来自躲猫猫 RIG 的诱发伴随作为标准,去衡量当下的事件是否是实质上变化了的东西,去标注特殊的变异,或是全新的一种自我调节他人体验。通过这种方式,诱发伴随帮助评估预期并构成自我体验的稳定化和调节功能。这看起来就像是工作模型的操作形式,但是,就诱发伴随的"在场"和"感觉"与"现实的"伙伴的差异而言,对偏移的检测可以是主观的。

到目前为止,我们主要讨论了他人在场时对 RIG 的使用,即实际上与他人共在的现实事件。在那种情况下,由于现实的事件正在眼前发生,婴儿只需要再认记忆去唤起存储于记忆中的诱发伴随。但是,他人不在场时对诱发伴随的唤起又是怎么样的呢? 毕竟,这种是临床上最需要内化概念的时候。当他人不在场时,既有的与他人共在的事件必须唤起,这需要回忆或唤起记忆。传统上默认婴儿唤起记忆的能力不足以激活不在场他人的表征,直到九至十二月龄,以分离反应为依据。一些理论家把诱发不在场伙伴的记忆的时限放到更后面一些,在出生后第二年,此时象征功能具备、可以被用来完成激活任务。那样的话,这些问题就超过了我们这里探讨的年龄范围。不过，从我们已经讨论过的内容来看（见第三章），有证据显示婴儿进行线索引导的记忆唤起的能力始于出生后第三个月，也许更早①。

鉴于婴儿的线索导引的回忆记忆以及依照 RIG 的人际间事件的记忆，很有可能婴儿对于先前的互动一直保持记忆（在觉察之外），不管互动所涉及的他人是否在场。我认为弗洛伊德的"幻想乳房"的原创模型在描述层面上是对的，虽然它基于错误的机制。不管一个婴儿是否遇到既有事件的部分或属性，概括了的事件（RIG）的其他属性都会唤回。在日常生活中，诱发伴随几乎是不间断地随伺左右。当成人没有被任务占据注意力的时候他们不是这样的吗？我们每天有多少时间用在了想象的互动上，后者要么是记忆、或者对即将到来的事件的幻想预演或者白日梦？

另一个总和所有这些方面的途径是：婴儿的生活是非常社会化的，婴儿做的、感觉的、知觉的大多数内容都发生在形形色色的关系之中。诱发伴随、内在表征、工作模

---

① 在九月龄时婴儿出现的"分离反应"被广泛假设为唤起对人际间事件记忆的第一个主要证据。在前置记忆唤起的一些其他证据基础上，这个假设存在几个问题。Schafler 等（1972）、Kagan 等（1978）、McCall（1979）以及其他研究研究者批评过传统的观点，即：分离不安仅仅是记忆过程的成熟所导致的，后者使得对母亲的内在表征成为可能，由此在她离开后婴儿能够诱发对她的记忆、并与她不在时的情境对比，显示的是婴儿的孤独。Kagan 等（1978）提出了这样的问题：当母亲正在离开、但仍然在视线中时，为什么婴儿会哭？那天早上母亲无数次走进厨房，为什么婴儿没有哭？

另一个解释，与 Schafler 等（1972）的观点基本类似，提出必须要有两个过程的成熟才能产生分离不安。第一个是必要但非充分条件：婴儿具有召回并保持过去体验图式的能力，即诱发唤起对他人的内在表征的记忆。传统的解释止步于此。第二个在该阶段出现的能力的成熟是：对可能的事件产生未来表征（future-representation）的预期。Kagan 等（1978）把这种新能力描述为"预估未来事件并产生反应以应对情势变迁的倾向"（第 110 页）。如果小孩不能产生预估或应对预期采取有益的反应，会导致不确定性和不安。

把这两个分离反应的必要过程拆分为三个独立的过程可能更有帮助一些：提升了的回忆（唤起）记忆、对可能的事件产生未来表征的能力、应对（由现在事件与事件的未来表征之间的不一致所导致的）不确定和不安而产生交流性或有益性反应的能力。在出生后第一年末，回忆或唤起记忆得到极大的提高，这一点是公认的。但是，有一些回忆记忆在九个月龄、发生分离不安之前很久就已经在发挥功效了，这一点也很清楚。那么，在九月龄前就是"眼不见、心不想"、九月龄之后由于回忆记忆才"眼不见但心里有可能想"的概念，并非像看起来那么截然无误。

持这种观点的话，我们就向弗洛伊德"幻想乳房"（hallucinated breast）的原创概念（在这里他本质上是调用了新生儿对线索导引的回忆记忆的使用，虽然没有明确地这么说）和上文已经论及的最近关于线索导引回忆的研究发现更接近了一些。弗洛伊德所称的"幻想乳房"可以称之为概括了的喂养事件的一个属性。我们可以说饥饿起到了唤起乳房这一其他属性的线索作用。弗洛伊德会认为饥饿形成了一种需求释放的张力，运动释放途径阻塞的话，冲动会蓄积、并寻求通过感觉途径释放，导致幻想。感觉释放可以暂时缓解饥饿，其程度与感觉释放掉的张力的量相当，因而具有适应性。

与强调使用原型事件所蕴含的释放价值相反，我们强调的是其组织与调节价值。与强调在急性需求下使用原型事件相反，我们强调其在调节和稳定所有进行中的体验中的持续作用，这个作用是通过提供连续性而达成，即在一个不断更新的历史中对每一个体验情境化。

型或与母亲的幻想联结都不过是特定类型关系的历史（Bowlby 的术语，1980），或者对许多与母亲共在的特定方式的原型记忆（我们的术语）。

线索导引的回忆记忆一旦发挥作用，主观体验就主要是社会性的，不管我们是否是独自一个人。实际上，由于记忆我们绝少是独自一人，即便（也许特别是）在出生后的前半年。有一些时候婴儿与真实的外部伙伴交会，所有的时候都与诱发伴随在一起。正常发展需要这二者之间持续的、通常是静默的对话。

当说到婴儿在探索周遭世界之中学会了信任或安全，这个概念包含在上述的一直与真实和诱发伴随共在的观念之中。如果不是具有对自我与他人在探索性情境中的体验的记忆，有什么能在探索中创造出信任和安全呢？在主观事实层面上，婴儿不是独自一人的，而是与诱发伴随相伴，后者来自数个 RIG，在不同的激活与觉察水平上操作。由此婴儿拥有信任感。这是一个更加主观、更加接近体验的工作模型版本。

118由此，作为主观现实的自我与他人共在几乎是普遍的。然而，这种主观的共在（内心的和外在的）感一直是一个积极的心理构建活动，而不是消极的分化失败。它不是成熟过程中的错误，也不是向更早期的未分化阶段的退行。从这个角度看，共在体验不是那种"二元一体的错觉"，或需要超越、解决、或者抛在身后的融合状态。它是恒久的、心理园地的健康的一部分，并在不断地成长和细化。它是记忆的活跃的组成成分，编码、整合、以及唤起体验，从而指导行为。

桥接婴儿与母亲的主观世界

我们只讨论了婴儿的主观世界，及其与能被所有人观察到的其他互动事件的关系。图 5.1 是对这些的简要总结。不过这仅仅是故事的一半。母亲也参与了那些互动事件，她同样也带着自身的历史、影响她对进行中的互动的主观体验。实际上，在看得见的互动中，双方的参与是横跨在两个潜在的、分隔的主观世界之间的桥梁。原则上，这个二元系统是对称的。看得见的互动起到了界面的作用。但是，在实践中，它并不是对称的，原因在于母亲带进来的个人历史要多得多。她不但有对她的婴儿的工作模型，还有对她自己母亲的工作模型（见 Main，1985），对她丈夫（可能婴儿常常会让她想起他）的工作模型，以及其他各种不同的工作模型，所有这些都在发挥作用。

相应地，我们可以扩展图 5.1，把母亲那一半包含进来，如图 5.3。为了扩展，在图 5.1 中的婴儿的"诱发伴随"会被称为更一般化的"可见事件的主观体验"。为了更好地理解这个图示，可以想象一个特定的互动事件：一个男婴，乔伊，反复试图吸引关

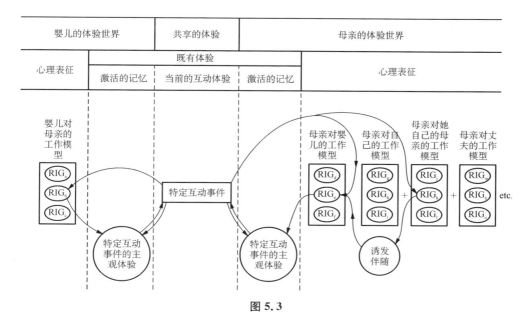

图 5.3

婴儿的体验世界 | 共享的体验 | 母亲的体验世界

既有体验

心理表征 | 激活的记忆 | 当前的互动体验 | 激活的记忆 | 心理表征

婴儿对母亲的工作模型 — RIG$_a$ RIG$_b$ RIG$_c$

特定互动事件

特定互动事件的主观体验

母亲对婴儿的工作模型 — RIG$_d$ RIG$_e$ RIG$_f$

母亲对自己的工作模型 — RIG$_a$ RIG$_b$ RIG$_c$ +

母亲对她自己的母亲的工作模型 — RIG$_j$ RIG$_k$ RIG$_l$ +

母亲对丈夫的工作模型 — RIG$_a$ RIG$_b$ RIG$_c$ etc.

诱发伴随

120

119

注,而母亲忽略或拒绝接纳他的请求。这个特定事件会从婴儿和母亲双方的记忆中激活主观体验,去看待当前正在发生的互动事件。在母亲一方,假设该特定事件诱发了特定的 RIG$_K$,后者是她对于自己母亲怎么当母亲的工作模型的一部分(如图 5.3 所示)。例如,RIG$_K$ 是对母亲的母亲如何用蔑视和厌恶对待(乔伊的母亲自己还是小孩的时候)对关注的需求的特定表征。母亲的母亲这个独特的一面以一个诱发伴随的形式被激活("育婴室里的鬼魂",Fraiberg,1974)。于是,诱发伴随起到了决定在母亲对她自己的婴儿乔伊的工作模型中哪个 RIG$_e$ 被激活的作用。在 RIG$_e$ 中表征的概括的互动,可能是像这样的:乔伊总是提出讨厌的、不合理的对关注的需要,这是不愉快的。对特定 RIG$_e$ 的激活在很大程度上决定了母亲对乔伊提出关注要求的主观体验。

以类似的方式,从他过去的历史,婴儿会形成对于进行中的特定事件的不同的主观体验。也正是通过这个途径,可见的互动事件成为了连接婴儿与母亲的两个主观世界的桥梁。原则上,这个方式与大多数精神动力学取向的临床工作者所广泛使用的方式没有区别。但是,由于它的概念化具有更高的特异性,并适用于离散的、层阶排列的单位和过程,可能会被证实有助于我们理解母亲幻想和属性不但能够影响可见的互动,并最终影响婴儿的幻想和属性。还有可能有助于理解治疗性干预如何改变父母对婴儿在干什么、婴儿是谁的看法。对这个广阔领域的进一步探索超出了本书的范围,不过在这个方向上已经有一些积极的投入[1]。

我们已经搜索过上一章中遗漏的内容，即：在核心关联域内的婴儿的社会性质和假设的主观体验。还有最后一个需要考虑的主题，这个主题甚至会把婴儿的社会性质扩展得更远。

与无生命物的自我调节体验

在这个年龄及其关联水平上，与已经人格化的物体的自我调节体验也在发生。这类事件在发展线上居于一个早期的点，在后来会包含过渡性客体（比如安全毯，代表着人并能被人自由地替换），再后来更大的过渡性现象包括艺术世界，这是 Winnicott（1971）教给我们的。

在此阶段，母亲常常通过借用一些无生命的道具进入婴儿的游戏。她操控玩具飞过来又飞走、说话、挠痒痒。它们带着有机的节奏和力量感，即人的活力情感，以及其他的、人的不变量，婴儿对玩具兴趣被提高。这是妈妈们维持婴儿玩耍的主要方法。一旦她足够灌注了一个物体并退回，婴儿通常会继续独自加以探索，只要它还具有人格化的余晖。暂时，这个物体成为自我调节的人—物（person-thing），因为，就像自我调节他人，它能显著地改变自我体验[2]。

六月龄之前，婴儿似乎能够区分有生命与无生命——即人与物（Sherrod 1981）。这意味着他们已经会识别大体上界定二者的不变量。在这种情况下，人操控的物在婴儿眼里会被看成某种复合单位，某种带有一些人的特征的物；它带有二者双方的一些不变量。婴儿的物对比人的感觉不受干扰。人格化的物的奇妙之处在于成功的建构

---

① Cramer 博士和我目前正在研究可见互动与母亲幻想水平之间的相互影响，以及干预对二者的作用。（见 B. Cramer 和 D. Stern，"心灵之间的桥梁：母亲与婴儿的主观世界如何相遇？"（准备中，将在"世界婴儿精神病学学会和专业联盟"上报告，斯德哥尔摩，1986））上文的图示极大地得益于日内瓦的 Cramer 博士团队的贡献。

② 当儿童开始学习词汇时我们会再次遇到这个问题，因为词汇也有可能成为人格化的物。Fernald 和 Mazzie（1983）的研究显示，当妈妈教一个十四月龄的婴儿各种东西的名字时，她使用的策略是可预测的。若她要教一个与旧的、熟悉的词相对照而言更新的或新奇的词，她会使用更高更夸张的音高，使用急剧的音高上升和回落。Fernald 指出，这些显著的音高特点具有先天性的抓取注意的功能，不过她同时暗示不止于此。对婴儿而言最实质性的特殊的事是人的社会性行为，既诱发、也表达人类的活力情感和常规情绪。当妈妈用声调凸显一个词时，她不仅非特异性地引起婴儿的注意，还通过制造暂时的人—物，把人类魔法灌注进了这个特别的词中。

论成就。同样,它是一个整合的成功,而不是未分化的失败。

在婴儿发育的这个点上,人格化的物是一种为时不长的自我调节的人—物。它与Winnicott的过渡性客体在几个方面上具有差异:(1)过渡性客体在发育上出现更晚;(2)过渡性客体涉及象征性思维,而人—物只需要事件性记忆;(3)Winnicott假设过渡性客体的存在暗示着某些方面缺乏自我/他人分化,或向自我/他人未分化退行,而人格化的物没有这个问题。

自我调节他人和人格化的物的现象提示了婴儿主观世界深度社会化的程度。他们体验到核心自我和他人感,与此相随,通过多种形式,他们体验到普遍的与他人共在感。所有这些共在形式都是积极的构造。他们在发育进程中成长并精细化,这个过程导致了不断渐进的、体验的社会化。

123

第六章　主观自我感：I.概述

当婴儿发现自己有心灵、其他人也都有心灵时，自我感的下一个量子跃进发生了。在生命的第七至第九月之间，婴儿逐渐产生了一个重大的领悟：内在主观体验、心灵的"主旨（subject matter）"，很可能是别人也有的东西。该发育阶段的主旨可能只是简单而重要的行为，比如行动的意图（"我要饼干"）、一种感觉状态（"这个真好玩"）或注意力的聚焦（"看那个玩具"）。这个发现相当于获得了关于不同的独立心灵的"理论"。只有当婴儿能够感觉与自己不同的他人也能同样感觉到他们自己维持着某种相似的心理状态时，主观体验的分享或主体间性（intersubjectivity）才会成为可能（Trevarthan和 Hubley，1978）。婴儿不仅要有独立心灵的理论，还要有"独立心灵可联接"的理论（Bretherton 和 Bates，1979；Bretherton 等，1981）。当然，这并不是一个完整的理论。它更像是一种工作理念，类似于：我心里有一种状态，可能与你心里感觉到的很相似，因此我们可以进行某种交流（不用语言），从而体验到主体间性。这种体验的发生必需有前提：某种共享的意义的框架和交流手段，如动作、姿势或面部表情。

当它确实发生时，人际间的行为部分地从外显的动作和反应变为内部的主观状态，后者居于外显行为的后面。这种变化让婴儿具有不同的"表现"和社会性"感觉"。父母通常开始用不同的方式对待婴儿，并更多地关注体验的主观域。这种自我和他人感与核心关联域里的内容很不相同。在这个阶段，婴儿对自己的社会生活具有新的组织性主观知觉。自我和他人的潜在性能得到很大的扩展。在标记核心自我和他人的外显行为和直接的感觉之外，自我和他人现在包括了体验的内在或主观状态。带着这个感觉到的、自我性质的扩展，关联的能力和相关的发育主旨驱使婴儿进入了一个新的主体间关联域（domain of intersubjectivity relatedness）。一个新的关于自我的组织性主观知觉出现。

这个新出现的知觉与已经存在的核心自我感是什么关系？主体间关联建立在核心关联基础上。除非成为对抗物理上分隔的自我与他人之间的交互作用，否则能够分享主观体验没有任何意义,因此,建立躯体上和感觉上的自我与他人之间的鉴别的核心关联是必要条件。在主体间关联改变人际间世界时,核心关联仍然存续。主体间关联没有取代它,也没有别的东西能够取代它。它是人际间关系的基石。在主体间关联域加入之后,核心关联和主体间关联并存,且相互作用。每一个域都影响着另一个的体验。

当这个自我感的跃进发生时,人际间世界怎样表现出变化?照顾者这一方的共情(empathy)变为一种不同的体验。幼小的婴儿对体现了母亲的共情的外显行为(如在恰当的时间的安抚行为)做出反应,这是一回事。对于幼小的婴儿,共情过程本身常被忽视,注意到的是共情反应。而婴儿感觉到桥接两个心灵的共情过程的建立,这就完全是另一回事了。照顾者的共情——对婴儿的发育而言至关重要的过程——现在变成了婴儿体验中的直接主题。

在这个阶段,有生以来第一次,可以说婴儿具备了心理亲密(psychic intimacy)的能力——对显露表达的开放、发生在两个人之间的渗透性或相互渗透性(Hinde,1979)。到此时,心理的亲密与身体的亲密都成为可能。在这种相互显露主观体验意义上的了解与被了解的欲望都很强烈。实际上,这可能是一种强大的动机,并可能感觉像是一种需求状态。(对被心理上了解的拒绝也有可能被体验为带有强大的力量。)

最后,随着主体间性的降临,父母对婴儿的主观体验的社会化成为一个议题。要分享主观体验吗?分享多少?分享哪些主观体验?分享与不分享各自有什么后果?一旦婴儿瞥见了主体间域的一抹曙光、且父母将其实现,他们就必须处理这些问题。最大的风险莫过于找到内在体验的隐私世界中哪些部分可以分享、哪些落在通常公认的人类体验范围之外。一端是心理的人类归属感,一端是心理隔离。

聚焦主体间性的背景

鉴于自我感的该量子跃进的深远影响,走到婴儿对主体间关联的发现这一步,我们怎么会如此迟缓?从历史来看,有几个研究的支流汇集一起才到达了这个发展心理学的重要一步。哲学在很久以前已经开始探讨独立心灵这个问题。婴儿在发育的某个点上获得有关独立心灵的某种理论或工作意识,这种默认的必要性对哲学研究并不陌生,实际上,常常是心照不宣的默认(Habermas,1972;Hamlyn,1974;MacMurray,

126 1961;Cavell，1984）。不过，心理学从这些角度探讨这个问题，来得晚一些，很大程度上是因为相对于研究对于物的知识的发展、对人的主观体验的发育研究相对受到近代心理学学术界的忽视。现在时代的钟摆开始荡向另一个方向，Baldwin（1902）这样的先行者，坚定地认为自我与他人的主观体验是发展心理学的一个起步单位，其价值正在被这个国家重新发现，Wallon（1949）在欧洲的情况类似。

　　精神分析一直密切关注个体的主观体验。但是，除了在非常特殊的治疗性共情的情况下，精神分析并不把主体间体验概念化为二元事件，而这种概念化对通用的主体间观念而言是必要的。用分离/个体化理论解释该生命阶段的主流倾向阻碍了充分理解主体间性的作用，这也有可能。

　　更明确地说，自我（ego）精神分析性理论把七到九月龄之后的阶段视为从之前的未分化与融合状态更为充分地脱颖而出（比喻为"孵化"）的时期。这个时期以建立分离的、个体化的自体（self）为主导，分解融合体验，并形成更为自主的自我，后者能够与分离度更高的他人互动。若从这个角度看待该阶段的主要生命任务，该理论没有注意到主体间关联使得相互持有的心理状态、基于现实的内在体验的结合（甚至融合）有生以来第一次成为可能，就不显得奇怪了。矛盾的是，只有在主体间性出现之后，任何带有主观心理体验结合意味的东西才会发生。而这确实是跃进到主体间性的自我与他人感之后才有可能，恰恰在传统理论潮流转向另一个方向的发展节点上。就目前的观念而言，分离/个体化和新形式的体验结合体（或共在）都同等地来自同一个主体间性
127 体验①。

　　尽管通常不把主体间性体验视为二元现象，还是常常在主流之外出现对主体间性或主观关联概念持接受态度的理论家。Vygotsky（1962）的"心灵间"（intermental）观点、Fairbairn（1949）的婴儿内在人际间关联概念、MacMurray（1961）的个人场概念和Sullivan（1953）的人际间场的概念，都是具有影响力的例子。正是在这个背景下，发展学家最近的发现把主体间性的发展跃进推到当下的焦点地位。这些理论家要么对母婴互动的意向性、要么对婴儿如何掌握语言抱有极大的兴趣，这一点并不令人惊奇。这两条途径最终都会通向主体间性问题及其背后的假设，哲学家对后者已经探讨了很长时间。

---

① 关键点不在于用主体间性替换共生（symbiosis）并倒转发展任务的顺序。关键点在于主体间性对于形成与（具有相似的心灵的）他人共在的体验、以及深化个体化与自主性具有同等的重要性，就像核心关联对躯体自主性和归属感具有同等的重要性一样。

主体间关联的证据

那么，七到九月龄时出现主体间关联的证据是什么呢？Trevarthan 和 Hubley (1978)提供了一个可以操作的主体间性定义："有意地寻求分享对事件或事物的体验。"婴儿表现出证据证明他们寻求分享或至少期望妈妈分享的是什么主观体验呢？

记住这个发展时期中的婴儿仍然处于前语言期。他们能够分享的一定是某种不需要翻译为语言的主观体验。有三种心理状态，与人际间世界有极大的关系、但又不需要借助语言才能进入意识。它们是：分享联合注意、分享意图和分享情感状态。婴儿有什么行为可以显示出来他们能够进行或理解这些分享？

分享注意的焦点

指示的手势和跟随另一个人的视线的动作属于那些可以推论出注意分享，或联合注意的建立的第一批外显行为。妈妈和婴儿都会指示。我们先看妈妈的指示。妈妈的指示要起作用，必须要婴儿懂得停止看妈妈指向某处的手本身，顺着手指示的方向看过去，看那个被指的目标。长期以来人们相信婴儿不具备这个能力，因为他们不能脱离自我中心（egocentric）的状态，直到生命的第二年为止。但是 Muphy 和 Messer (1977)的研究表明九月龄的婴儿的确能够把视线从指示的手移开，顺着想象的线路直达目标。"在这个阶段已经掌握了对他人的注意目标导向的程序。这是一个揭示和发现的程序……由于其并不局限于特定的物体，因此在婴儿有限的世界内具有高度的衍生性。并且，这给婴儿装备了一项超越自我中心主义的技术，他能够理解他人所指的线并解码其指示的意图，使用与另一个不是以他自己为中心的世界的坐标系统，他实现了皮亚杰所谓的去中心化（decentration）的基础（Bruner，1977，第 276 页）。在九月龄之前，婴儿已经表现出这种发现程序的初级形式：当妈妈转头时，他们会跟随她的视线（Scaiffer 和 Bruner，1975），同妈妈会跟随婴儿的视线一样（Collis 和 Schaffer，1975）。

到这里，我们只讨论了一个发现他人注意焦点的程序或过程。不过，九月龄的婴儿会做的事情比这个多。他们不但在视觉上跟随指示的方向，在达到目标后，还会倒回来看妈妈，似乎在使用她脸上的反馈去确认自己确实到达了意向所指的目标。到这一步，这就不仅仅是一个发现的过程。这是一个有意的、对是否达成了联合注意的确认尝试,即注意焦点是否被分享,虽然婴儿对这些操作并无自我觉察。

与此相似,婴儿大约在九月龄开始指示动作,虽然比妈妈少。当他们这么做时,他
129 们的视线在目标和妈妈的脸之间来回移动,当妈妈在指示、确认她自己加入到分享注
意焦点时也会这样①。看起来我们有理由假设,甚至在指示之前,婴儿开始四处移动、
爬行或漫游的能力对发现另外的视角是至关重要的,后者是联合注意所必需的。在四
处移动中,婴儿所持的对某静止景象的视角在不断变化。也许这个初始的、对系列的
不同视角的接纳是一个必要的先导,引向更为普遍的对他人可能使用与婴儿自己不同
的坐标系统的"领悟"。

这些现象导向一个推测:在九个月大时,婴儿对于自己能够具有一个特殊的注意
焦点有一些感觉,妈妈也有一个特殊的注意焦点,这两个心理状态可以相似也可以不
相似,如果不相似,可以相互校准并分享。注意间性(inter-attentionality)成为现实。

分享意向

对婴儿语言的习得有兴趣的研究者自然会注意语言使用的直接起源。这些起源
包括手势、姿势、动作和婴儿在使用语言之前显示出来的非语言性发声,后者也是语言
的前体。一些研究者严密地考察了这类原型语言(protolinguistic),均以某种形式公
认:婴儿大约在九月龄时开始出现交流意向(Bloom,1973、1983;Brown,1973;
Bruner,1975、1977、1981;Dore,1975、1979;Halliday,1975;Bates,1975、1979;Ninio
和 Bruner,1977;Shields,1978;Bates 等,1979;Bretherton 和 Bates,1979;Harding 和
Golinkoff,1979;Trevarthan,1980;Harding,1982)。交流的意向与简单的影响别人
的意向是不同的。我们可以使用 Bates(1979)对意向性交流(intentional communica-
tion)的工作定义:

意向性交流是一种信号行为,发出的人对其在接受者身上产生的作用有先验
的觉察,并坚持该行为,直到产生作用、或者明确显示失败为止。提示存在意向性
130 交流的行为证据包括:(a)在目标与意属对象之间的视线接触变化;(b)信号的增
强、叠加和替换,直到目的达成;(c)信号形式朝着简化和/或夸张的模式变化,这

---

① 一般认为指示起源于伸手去够某物,逐渐演变成为手势(Bower,1974;Trevarthan,1974;Vygostsky,
1966)。在九月龄之前,婴儿伸手去够某物时不会回看妈妈的脸,九月龄之后,把手伸向某物更多的是一
种手势,而非动作。

种变化只适用于达成交流性的目标(第36页)。

意向性交流最直接、最常见的例子是提出要求的语言原型模式。例如,妈妈拿着婴儿想要的某件东西——比如饼干。婴儿向妈妈伸出一只手,掌心向上,同时做出抓的动作,视线在妈妈的脸和手之间来回移动,用命令的语气发出"啊! 啊!"的声音(Dore,1975)①。这些指向一个人的动作提示婴儿把一种内在心理状态加诸此人,也就是理解婴儿的意向、有满足该意向的能力的人。意向成为可以分享的体验。意向间性成为现实。同样,这不需要自我觉察。

九月龄之后不久,婴儿身上可以看到开玩笑、戏弄的迹象。Dunn观察过年龄大小不同的同胞手足之间的互动,对他们中间许多的、提示存在主体间分享的微妙时刻有过丰富的描述。例如,一个三岁、一个一岁,突然因为一个私密的玩笑哈哈大笑,旁人谁都看不出丝毫端倪。还有一些类似的戏弄事件,同样让成人摸不着头脑(Dunn,1982;Dunn和Kendrick,1979、1982)。这类事件需要涉及意向和期望的心理状态可以分享才能发生。除非你能猜到别人"心里想的"、并且由于你的知道会使他们不痛快或发笑,你才可能戏弄他们。

分享情感状态

婴儿同样也能把情感状态赋予他们的社会伙伴吗?一组研究者(Emde等,1978;Klinert,1978;Campos和Stenberg,1980;Emde和Sorce,1983;Klinert等,1983)描述了一种他们称之为社会索引(social referencing)的现象。

一岁左右的婴儿被置于制造不确定性的情境中,通常是向前与后退的矛盾。婴儿可能是被好玩的玩具逗引爬过"视崖"(visual cliff)(一种"掉落"的装置,一岁左右的婴儿会感觉轻微的害怕),或者被一个不同寻常但高度刺激的物体接近,比如哔哔作响、光闪闪的,像《星球大战》里面的机器人R2D2。当婴儿遇到这些情境、获得不确定性的证据,他们会看向妈妈,读取她们脸上的情感内容,本质上是去看她们的感觉,从而获得二次评估,帮助他们解决自己的不确定。如果妈妈按照指示用微笑的脸表现愉悦,婴儿会爬过视崖。如果妈妈按照指示摆出害怕的脸,婴儿会转身离开"视崖",撤退,并

---

① 这可以很快变成"给与取"游戏,像Spitz(1965)和皮亚杰(1954)所评论的。相关例子清单请参见Trevarthan和Hubley(1978)以及Bretherton等(1981)的文章。

可能感觉心烦。与此类似,如果妈妈对机器人微笑,婴儿也会微笑。如果她表现出害怕,婴儿会变得比她还要警惕。我们这里阐述的关键点是:只有在婴儿赋予了妈妈拥有和传递情感信号的能力、该情感与婴儿自身实际的或潜在的感觉状态有关的基础上,婴儿才会用这种方式查看妈妈。

最近,我们实验室(MacKain 等,1985)得到一些初步的资料提示九月龄左右的婴儿能够注意到他们自己的情感状态与在别人脸上看到的情感状态之间的一致性。如果婴儿被与妈妈的几分钟的分离(这正是急性分离反应的年龄)弄得难过和心烦,一旦与妈妈重聚,他们会停止心烦,但是会保持严肃,从妈妈和实验者的判断来说,仍然比日常状态更难过一些。如果这个时候,就在重聚之后他们仍然难过时,给婴儿看一张快乐的和一张难过的脸,他们倾向于看后者。如果婴儿先被逗笑了,或者一开始就没有同妈妈分开,则不会出现这种情况。结论之一是:婴儿通过某种方式把其内在体验到的、与在别人"身上"或"身内"看到的感觉状态匹配起来,这个匹配我们称之为情感间性(interaffectivity)。

情感间性可能是主观体验分享的第一个、最普遍最直接的重要形式。Demos
(1980,1982a)、Thoman 和 Acebo(1983)、Tronick(1979)等研究者以及精神分析家提出:在生命的早期,情感既是交流的基本媒介,也是交流的基本对象。这与我们的观察是一致的。在九到十二月龄,当婴儿开始分享动作和关于客体的意向、用前语言的形式交换主张时,情感交换仍然是与母亲交流的占主导地位的模式和内容。正因为此,我们的理念强调分享情感状态在这个年龄段的好处。大多数涉及意向和客体的原型语言交换同时也是情感交换。(当宝贝第一次指着球说"九——"时,周围的人报以快乐和兴奋。)两者同时进行,定义某事件基本是语言或基本是情感的取决于视角。不过,刚开始学习推论模式的婴儿却在情感交换域内显得相当老练。出于相似的思路,Trevarthan 和 Hubley(1978)认为对情感情绪状态的分享出现在对参照客体(reference object)——即在二联体之外的事物——的心理状态的分享之前。似乎很明确的是:分享情感状态在主体间关联的第一部分中具有至高无上的重要性,因此下一章我们将全部用来讨论对感觉状态的主体间分享的各种观点。

朝向主体间关联的跃进的特质

为什么婴儿突然具备了关于自我和他人的组织性主观知觉、开启了通向主体间性的大门？这个量子跃进仅仅就是一项自然发生的、特定的能力或技巧的结果？或者是源自社会性互动的体验？或者是人类的某种重要的需求与动机状态的成熟性演变？皮亚杰（1984）、Bruner（1975，1977）、Bates（1976，1979）等以认知或语言学为基本途径的研究者主要从获得性社会技能的角度看待婴儿的这项成就；婴儿发现了互动的生成规则和程序，最终发现了主体间性。Trevarthan(1978)称之为构建论途径。

　　Shields(1978)、Newson(1977)、Vygotsky(1962)等把这个成就更多地理解为从出生伊始的、母亲进入"有意义的"交换的结果。她按照意义去解释婴儿所有的行为，即赋予行为以意义。开始时她是独自一个人提供语义学的素材、把婴儿的行为纳入她的创建意义的框架中。逐渐地，随着婴儿能力的发展，意义框架变成共同创建的结果。这个基于社会性经验的理念，可以称之为人际间意义法。

　　法国和瑞士的许多研究者通过相似的途径考察了这个问题，并把母亲解释（maternal interpretation）的观点推进到更为丰富的临床领域。他们认为母亲的"意义"不仅反映了她在观察，也显示了她对婴儿是谁、会成为谁的意象。对他们而言，主体间性最终涉及意象间性（interfantasy）。他们提出了这个问题：父母的意象如何影响婴儿的行为、并最终塑造了婴儿自身的意象。这种相互的意向互动是在隐含水平上创建人际间意义的一种方式（Kreisler、Fair 和 Shoulé，1974；Kreisler 和 Cramer，1981；Cramer，1982a、1982b；Lebovici，1983；Pinol-Douriez，1983）。美国的 Fraiber 等（1975）以及 Stern（1971）也密切关注母亲意象与外显行为的关系。

　　在坚持主体间性是一种先天的、自然发生的人类能力上，Trevarthan（1974、1978）相对比较孤单。他指出，对主体间性出现的另外的解释——特别是构建论——没有给人类特殊的觉察能力或人类高度发达的分享的觉察能力留下空间。在他眼里，这个发展性跃进是一种"意向性相干场的分化"（differentiation of a coherent field of intentionality）（Trevarthan 和 Hubley，1978，第 213 页），并把主体间性视为从出生伊始就以一种初级形式呈现出来的人类能力①。

　　要全面解释主体间性的出现，以上三种观点必不可少。某些特殊形式的觉察在这

----

① 实际上，我们所谓的主体间性，Trevarthan 称之为"次级主体间性"（Trevarthan 和 Hubley，1978），是人类特有的主体间功能的一种后期分化。主体间性确实有些像是人类的一种自然发生的能力，不过，像 Trevarthan(1979)那样在三、四月龄时论及初级主体间性是没有意义的。它能够涉及的只不过是缺乏被称为主体间性的基本要素的原型形式。只有到了 Trevarthan 的次级阶段才有真正的主体间性。
　　有许多证据表明其他的社会性动物，例如狗，也具有本书所使用的概念上的主体间性。

个点上必须开始发挥作用、觉察的能力必须是成熟性地演化，Trevarthan 在这两点上是对的。这种特殊的觉察也就是我们所谓的组织性主观知觉（organizing subjective perspective）。然而，能力必须要有发挥作用所使用的工具，构建论法提供了这个工具，其形式有规则结构、活动格式以及发现的程序。最后，如果没有共同创建的人际间意义，能力加工具将在真空中操作。比较完整的主体间关联的解释需要把所有这三者统合到一起。

这么说吧，一旦尝到了主体间性的味道之后，它是否继续保持为一种备用的能力、是否作为一种待命的关于自我和他人的知觉？或者成为一种新的心理需求、分享主观体验的需求？

我们不能在每次遇到新的潜在自主能力或需求时就豪爽地添加到基本心理需求清单上。从 Hartmann、Kris 和 Lowenstein(1946) 的开拓性工作开始，精神分析对这个问题的一般处理是把这类自主性功能能力和类似需求的状态称为"自主性自我功能"（autonomous ego function），而不是本能或动机性系统。这个标签赋予了它们不言自明的基本自主性状态，同时将它们置于潜在的、可能服务于"基本"心理需求的位置，从而保护了后者更高阶的地位。（主要是在婴儿研究领域之中，新发现的能力、需求的存在及普遍性日益显著，产生了这个问题。）

在一定程度上，自主性自我功能被证实对这个领域极其有用、有生发性。问题是，在什么时候，这个自主性自我功能变得足够重要、应该被视为"基本需求和动机系统"？
135　好奇心和寻求刺激是很好的例子。它们好像更多地涉及动机系统的性质、而非单单是自主性自我功能。

那么，主体间关联呢？我们要把它视为另一个自主性自我功能吗？或者一种基本的心理需求？这些问题的答案对临床理论具有重大意义。你越是把主体间关联视为基本心理需求，你就越倾向于按照自体心理学和某些存在心理学所倡导的结构去重塑临床理论。

从婴儿研究的角度而言，这个问题尚无定论。议题之一是主体间性的强大的强化功能是什么。其强化能力可能与实现安全需要或依附目标有关，此外没有什么问题。比如，主体间的成功可以导致安全感提高的感觉。同样，主体间不太严重的失败可以被解读为、体验为和行为上表现出来的关系破裂。这在治疗中很常见。

一个平行的观点是：婴儿发育出压倒性的、对人—团体—心理—归属感的人类需求，即作为一个具有潜在的、可分享的主观体验的成员被纳入人类的团体，与此相反的是主观体验完全独特、异质、不可分享的非成员状态。这是一个基本议题。在这个心理体验维度上相对立的两极界定了不同的心理状态。一端是无边无际的隔离、异化和孤独（地球上最后一个人类），另一端是极度的心理透明感，没有一个可被分享的角落能保持私密。估计婴儿一开始处于这个维度的两极之间的中间位置，我们大多数人都继续留在该处①。

从目的论角度出发，我推测：在进化过程中，自然创造了几条途径，通过社会性物种的团体归属感，以确保生存。动物行为学和依附理论已经为我们罗列了以确保生存为目的、个体的生理与心理交织的行为模式。我认为自然已经为我们提供了能增加生存价值的、个体主观交织的方式与手段。主体间性的生存价值潜力巨大。

毫无疑问，不同的社会可能会将对主体间性的需求最小化或最大化。例如，如果一个社会按照所有成员基本都是相同的这个假定建构起来，强调内在主观体验以及感觉到的生命的同质性，那么将不会有多少加强主体间性发育的需求及压力。如果，另外一个社会高度强调存在的价值、以及在此体验水平上的个体性差异的分享（就像我们美国这个社会），那么这些方面的发育会得到社会的促进。

让我们回到一分一秒度过的生命、更加全面地考察情感体验如何进入主体间域，该现象我称为情感调谐（affect attunement）。

① 婴儿赋予父母全能感，想象父母总是能够看穿婴儿的心思，这个观点预示着婴儿能够像处于该维度上完全透明的一端的精神病人那样去体验主体间性。不过，这要求达到远远超出我们讨论的这个年纪所具备的元认知水平。可能性更大的是：婴儿从中间位置开始，学到一些主观状态可以分享，而另一些不行。

第七章 主观自我感：II. 情感调谐

分享情感状态的问题

在主体间关联中，情感状态分享是最普遍、临床上最具有日耳曼特征（germaine feature）的一个主题。在婴儿刚进入这个域时尤其如此。情感间性（interaffectivity）同临床工作者所说的父母的"镜映"（mirroring）和"共情性反应"（empathetic responsiveness）的意思差不多。尽管这些事件非常重要，它们怎么起作用的，还不是很清楚。是什么行为和过程让别人知道你当下有某种感觉与他们自己的感觉很相似？你怎么"进入"别人的主观体验并让他们知道你到了那儿、且不需使用语言？毕竟，我们所讨论的仅仅是九到十五月龄的婴儿。

模仿是人们立刻想到的一种可能途径。母亲可能模仿婴儿的面部表情和姿势，138 婴儿可以看见她这么做。这个解释的问题在于：婴儿从母亲的模仿中只能看出来母亲明白婴儿在做什么，她可能再现了同样的外显行为，但她不一定有同样的内在体验。不能解释为什么婴儿要进一步推测妈妈体验到了驱动外显行为的、同样的感觉状态。

那么，应该有情感的主体间性交换，单纯的模仿是做不到的。实际上，必需有以下几个过程才能做到。第一，父母必须能够从婴儿的外显行为解读出婴儿的感觉状态。其次，父母必须做出一些不单纯是模仿，但又在某种程度上与婴儿外显行为一致的行为。第三，婴儿必须能够读懂父母的回应性反应与自身的感觉体验有关，而不仅仅是模仿自己的行为。只有在这三个条件都具备的情况下，一个人的感觉状态才能被另一个人所知，无需使用语言，两人都能感觉到交会的发生。

为达成这种交会，母亲必须超越单纯的模仿，在婴儿生命的最初六个月之中，这在她的社会生活中占了巨大的比重,且十分重要(Moss,1973;Beebe,1973;Stern,1976b、1977;Field, 1977;Brazelton 等,1979;Papoušek, 1979;Trevarthan, 1979;Francis 等,1981;Uzgiris,1981、1984;Kaye,1982;Malatesta 和 Izard,1982;Malatesta 和 Haviland,1983)。大部分研究者都详细描述过照顾者与婴儿如何共同创建了相互行为链及序列,后者形成了婴儿生命前九个月内的社会性对话。Papoušek 从声乐——实际上是音乐——领域对此过程进行了非常细致的描述(1981)。其中最令人印象深刻的是:母亲总是在与婴儿相同的模态中工作。在对话中轮到她引导、跟随、强调和说明时,她总是对婴儿刚才的行为进行或逼真或松散的模仿。如果婴儿发出声音,母亲也发声回应。类似地,如果婴儿做鬼脸,母亲也做。但是,母婴的对话并不保持刻板、令人厌倦的重复,周而复始,因为母亲不断地引入对模仿的改造(Kaye,1979;Uzgiris,1984),或者使用主题——与——变奏格式,在对话中轮到她的时候做一些变化;例如,她的发声可能每一次都有所不同(Stern,1977)。

不过,到婴儿九个月大时,母亲在其类模仿的行为中增加了一个新的维度,这个维度似乎与婴儿身上的一种新的状态配合得天衣无缝,即潜在的主体间性伙伴状态。(还不清楚母亲怎么知道婴儿发生了这种变化;似乎是他们作为父母的直觉之一。)她的行为从模仿扩展到一个新的类型,我们称之为情感调谐。

情感调谐现象最好用例子来显示(Stern,1985)。由于情感调谐常常内隐于其他行为之中,很难找到相对纯粹的例子,不过以下的五个例子相对没有混杂其他过程。

- 九月龄的女婴因为一个玩具很兴奋,伸手去拿。当抓到玩具时她大声地叫喊"啊!啊!",并看着她的妈妈。她妈妈也回看着她,耸起肩膀、上半身剧烈摇摆,像跳摇摆舞似的。她女儿停止"啊!啊!"叫的同时摇摆舞也停了,但兴奋、高兴及其强度是一样的。

- 九月龄的男婴拍打一个软玩具,开始带着生气,逐渐变成愉快、兴致勃勃和好玩。然后他有了一个稳定的节奏。妈妈加入了这个节奏,说"噼——啪,噼——啪","啪"落在手拍下去的点上,"噼"拉长,与婴儿扬起手臂悬空准备拍下一致。

- 八个半月大的男婴拿不到一个玩具。他探过身去,尽力伸出手臂和手指。还是够不到玩具,他绷紧身体再向前一寸去拿。这个时刻,他的妈妈说"嗨……嗨……",声音逐渐加强,呼吸的气流冲击她紧张的躯干。母亲发声—呼吸努着劲的动作与婴儿躯体努着劲的状态匹配。

- 十个月龄的女婴同妈妈一起做了一件好玩的事之后看着妈妈。她打开脸(嘴巴张开,眼睛瞪得大大的,扬起眉毛)再关上,做出一个可以用平滑的拱形曲线(⌒)来比拟的系列动作。妈妈用拉长的"咿——呀"来回应,音高线和音量都上升再落下。妈妈声韵的曲线与孩子面部动力的曲线匹配。

- 九月龄的男婴,面对妈妈坐着。手里拿着拨浪鼓上下摇着,带着兴趣和平和的愉悦。妈妈看着,开始上下点头,与她儿子手臂的动作节奏相同。

调谐更多的是内隐在别的行为和目的之中,部分被掩盖,如这个例子:

十月龄的女婴终于拿到一块拼版玩具。她看向妈妈,高高地仰起头,用力摆动手臂、带动部分身体离开了地面。妈妈说:"耶!好姑娘。"重音强调"耶",带着爆破性的上扬,与女婴的飞扬姿势和动作共鸣。

人们可能很容易想到"耶!好姑娘"只不过是一种正面强化形式的例行回应,它确实是。但是为什么这个妈妈不说"好,好姑娘"?为什么她要在"耶"上加上强烈的语气、在声韵上与孩子的姿态匹配?这个"耶",我认为是一种内隐在例行回应中的调谐。

调谐的内隐十分常见,绝大多数都非常微妙,除非是有意识地寻找或者对为何某个行为会如此表现产生疑问,否则调谐就会被遗漏(当然,除了我们可以从中推测到的、临床上"真实"发生的过程)。对关系质量的印象大多数来自于内隐的调谐。

调谐具备以下特点,使其成为情感的主体间分享的理想工具:

1. 它们带着一种模仿的意味。并非对婴儿外显行为的忠实重现,但具有某种形式的匹配。

2. 这种匹配大体上是跨通道的。也就是说,妈妈用来与婴儿的行为匹配的表达通道或模型与婴儿使用的不同。第一个例子中,女婴的声音强度水平和持续时间与妈妈的肢体动作匹配;第二个例子中,男婴手臂的动作与妈妈发声的形式匹配。

3. 匹配的并不是另一个人的行为本身,而是行为的某些方面反映出来的那个人的情感状态。匹配的最高参照似乎是情感状态(推测的或直接理解到的),不是外在行为事件。由此,匹配就显得是发生于对内在状态的表达之间。这种表达可以在模型或形式上不同,但却是同一个可识别的内在状态的呈现,在某种程度上可以互换。我们这里探讨的是作为表达、而不是信号或象征的行为,传递的工具是比喻和同源语（analogue）[①]。

因此，情感调谐是一种行为表现，不需准确模仿别人对内在状态的表达行为，但是表达自身分享情感状态的感觉性质。如果我们只能通过精确的模仿才能呈现主观情感分享，那么我们会局限在泛滥的模仿动乱之中。我们的情感性回应行为将十分滑稽，甚至可能很像机器人。

作为一种独立现象，调谐行为如此重要，其原因在于：精确的模仿不会让双方通达内在状态，它把注意焦点集中在外在行为的形式上。与此相反，调谐行为会重铸事件，把注意焦点转移到行为背后的内容和分享到的感觉性质上。正因为此，模仿是传授外在形式的主导途径，而调谐是内在状态的交流与分享的主导途径。模仿凸显形式，而调谐凸显情感。不过，在现实中，似乎不存在调谐与模仿之间的截然分野，它们更像是占据着一个连续谱的两端。

其他概念

你可能会问：已经有几个术语了，为什么要把这种现象称为情感调谐。原因之一是这些术语及其概念没有能充分抓住这个现象的实质。既然母亲的调谐通常不是忠实的模仿，对模仿的某种松散定义的益处可能引起争论。Kaye(1979)曾指出："修正性模仿"（modifying imitation）有意地忽略了一些标记，意在最大化或最小化原初行为的某些方面。Uzgiris用术语"模仿"和"匹配"指代了本质上是一样的议题（1984）。不管怎样，如果"模仿"仍然要保持其通常的意义的话，其外延存在一个限度，超越之后就不再成其为模仿了。

第二个问题是模仿所必需的表象。皮亚杰（1954）的"延迟模仿"（deferred imitation）就需要具备在对原初对象的内在表象基础上工作的能力。内在表象提供蓝图，指导复制（reproduction）（或模仿）。皮亚杰想到过，观察到的行为是其表象内容的指代物。这种表象的实质得到了很好的概念化。但是，如果指代物是情感状态，我们怎样概念化其表象、使之可以发挥蓝图的作用？我们需要另一个关于表象的特质的概念，该表象操作的是对情感状态的表象，而不是呈现外显行为。

---

① 严格来讲可以称之为选择性模仿，行为中的一个或两个特征被选中为模仿对象，而其他大多数特征没有被选上。我们没有使用这个术语的原因是：被选中模仿的特征以另外的形式被重铸了，形成了指向内在状态而非外显行为的印象。

"情感匹配"（affect matching）或"情感感染"（affect contagion）这两个术语有类似的含义，指的都是一个人看到或听到另一个人的情感展示时自动感应到情感的过程。该过程很可能是高度进化的社会性物种的一种基本生物倾向，在人类身上臻于完美（Malatesta 和 Izard，1982）。最早的情感感染表现与人类的挫折导致的啼哭有关。Wolff（1971）发现两月龄的婴儿在听自己的挫折啼哭录音时会表现"传染性啼哭"。Simner（1971）、Sagi 和 Hoffman（1976）发现新生儿有感染性啼哭。与同等响度的人造声音比较，婴儿哭声总体来说会更多地引起新生儿啼哭。与此类似，有充分的证据表明微笑对婴儿具有感染性，虽然在不同发展阶段其机制不尽相同。

143 情感匹配、及其可能的基础"运动模拟"（motor mimicry）（Lipps，1906）不足以解释情感调谐，虽然它可能为这个现象提供了一个潜在的机制。就情感匹配本身而言，同模仿一样，仅仅解释了对原初物的复制。它不能解释用不同的通道或行为模式回应、指向内在状态的现象。

Trevarthan（1977、1978、1979、1980）合成创建的"主体间性"这一术语接近了这个问题的实质，虽然是从另一个角度。它关注对心理状态的相互分享，但主要涉及意图和动机，而不是感觉或情感的性质。其主要关注点在于意向间性（interintentionality），而非情感间性（interaffectivity）。主体间性是一个充分的术语及概念，但是对我们的目的而言，太过宽泛。情感调谐是主体间性的一种特殊形式，有其独特的过程。

"镜映"和"呼应"（echoing）是最为接近情感调谐的临床术语和概念。作为术语，都存在忠实于原义的问题。"镜映"的缺点在于暗示了完全的暂时同步；"呼应"，字面上来看，至少避免了暂时的约束。不过，尽管有这些语义上的局限，它们代表了对一个人反映另一个人内在状态的这个主题的尝试。由于这个重要的特征，与模仿或感染不同，它们恰如其分地关注了主观状态，而不是外显行为。

这种反映内在状态的意义主要在临床理论之中使用（Mahler 等，1975；Kohut，1977；Lacan，1977），他们已经注意到，反馈婴儿的感觉状态对婴儿发展关于自身情感的知识以及自我感具有重要的作用。但是，以这种意义使用时，"镜映"还暗示母亲帮助婴儿创建了某种东西，后者原本模糊或不完整，直到母亲的反映以某种方式固化了其存在。这个概念远远超出了仅仅是参与另一个人的主观体验。它涉及通过提供另一个人不具有的东西或者固化原本就有的东西，从而改变另一个人。

镜映作为术语的第二个问题是其使用中的不一致和过度宽泛。在临床文献中，有时候它指的是行为本身——即，像忠实的模仿，在核心关联域内的字面意义上的反映；

有时候指的是内在状态的分享或校准——用我们的术语来说,在主体间关联域内的情感调谐。还有一些时候,它指的是言语关联水平上的口头强化或交感确认。由此,"镜映"通常用来涵盖三个不同的过程。并且,在镜映情感中哪一种主观状态会被包含进来,这一点并不清楚——意向? 动机? 信念? 自我功能? 简言之,虽然镜映聚焦于相关问题的实质,但是其不明确的使用会模糊原本应该真切存在的机制、形式和功能上的差异。

　　最后一个术语:"共情"(empathy)。调谐足够接近通常意义上的共情吗? 不。证据显示调谐主要发生于觉察之外,几乎是自动的。而共情却涉及认知过程的中介作用。通常所谓的共情由四个独立,很可能是连续的过程构成:(1)感觉状态的共鸣;(2)从情绪共鸣经验中得出的共情知识的提取;(3)把提取到的共情知识整合进共情反应中;(4)一过性角色认同。第二、三事件中涉及的认知过程对共情至关重要(Schaffer, 1968; Hoffman, 1978; Ornstein, 1979; Basch, 1983; Demos, 1984)。(但是,对于作为另一个人会是什么样子的认知想象,只不过是有意的角色扮演行为,并非共情,除非是由哪怕一星半点的情绪共鸣所激起。)情感调谐与共情共享了最初的情绪共鸣阶段(Hoffman, 1978),没有情绪共鸣,两者都不会发生。许多精神分析思想家的工作在这个结论上达成一致(Basch, 1983)。但是,尽管情感调谐与共情一样是从情绪共鸣开始的,但其功效有所不同。调谐接过情绪共鸣的体验,自动重铸为另一种表达形式。由此,调谐并不需要走向共情性知识或反应。调谐凭借其自身的特性成为情感交汇的一种独立形式。

调谐的证据

　　有什么证据证明调谐现象的存在,哪种证据能够将其展示出来呢? 展示的问题可以归结为:调谐的存在初看起来是一个临床印象,或许是一种直觉。欲使这个印象具有可操作性,必需确定个人行为中那些无需模仿就能匹配的方面。Stern 等(发表中)论述了三种不需要模仿就能匹配(从而形成调谐的基础)的行为特征。即:强度、时机、形状。这三个维度可细分为六种特定的匹配形式:

1. 绝对强度。母亲的行为强度与婴儿的相同,不管行为的模式或形式如何。例如,母亲发声的响度可能与婴儿突然的手臂动作匹配。
2. 强度廓形。强度随时间的变化匹配。第 123 页的第二个例子是这种匹配的一个很好的实例。母亲发声的用力和婴儿躯体的用力都表现出强度上的递增，其后是一个更快的、突然的强度降低阶段。

3. 时间节拍。时间上的规则的脉动匹配。第 124 页上的第五个例子，就是一个很好的时间节拍匹配的实例。母亲的点头与婴儿的动作遵从同一个节拍。

4. 韵律。不规则的脉动模式匹配。

5. 持续时长。行为持续的时间匹配。如果母亲与婴儿的行为持续的时间相同，即为持续时长的匹配。不过，由于太多的非调谐性婴儿/母亲反应链表现出时长匹配，时长匹配本身并不构成调谐的充分指标。

6. 形状。一种行为的某些空间特征能够被提取出来，并在另一种行为中呈现出来，这也是匹配。第 124 页上的第五个例子就是一个实例。母亲在点头动作中借用了婴儿手臂上下舞动的垂直形状。形状并不意味着同样的形式，那是模仿。

一旦建立了匹配标准之后，第二步是探讨情感调谐的性质，需要母亲配合回答一系列关于匹配的问题。她为什么要做那个、为什么用那种方式、为什么在那个时候？当时她觉得婴儿的感觉是怎么样的？当时她对自己的行为有觉察吗？她希望达到什么目的？

与此对应，在观察试验中，母亲先被要求与她们的婴儿一起玩，同他们在家里一样。游戏环节安排在舒适的观察室内，里面到处都是适合该年龄的婴儿玩的玩具。母亲与婴儿单独在房间内十到十五分钟，他们的互动会被拍摄下来。之后，母亲和试验者立即观看互动录像，询问许多问题。试验者会使用各种方法营造出合作的、宽松的与母亲们的工作氛围，避免审判或评价的意味。大多数母亲都感觉与研究者之间建立了某种联盟。这个"研究—治疗联盟"对这一类联合调查至关重要。

这个过程中一个重要的问题是何时暂停互动录像并提问。有一套准入标准去识别应该介入到互动流中的点，第一条就是婴儿做出了某种情感性表达——面部表情、声音、手势或姿势。第二条是母亲以某种可观察到的方式做出了回应。第三条是婴儿看见、听见或感觉到她的回应。当某个满足这些标准的事件出现时，试验者停止播放录像并提问。如果需要，录像上的片段可以反复播放多次。对十个妈妈（作为参与者—研究者）和她们的婴儿（八到十二月龄）的研究结果在别的文章中有详细的介绍（Stern 等，发表中），与本文讨论主题相关的主要发现总结如下：

1. 对婴儿情感表达的回应中，最多见的是母亲的调谐（48%），其次是评论（33%）

与模仿（19％）。在游戏互动中，调谐发生的频率为每六十五秒一次。 *147*

2. 大多数调谐跨越感觉通道。如果婴儿的表达是声音，母亲的调谐很可能是姿势或面部表情，反之亦然。39％的调谐中母亲使用了与婴儿完全不同的通道（跨通道调谐）；母亲使用的通道部分与婴儿相同（通道内调谐）、部分不同，占48％。由此，在87％的时间内，母亲的调谐即便不是全部、也是部分地跨通道。

3. 在母亲可以用来与婴儿匹配的行为的三个要素——强度、时机、形状——中，强度匹配最为常见，其次是时机，再次为形状匹配。大多数情况下，有超过一个的要素同时匹配。比如，婴儿上下的手势与母亲上下的点头匹配，匹配要素包括节拍和形状。不同的要素匹配的调谐比例是：强度廓形，81％；持续时长，69％；绝对强度，61％；形状，47％；节拍，13％；韵律，11％。

4. 母亲们给出（或我们推测）调谐的最主要的原因是与婴儿"在一起""分享""参与""加入"。我们把这些功能称为人际间交融（interpersonal communion）。这一组原因与其他给出的原因形成对比：回应、鼓舞婴儿或让婴儿安静下来、重构互动、强化、按惯例玩游戏。后一组总和在一起，更多起到的是交流、而非交融的作用。交流通常意味着交换或传递信息，意在改变另一个人的信念或行为系统。在许多的调谐中，母亲并没有做这种事情。交融意味着分享另一个人的体验，不伴有改变这个人所做或所信之事的意图。这个意思更贴切地描绘了试验者以及母亲们自己看到的母亲的行为。

5. 调谐有几个变量。在交融调谐（真正的调谐，为了达到与婴儿"在一起"的目的，母亲与婴儿内在状态准确匹配）之外，还有失调谐（misattunement），有两类。一类为有意失调谐，母亲"有意"过高或过低匹配婴儿的强度、时机、行为形状。这类失调谐的目的通常在于提高或降低婴儿动作或情感的水平。母亲"进入"婴儿的感觉状态足够深，能够抓住其精髓，她使用误表达的程度足以改变婴儿的行为，但不足以破坏进行中的调谐感。这类有意的失调谐称为定调 *148*（tuning）。还有一类为无意失调谐。既有可能是母亲在某种程度上没有准确识别婴儿感觉状态的质和/或量，也有可能是她自己无法找到相同的内在状态。我们把这类失调谐称为真正的失调谐[①]。

6. 母亲观看她们的调谐录像时，她们确定在当时对自己的行为完全无觉察的情

---

① 第九章将讨论在不同情境下调谐、定调和失调谐的特征及其选择性使用的临床价值。

境占 24％；只有部分的觉察占 43％；对自己的行为有完全的觉察占 32％。

即便在 32％的情境中,母亲声称对自己的行为有完全觉察时,她们常常指的是行为的后果而不是实际行为。因此,调谐过程本身大多发生于觉察之外。

很容易通过试验确定定调和失调谐对婴儿的影响:通常是造成一些正在进行中的行为的改变或中断。这正是其目的,而结果很容易测定。交融性调谐的情况与此不同。多数情况下,在母亲做出了这样的调谐之后,婴儿表现得好像什么也没有发生。婴儿的行为继续,不受干扰,我们也没有得到任何证据,只是推测,调谐"上台了"、生效并产生心理后果。为深入这个平静表面之下,我们使用的方法是扰乱互动的进行、观察后果。

在自然或半自然状态的互动中使用清楚设定的扰动,是婴儿研究的一项成熟技术。例如,"面无表情"程式(Tronick 等,1978),让母亲或父亲在互动中突然表现"面无表情"——无任何情绪或表达,在预期流中制造扰动。三月龄的婴儿会回应以轻微的沮丧和社会性退缩,以及试图重新唤起无知无觉的伙伴,二者交替出现。这一类的扰动可以用于所有父母/婴儿组合配对。不过,调谐的扰动必须为每一对特别定制,并瞄准之前识别出来的、非常可能再现的调谐情节。没有两对是一样的。

用来扰动每一对母婴组合的特定的调谐情节是母亲和研究者观看互动录像确定的。在讨论了组成调谐情节的行为结构之后,研究者指导母亲如何扰乱该结构。然后母亲回到观察室,在被考察的调谐行为发生的适宜情境出现时,她们实施计划好的扰动。我用两个例子来说明试验结果。

第一次游戏阶段的录像上,九月龄的婴儿从母亲身边爬开,爬向一个新玩具。他腹部着地趴着,抓着玩具高兴地拍打。从动作、呼吸和发声来看,他玩得生气勃勃。然后母亲从背后靠近他,在他的视线之外,把手放到他的屁股上,左右摇晃。摇晃的速度和强度与婴儿手臂动作和发声的强度与频率匹配得很好,符合调谐的要求。婴儿对她的调谐的反应是——没反应!他继续玩耍,一刻也没停。她的摇晃没有产生任何外显的作用,就像她压根儿没做过。这个调谐情节是这一对母婴组合相当特征化的表现。婴儿从她身边离开,玩另一个玩具,她靠过去,摇晃他的屁股、腿、或脚。这个程式重复了好几次。

这个母亲被指示去做的第一个扰动同她一直的行为一样,只不过有意地"误判"她的婴儿的活泼水平,假装婴儿比他实际表现出来的兴奋度低一些,并相应地做出摇晃动作。当母亲用低于她真实判断的速度和强度摇晃婴儿时,婴儿很快停止玩耍,回头看着她,好像在问:"怎么回事儿啊?"重复这个过程,得到同样的结果。

第二个扰动朝向相反的方向。母亲假装婴儿处于更高的活泼水平并相应地摇晃他。结果是一样的:婴儿注意到这个矛盾,并停止玩耍。之后母亲被再次要求按照原先匹配的方式摇晃,婴儿再次没有任何反应[1]。 150

有人可能会说以某个范围内的速度/强度进行的摇晃仅仅是一种强化方式,并非信号。这个想法没有别的问题,只是忽略了一个事实:这个可以接受的范围是由婴儿与母亲的速度、强度水平之间的关系决定的,而不是由母亲这一方的绝对水平决定的。调谐同时具有强化的功能,这是没有问题的。这两个现象无疑是嵌合在一起的,在形成关系之中发挥作用。事后对母亲的访谈证实了这个双重功能。她说她常规的调谐是"为了同他一起玩",在回顾时也说道,这可能"鼓励"了他继续。

在另一个例子中,开始的录像上一个十一月龄的婴儿带着坚决和兴奋的神情去拿一个东西。到手之后,他放到了嘴里,表现出兴奋和身体的张力。母亲说:"哦,你喜欢这个。"婴儿对她的话没有反应。当母亲被要求用与其标准的说话相比过高或过低的音高、比率、重音模式时,与先前的兴奋和身体张力不同,婴儿注意到了变化并看着她,好像等待进一步的澄清。

试验实施了很多类似的个体化的扰动,结果都提示婴儿确实具备对匹配程度的感觉。在某些情况下,严密匹配本身就是期待的对象,其被打破是有意义的。

由调谐建构的人际间交融,在婴儿发展出对"内在状态是人类体验的形式,且可以与他人分享"的认知中起到重要的作用,这一点毋庸置疑。其逆命题也是对的:从未被理解的感觉状态只会独自体验,与分享体验的人际间背景隔离开来。所危及的是能 151
被分享的内在世界的形状及其程度。

调谐的潜在机制

调谐要产生作用,以不同方式和不同感觉通道进行的行为表达必须可以通过某种形式交换。如果母亲的特定手势与婴儿特定的发声感叹相"对应",那么这两种表达必须共享了某种通货,后者使得它们可以从一种通道或方式转换为另一种。这种通货带

---

[1] 注意,每一次扰动都预期婴儿处于不同的兴奋水平、母亲必须把她的"误判"调节到他当时的水平。还要注意的是,有些母亲很难实施误判。一位母亲说就像是同时拍自己的头和揉肚子。

有非模态属性。

有一些性质或属性是多数、或者全部知觉通道所共有的。这包括强度、形状、时间、运动和数量。任何感觉通道都能够从刺激世界中抽象出这类的知觉性质，然后翻译成另一种知觉模型。例如，像"一长一短"（—— —）这样的节律，就可以从视觉、听觉、嗅觉、触觉或味觉中提取或者加以传递。节律必须在某种情况下，以一种非捆绑于某一特定知觉形式的方式存在于头脑之中，同时能够抽象、可以跨通道传递，这种现象才会发生。正是这些非模态属性的抽象表象的存在，才让我们体验到一个知觉上统一的世界。

从前文可见，婴儿很早就能够以非模态的形式知觉世界，这个功能在成熟过程中变得越来越好。这个观点得到发展学家，如 Bower（1974）的有力支持，他认为从出生后几天开始，婴儿就形成了对知觉性质的抽象表象，并依此行事。

那些可以进行通道间流通的感觉属性，我们这里至高无上的兴趣点，就是那些确定调谐的最好的指标，即：强度、时间和形状。通道间的流通性这种现象需要解释机制。那么，有什么证据表明婴儿能够知觉或体验到非模态的强度、时间和形状？

强度

如前文所述，强度水平是调谐设计中最常见的匹配属性之一。最常见的强度匹配发生在婴儿的躯体行为强度与母亲发声行为的强度之间。婴儿能够跨视觉和听觉通道匹配强度水平吗？是的，并且匹配得相当好，第三章里描述的试验：三周大的婴儿能够匹配声音的响度与光线的亮度（Lewcowicz 和 Turkewitz，1980）恰好证明了这一点。就强度的绝对水平进行听觉—视觉的跨通道匹配是一项很早就出现的能力[1]。

时间

在达成调谐中，行为的时间性匹配是第二个最常见的。同样，如第三章所述，婴儿表现出很好的跨通道匹配时间格式的能力。实际上，强度水平和时间性可能是婴儿通过感知通道表象得最好的知觉属性，并且是在发育的最早期。

---

[1] 匹配强度的相对水平的通道间能力并非直接指的是匹配强度廓形——强度随时间变化的特征——的能力。那是另一个调谐的强度标准，事实上，是最重要的一种匹配。强度廓形同时还涉及时间；就具有数量意义的强度与具有性质意义的形状而言，强度廓形更接近后者。

形状

强度与时间是刺激或知觉的数量属性,与此对比,形状是性质属性。关于婴儿对形状或结构的跨通道协调能力,我们都知道些什么? 第 58 页上提到的 Meltzoff 和 Borton(1979)的试验是把静态物体的形状转换为视觉通道的绝佳的例子。在此之后,顺理成章的问题是:动态形状是否也能如此转换,跨视觉与听觉、跨视觉与触觉的转换是否也能发生。毕竟,大多数人类行为由动态形状构成——即随时间变化的构型,并且发声是调谐涉及的最广泛的动态形状。如 MacKain 等(1983)、Kuhl 和 Meltzoff (1982)的试验所示,婴儿可以毫不费力地完成这些跨通道转换(见第三章)。

感觉的统一

由此看来,形状、强度和时间都可感知为非模态。确实,长期以来,哲学、心理学、以及艺术都致力于赋予形状、时间和强度以体验的非模态属性(心理学术语)或基本属性(哲学术语)(见 Marks, 1978)。这些问题历史悠久,因为危及的是感觉的统一性,最终归结到关于看到的、听到的或感觉到的是否是同一个世界的认知或体验。

亚里士多德是第一个提出感知觉的一致性,或者感觉的统一性学说的人。他的第六感觉,直觉,是一种知觉到感知觉的基本属性(即非模态)的感觉,基本属性不专属于一种感觉,如颜色之于视觉,而是被所有感知觉共享。基本属性可以从任何感觉通道抽取、以抽象形式为表象、可以在所有感觉通道之间转换;亚里士多德列举的基本属性包括强度、动态、静止、一致、形式和数量。其后的哲学家对于哪些知觉属性达到基本属性的要求有诸多争论,但是强度、形式和时间通常都能入选。

心理学家对感觉统一性的兴趣大概最初是由通感现象引起的,后者指的是对单一感觉的刺激产生了属于另一个通道刺激的感觉。最常见的通感是"彩色听觉"。某些特定的声音,如喇叭声,伴随着听觉知觉,还产生一种特定颜色的视觉图像,也许是红色(见 Marks, 1978 的综述)。不过,通感的存在只是感觉统一性的魅力之一。通道内等价性或一致性一直是研究知觉的学生的兴趣,发展心理学家最近也捡起了这个古老的议题。这个问题被纳入 Marks 所谓的等效信息学说(Doctrine of Equivalent Information)的范畴,后者认为不同的感觉都能获取对同一个外界特性的信息。Gibsons(1959,1969,1979)、皮亚杰(1954)、T. Bower(1974)等的大量的理论工作都集中在这个问题上。

心理治疗师对这个现象太熟悉,已经默认其为一种交流对重要知觉的感受的方式。当患者说:"见面时她怎么对我,我是如此焦虑紧张;但是她一开口,就像太阳出来了——我融化了。"我们立刻就懂了。如果没有非模态信息置换能力,绝大多数比喻怎么可能有用?

艺术家,特别是诗人,认为感觉的统一性是理所当然的。跨感觉类比和比喻对大家而言是显而易见的,没有这个默认假设,大多数诗词没有任何意义。有一些诗人,如十九世纪的法国象征主义派(French Symbolist),把跨通道等价信息的事实提升到诗歌创作的指导原则水平上。

> 如婴儿皮肤般清新的气息,
>
> 甜美如长笛、绿如茵草,
>
> 以及别的:腐朽、富有、洋洋得意。

(Baudelaire,信函,1857)

在这短短的三行之中,Baudelaire 让我们把气味与触觉、声音、颜色、色欲、经济和155 权力领域的感觉联系起来。类似的先占表现也光顾了其他艺术形式①。

关于感觉统一性讨论的意义在于:对于跨通道等价物的识别能力构成了知觉上的统一世界,正是这同一种能力使得母亲与婴儿进行情感调谐、视线情感的主体间性。

---

① 在 20 世纪初叶,视觉艺术家同音乐家就交响乐灯光秀进行了无数的试验,使用新奇的工具——如色彩风琴,用一种媒介或知觉通道去表达属于另一种媒介或知觉通道的特性。传统媒体也进行过这类跨感觉的尝试,Mussorgsky 的《展览中的画》是例子之一。

有声电影出现后,混合、整合声音与视觉属性对新媒体的先驱者而言是显而易见且不可抗拒的机会。Sergei Eisentein 整合两种媒介的尝试可能最为人所知,原因在于他写了大量关于影片制作的文章(1957)、及其在通道内整合方面的天才成就。在他的经典电影《亚历山大·涅夫斯基》中,Eisenstein 与影片总谱的作曲家 Prokofiev 密切合作,一起把每一帧画面的视觉结构与同期的音乐听觉结构匹配起来,其战斗场面可能至今仍旧是视听整合上最用心的、勤勉的艺术探索典范。通过同样的视听协同,Walt Disney(迪士尼创始人——译者注)的作品达成了各种效果。舞蹈是一个终极例子——实际上,堪称原型。

在更生活化的水平上,我们广泛的、对感觉统一性的熟悉可见于许多游戏之中。客厅游戏"二十个问题"的一个变式就基于这种熟悉。充当"它"的那个人要想着一个人,其他人通过询问通道内或跨通道的问题来猜出这个人是谁,比如:"假如这个人是一种蔬菜,会是哪种蔬菜?"、"她会是哪种酒?"、"哪种声音?"、"哪种气味?"、"哪种几何形状?"、"他的表面摸上去是一种什么感觉?"等等。

被调谐的是什么样的内在状态？

两种形式的情感——如悲伤、快乐之类的离散分类情感和爆炸性、减弱之类的活力情感——都能被调谐。实际上，大多数调谐似乎发生在活力情感之中。

我们在第三章中把活力情感界定为感觉的动态、动力性质，这种性质把有生命与无生命区别开来，并且与感觉状态随时间变化相对应，后者与活着这一有机过程息息相关。我们对活力情感的体验是我们自己或者他人的动态转变或模式变化。我们之所以花那么大力气建立活力情感实体，与通常意义上的活化度以及分类情感区分开，就是因为它们是理解调谐的要素。

在母—婴之间一般的互动中，离散的情感表现只是间断性地发生——可能每隔三十至九十秒一次。那么，如果局限在分类情感之内的话，对另一个人的情感追踪或调谐不可能是连续的过程。你不可能为了重建调谐而空等着下一个离散分类情感——如惊讶的表达——出现。调谐更像是一个不间断的过程。它不可能等着情感激发出现，而必须是能够与几乎所有行为协作。而这正是活力情感的巨大优势。活力情感出现在所有行为中，由此成为调谐的无处不在的主题。它们关系到任何行为、所有行为、如何发生，而不是什么行为发生了。

因此，活力情感必须作为一种主观内在状态添加到情感类别之中，可以作为调谐行为发生时参照的内在状态。活力度完美地适合调谐主题，因为它由非模态的强度、时间属性构成，并事实上存在于任何可能的行为之中，因而为调谐提供了一个连续存在（虽然不断变化中）的对象。婴儿如何伸手去够一个玩具、拿着一块积木、踢腿或聆听一种声音，其内在感觉都能发生调谐。跟踪与调谐活力情感使得一个人在连续地分享相似的内在体验的意义上与另一个人"共在"。这正是我们对于感觉联接的体验，与另一个人调谐。感觉上是一条连续的线。它探寻任何一个及所有行为中随时间变化的激活度廓形，并用这个廓形维持交融线的不间断连续。

交流活力情感：艺术与行为

分类情感、活力情感都是调谐的对象。你可以想象，诸如悲伤这样的分类情感一显示出来，旁观者能立即感觉到。评估与经验联合，使得感觉从一个人传递到另一个人。但是,我们如何、为何自动地传递活力情感呢? 我们已经确认时间—强度廓形为最重要的一种进行转换的知觉特性,其转换过程有赖于非模态知觉能力。但是,在没有离散分类情感的特别预设程序操作的情况下,对他人的知觉如何转换成我们自己的感觉,我们尚未给出完整的答案。

我们重申一下这个问题:我们自动倾向于把知觉特性转换为感觉特性,特别是那些属于别人的行为的特性。举例来说,从某人胳膊的动作上我们收集到知觉特性:很快的加速度、速度和动作的饱满。但我们不会以时间、强度、形状等知觉特性去体验这个动作;我们直接体验为"有力"——即活力情感。

那么,我们是怎么从强度、时间和形状感觉到"有力"的? 这个问题也是理解艺术如何发挥作用的核心,可能从艺术领域的角度探讨这个问题有助于理解其在行为领域的状况。

Suzanne Langer(1967)提出了一个从知觉到感觉的路线。她认为,在艺术作品中,各种元素的组织类似于对某方面的生活感觉的呈现。被呈现的感觉实际上是一种幻影、错觉、虚拟感觉。比如,二维绘画可以创建虚拟的三维空间感。并且,虚拟空间可以具备广大、遥远、前进、后退等等虚拟的属性。与此类似,雕塑,一种不动的实体,可以呈现动态实体的虚拟感觉:倾斜、上升、以及翱翔。作为一种实质上的物理时限性事件,音乐在时间上是单维并均质的,但是却能呈现虚拟时间——即生活过或体验过的时间,急促、轻快、冗长或悬停。舞蹈实际上是需要费力的动作和姿势,但能呈现虚拟的"力量世界、可见的力量演绎"(Ghosh, 1979,第 69 页):爆发与爆裂、克制、蜿蜒灵动和轻如鸿毛。

在他人的外显行为中知觉到的活动度廓形(随时间变化的强度)在自我体验到时变为虚拟的活力情感,这是可能的吗?

自发行为(spontaneous behavior)包含了诸如离散分类情感的构型(微笑和哭泣)之类的定型化元素。它们与绘画中的定型化的表现形式或图标式的元素——如圣母玛利亚与圣子——类似,只不过它们共享的内核来自生物仪式化(由进化驱动),而非文化习俗,如圣母玛利亚与圣子。

然而,用定型化的形式(艺术的图标或自发行为显示出来的离散情感)把知觉翻译成感觉,只是这个问题的最不引人入胜的一面。艺术和行为中也存在对定型化形式的翻译。以圣母玛利亚与圣子为例,惯例定型意味着完全一致的玛利亚的长袍和背景样式,颜色如何对比与和谐,如何解决线条与平面的张力——总之,如何处理格式。这属于风格领域①。在自发行为中，与艺术风格相对应的是活力情感领域。如前所述，活力情感关系到定型化的情感展示（如微笑），以及其他高度固定的运动程式（如行走）的实施模式。在这个领域中，行为的实际开展能够从时间、强度、形状的角度转换为同一个手势、信号或行动的多维"风格"版本或活力情感②。

以艺术风格为例，从知觉到感觉的翻译涉及从"写实的"知觉（色彩和谐、线条分辨率等等）转化为虚拟的感觉形式，如宁静。对他人行为的知觉翻译为感觉涉及将对时间、强度和形状的知觉通过跨通道流通转化为我们自己感觉到的活力情感。我绝不是说艺术与自发行为是等同的；我只是指出它们之间的一些相似性，以助于理解针对活力情感的情感调谐的运作。

艺术和行为之间存在一个关键的差异，也是调谐的一个重要局限。对艺术的理解（虽然不是艺术创作）涉及一种特定的思想模式，很久以来就是美学的一个议题。Canbell Fischer 夫人对这个问题的实质的表述契合我们的目的："我对悲伤的精髓的掌握……不是来自我自己的悲伤，而是来自那些在我面前（通过艺术）展现的、带着意外应急性的纠结所释放的悲伤时刻"（引自 Langer（1967），第 88 页）。但是人与人之间的自发行为毫无例外地、不可逆转地在数不清的层面上与应急性纠结在一起。这导致两个后果。第一个是：艺术处理的是意念或理想，而自发行为只处理意念的一个特定实例；具体的特定实例由"纠结"界定。第二个是：某些"带着应急性的纠结"可能会使调谐不可能发生。你能调谐冲着你来的怒气吗？你确实能感觉到另一个人情绪的强度和性质，后者可能在你自己身上引发。但是，我们不能说你"共享"或"参与"了另一个人的愤怒；你在自己的情绪中。威胁和伤害的混乱应急在两个独立体验之间设置了障碍，交融的概念不再适用于此。在人际间现实的纠缠世界中，调谐的范围是有限度的。

从与自身行为的互动以及身体的动作中，通过对施加于自身或在身边发生的社会

————————

① 在表现格式被转换的模式中，高度定型化是特定历史、地理或文化设定、甚至一时的流行风尚的产物。行为也一样。尽管如此，风格和定型化形式仍然是可以区别开来的。

② 许多舞蹈或动作分析先驱者在这个领域辛勤耕耘，例如 Kestenberg（1979）和 Sossin（1979），他们在母/婴互动中的应用卓有成效。最近的一个摄影展（《摄影中的形式与情绪》，大都会艺术博物馆，纽约，1982 年 3 月）清楚显示了活力情感能够产生的作用。Mark Berghash 拍摄了六张同一位女性的脸部照片。他仅仅让她想一个主题并"沉浸其中"，然后拍下照片。六个主题是：她的母亲、她的父亲、她的兄弟、过去的她、现在的她、将来的她。六张照片一起，命名为"真实自我的方方面面"。没有照片（除了一张有点可能）显示出可识别的或可命名的分类情感，在行为表现规定下，她的脸非常中性化。但"风格"差异很明显。每一张照片都是一种活力情感的定格。

性行为观看、测试、反应，婴儿和儿童不可避免地学习、了解了活力情感，或者按 Langer 的术语："感觉的形式"。他们必定学到或达到了一个领悟：在分类情感之外，还有一些办法把外在事物的认知转换为内在的感觉。这种从知觉到感觉的转换，最初是在自发社会性行为中学到的。看起来需要在经过数年实施这种转换、建立了一整套活力情感之后，儿童方能把这种体验带到艺术领域，呈现把外在知觉转化为感觉体验的作品。

当社会性行为呈现之后，调谐可以解释得更充分一些，至少某些部分，作为表现主义（expressionism）的一种形式。把某些行为作为表现主义的一种形式去理解，使得调谐成为艺术体验的前体。但是调谐还具有其他一些心理发育上的意义。

调谐作为通向语言的阶石

调谐是对主观状态的重铸、复述。它视主观状态为对象，把外显行为当作这个对象的数个可能的呈现或表达之一。比如，某个水平及性质的丰富感可以用独特的发声、手势或面部表情来表现。作为同一种内在状态的可识别的信号，每一种表现都有某种程度的可置换性。由此，调谐通过非语言的比喻和类似物（analogue）重铸行为。如果想象一下从模仿到类似物和比喻、再到象征的发育过程，这个主观自我的形成阶段为体验提供了以调谐为形式的类似物，这是朝向使用象征的实质性的一步，也是我们接下来探讨的主题。

第八章　言语自我感

　　婴儿生命的第二年,语言出现,这个过程中,自我和他人感发展出新的属性。到此阶段,自我和他人具有不同且界限清晰的个人世界认知,以及新的交换媒介,运用后者可以创建意义的分享。崭新的组织性主观认知出现,并开启了新的关联域。与他人"共在"的可能途径大大增加。乍看之下,语言应该对人际间经验的增加有明晰的好处。它使得我们已知的经验更容易与他人分享。并且,它使两个人得以创建共同的、对已知意义的体验,后者在被语言塑造之前绝不可能存在。语言最终还使得儿童能够开始构建自己生命的叙事。但是,语言实际上是一把双刃剑。它也会使我们的部分体验难以与我们自己和他人分享。它在两个同时进行的人际间体验之间制造隔阂:实际体验的和用语言呈现的。在显现、核心和主体间关联域中的体验,其连续性无关于语言,只能非常片面地包含在言语关联域内。由于言语关联域的事件被视为真实发生过,其他关联域的体验会被异化(alienation)。(它们可能变成体验的地下域。)由此,语言导致自我体验的分裂。它同时把关联推移到语言所固有的非个人的、抽象水平上,远离其他关联域固有的个人化的、直接的水平。

　　心理发育的这两条线都有必要跟踪探讨——作为新的关联形式的语言和作为自我体验、即自我与他人体验的整合问题的语言。我们必须考虑到由语言自我感创造的这两个不同的方向。

　　不过,我们首先看看婴儿发育出来了什么新能力,使得关于自我的新认知能够出现,并变革出自我与他人及其自身共在的新方式。

第二年出现的新能力

　　到第二年中期(约 15 到 18 月龄),儿童能够在心里想象或表象事物,使用符号和象征。象征性游戏和语言在此时期是可及的。儿童能够把自己设想或指代为外在或客观实体。他们可以对不在现场的物或人进行交流。（所有这些里程碑式的标志把皮亚杰的感觉运动智能阶段推向尾声。）

这些世界知觉的变化，皮亚杰（1954）的"延迟模仿"（deferred imitation）概念描述得最好。延迟模仿抓住了这一发展性变化的实质，该变化对于意义分享是必要的。十八月龄左右，儿童能够观察某人做一个自己从没做过的行为——例如拨打电话、或假装给洋娃娃喂奶或把牛奶倒进杯子里，当天晚一些时候或者几天之后，模仿打电话、喂奶、倒牛奶。婴儿要完成这种简单、延迟的模仿，必需具备几种能力。

163

1. 他们必须发育出准确表象事物或他人做的事（不是他们自己行为图式的一部分）的能力。他们必须能够创建出对自己所目睹的、别人做的事情的心理原型或表象。心理表象要求具备某种它们得以"存在"或"储存"在心里的介质或形式；视觉图像和语言是我首先想到的两个。（明确处理的是哪一种表象，为了解决这个发展性问题，Lichtenberg 把这种能力称为"想象"能力（1983，第 198页）。（参见 Call，1980；Golinkoff，1983。）

2. 当然，他们必须已经具备在他们的可能性动作范围之内做出某个动作的能力。

3. 由于模仿是延迟的，原始模板已经停止做那个动作，甚至可能不在现场，重复必须是编码在长期记忆之中，且必须能在最小外界线索情况下提取。婴儿必须对整个表象具有很好的回忆记忆或唤起记忆。

在 18 月龄之前，婴儿已经具备了这三种能力。以下这两种才是造成差异并真正标记界限的能力。

4. 要完成延迟模仿，婴儿必须对同一个现实具备两个版本：对模特完成的原初行为的表象，及其自身实际的执行动作。此外，他们必须能够在现实的这两个版本之间来回往复、对其一或其二做出调整以达到完好的模仿。这正是皮亚杰所谓的、心理图式与运动图式协调中的"可逆性"（reversibility）。（婴儿在主体间关联过程中识别母亲的调谐的能力欠缺刚才描述的这个方面。在调谐中，婴儿感觉到的对同一个内在状态的两种表达要么相等、要么不等，但是都不需要在这些知觉基础上进行任何行为调整。并且，由于匹配几乎是即刻发生的，登记调谐只需要短时记忆。）

5. 最后，婴儿必须认知到自己与做出原初动作的模特之间的心理关系，否则他们压根儿不会着手延迟模仿。他们必须有某种办法按照与模特相似的方式呈现自己，由此，相对于模仿的动作，他们能够与模特处在同样的位置上（Kagan，

1978)。这要求具备把自己当作客观实体的某种表象,后者既能从外部看到,也能从内部主观感觉到。自我要成为一种客体范畴,同时也是一种主观体验(Lewis 和 Brooks-Gunn,1979;Kagan,1981)。

现阶段自我感最新的进展是:儿童拥有了协调内在既有的图式与外在行为或语言中存在的操作的能力。该能力所产生的、对自我感影响最大的、开创新的关联可能性的三个后果是:把自我当作反思对象的能力、使用象征性动作(如游戏)的能力、以及使用语言。这三者我们将逐一探讨,它们结合在一起,使婴儿得以与他人就个人知识的意义分享进行交涉。

自我的客观视角

Lewis 和 Brooks-Gunn(1979)、Kagan(1981)和 Kaye(1982)就这个年龄段的儿童开始客观地看待自己的证据进行了充分的辩论。这场辩论最突出的论点有:婴儿在镜子前的行为、他们使用语言标志(名字和代词)命名自己、核心性别认同(客观的性别分类)的建立、以及共情(empathy)行为。

在 18 月龄之前,婴儿似乎并不知道镜子里面的是他们自己的映像。18 月龄之后,他们知道了。悄悄在婴儿脸上点上胭脂,他们自己不知道有这么一个记号。年龄更小的婴儿看到镜中映像时,他们指向镜子而不是自己。在大约 18 月龄之后,婴儿会触摸自己的脸,而不是指向镜子。他们知道自己可以被客观化,即被某种存在于他们主观感觉到的自我之外的形式所代表。(Amsterdam,1972;Lewis 和 Brooks-Gunn,1978)。Lewis 和 Brooks-Gunn 把这个新的客观化自我称为"绝对自我"(categorical self),以与"存在自我"(existential self)相区别。也可以称为"客观自我"与"主观自我"对应,或者"认知自我"(conceptual self)与先前关联水平的"体验自我"(experiential self)相对。

总之,在这个年龄段,许多证据表明婴儿能够客观化自我,并显得似乎能把自我当作外在的、可概念化的范畴。这个时期他们开始使用代词("我"、"我的")指代自己,有时甚至正确使用名字[1]。同样是在这个时期,性别认同开始稳固。婴儿意识到自己作为一个客观实体可以同其他客观实体一起被归类,要么是男孩或者女孩。

---

[1] 语义正确的代名词之前可能还有伪名出现(Dore,个人交流,1984)。婴儿在多大程度上一开始接触名字或代词就在无干扰地、客观化地指代自己,或者是指代更为复杂的、在同一个行为中涉及照顾者和自我的一套情境性条件,如"露西不要那么做",这里仍有一些问题。无论怎样,客观化过程已经开始。

共情行为也是在这个时期出现（Hoffman，1977；Zahn-Waxler 和 Radke-Yarrow，1979、1982）。不但能够想象自己是能被他人体验到的对象、还能想象被客观化的他人的主观状态，婴儿必需实现这两者才能完成共情行为。Hoffmann 举了一个可爱的例子。一个 13 个月大的男孩，在那个年纪，只能不完全地归纳出哪个人（自己或他人）应该被客观化、应该聚焦在哪个主观体验上。这个例子中的失败比成功更具有指导性意义。当心烦时，这个男孩的特征性动作是吸吮拇指和拉自己的耳垂。有一次他看到他爸爸明显地心烦，他过去拉爸爸耳垂，但是吸吮的是自己的拇指。这个男孩的这个举动显然处于主观和客观关联的中途，不过几个月后就能看到他展现更完整的共情行为。

象征游戏的能力

Lichtenberg(1983)指出，客观化自我和协调心理与行为图式的能力使得婴儿能够"思考"或"想象"他们的人际生活。Lichtenberg 所依赖的 Herzog 的临床工作阐释了这个观点。在对一组 18 到 20 月龄、父亲新近离开家庭的男孩的研究中，Herzog(1980)描述了以下这一幕：由于父亲刚从家里搬走，一个 18 月龄的男孩很痛苦。在玩洋娃娃时，男孩洋娃娃与妈妈洋娃娃睡在同一张床上。（现实中，父亲离开之后，妈妈让男孩睡她的床。）小孩对这个睡觉安排很不开心。Herzog 试图通过洋娃娃妈妈安抚洋娃娃男孩让这个孩子平静下来，没有奏效。Herzog 于是拿了一个洋娃娃父亲到游戏中。小孩先把洋娃娃爸爸放在床上、洋娃娃男孩的旁边，但这并没有让他满意。于是他让洋娃娃爸爸把洋娃娃男孩放到另一张床上，并回到床上与洋娃娃妈妈一起。然后小孩说："现在好多了。"（Herzog，1980，第 224 页）。这个孩子展示了家庭现实的三个方面：他所知道的家里的现实、他希望和记得的曾经的家以及他在洋娃娃家庭中看到的演绎。使用这三个表象，他操控着符号化的代表（洋娃娃）实现了希望的家庭生活表象，并象征性地修复了实际的情形。

具备这个新的、客观化自我并协调不同的心理与行为图式的能力，婴儿超越了即刻体验阶段。现在他们拥有分享对人际间世界的认知和体验，以及在想象或现实中加以处理的心理机制与操作。进步是巨大的。

从精神动力学理论角度看，此时发生了一些重大事件。有生第一次，婴儿能够承载并维持一个与实际不同的、对现实应该是怎样的、成形的愿望。并且，这个愿望可以依赖记忆并存在于心理表象之中，后者很大程度受到暂时的精神生理需要压力的缓冲。它可以像一个结构般地持续存在。这正是动力冲突的素材。它远远超越了由于不成熟、或"需求状态"或情感（见于更早期关联水平）的影响所导致的真实或潜在的认知扭曲。现阶段的人际间互动能够涉及过去的记忆、当下的现实和完全建立在过去基础上的对未来的期望。不过，如果期望选择性地建立在过去的某部分之上，我们得到的是愿望，就像 Herzog 的案例。

所有这些人际间的举动都能通过口头表达，或至少能向自己或他人口头讲述。已经存在的关于人际间交换（真实的、希望的、以及记忆中的）——涉及可客观化的自我与他人——的知识都能翻译成语言。当这发生时，意义的相互分享成为可能，关联的 167 量子跃进出现①。

使用语言

当宝贝们开始说话时，他们已经掌握了大量的生活知识，不仅包括非生命物体如何运作、他们自己的身体如何运作、还包括社会性互动如何进行。Herzog 的案例中的男孩尚不能告诉我们他想要什么、不想要什么，但是他能演示出来他都知道什么、希望什么，并且相当准确。类似地，在会说"我"、"我的"、或"鼻子"之前，儿童在镜子中看到之后能够指向自己鼻子上的胭脂。问题很简单，仅仅就是在一个时间跨度之内，丰富的体验知识"在那儿"累积起来，通过某种方式，后来与一个言语编码——语言组合起来（虽然并不完全）。同时，随着对体验的言语化，许多新的体验出现。

这个观点似乎不证自明，但是直到 20 世纪 70 年代为止，大部分有关儿童语言获得（language acquisition）的工作要么关注语言本身而不是体验，要么集中在儿童把语言作为一个正式系统去理解的内在机制和操作上，比如 Chomsky 的研究。关于儿童对语音的认知有一些引人入胜、极具价值的发现，但大部分在本书关注的范围之外。

Bloom（1973）、Brown（1973）、Dore（1975，1979）、Greenfield 和 Smith（1976）以及 Bruner（1977）的创新性研究坚持认为对人际间事件的生活知识是解密语言获得的关键。按 Bruner（1983）的说法，一个"新的机能主义开始调和前几十年的形式主义"（第8页）。尽管如此，语言的词汇和结构并不止于真实的体验中的一对一关系。词汇有其自身的存在与生命，使得语言可以传递生活体验并具有衍生性。 168

---

① 目前的描述意味着概念首先形成，然后才附着语言，或体验先建立，然后翻译成词语。多数当前的观点认为感觉体验和作为感觉体验的表达的词语联合出现。当前的论证并不取决于这个问题，后者对语言发展的概念本身至关重要。

在语言获得之初,生活知识与语言如何组合在一起,这个问题仍然处于人际间背景下对儿童的试验研究的最前沿(Golinkoff,1983;Brunner,1983)。这个问题是与不断增长的、对以下两个方面的兴趣同时出现的:我们的理论密切关注的生活知识和语言结构的种类、以及我们认为存在的体验与语言之间的互动种类(Glick,1983)。因为该问题的实质是语言如何改变自我感、语言的获得及其应用使得哪些先前不可能的自我与他人之间的互动变为可能,所有这些思索对我们的讨论都是必要的。既然我们的目标是人际间关联,而不是同样重大的语言获得这个课题,我们将选择性汲取那些由于涉及人际间动机或情感背景,因而特别有临床意义的观念。

Michael Holquist(1982)建议:对于语言及其获得的不同观点问题可以通过提问谁"拥有"意义来处理。他界定了三种主要的定位。人格主义(personalism):我拥有意义。这个观念深深地植根于个人是独一无二的这一西方人道主义传统。相反,第二个定位,更像是来自比较文学系,认为无人拥有意义。它存在于文化之中。对我们的关注点而言,由于在任一种情况下都很难说清楚人际间事件如何能够影响分享或联合的意义拥有权,这两种观点都不友好。但是,Holquist还界定了第三种定位,他称其为对话主义(dialogism)。这种观点认为我们拥有意义,或者"假如我们不拥有,我们可以至少租借意义"(第3页)。正是这第三个定位打开大门,给了人际间事件一个舞台,也正是从这个视角出发,研究语言的几个学生的工作才如此有趣。

语言对自我—他人关联的影响:新的"共在"方式

Vygotsky(1962)坚持认为,理解语言获得的问题在于,简单地说,共同协商的意义(我们意义)如何"进入"儿童的心灵?如 Glick(1983)所说,"潜在的认知问题是存在于以下二者之间的关系:媒介的社会化系统(主要由父母提供),以及个人的(婴儿的)、以一种可能未完全社会化的内部方式对其的重建"(第16页)。语言获得问题变成人际间问题。作为生活知识(或思想)与词汇之间的联接的意义不再是一种一开始就明摆着的赋予。它是某种父母与孩子之间交涉的东西。思想与词汇之间的实际关系"不是一种东西,而是一个过程,一个不断往复的从思想到词汇、从词汇到思想的过程"(Vygotsky,1962,第125页)。源自人际间交涉的意义涉及能被共同认定为分享的内容。这种共同商定的意义(思想与词汇的关系)增长、变化、发展,并由两个人努力得来,因此最终由我们拥有。

这个观点给对于二联体或个体而言独一无二的意义的出现留下了巨大的空间①。"好女孩"、"坏女孩"、"淘气男孩"、"快乐"、"烦恼"、"疲倦",以及其他大量的这类价值和内在状态词汇会继续保有其独特的、父母与孩子在组合生活知识与语言的最初几年中所商定的意义。只有当孩子开始进行与其他社会化媒介(如同龄伙伴)的人际间对话后,这些意义才会发生进一步变化。在那个阶段会出现新的相互商定的我们意义。

实际上,这个相互商定意义的过程适用于所有意义——"狗"、"红色"、"男孩"等等——不过内在状态词汇的这个过程最有意思,且较少社会性约束。(不同的儿童对表达物体与表达内在状态的兴趣可能会有差异。个体风格和性别间的差异参见 170 Bretherton 等(1981)、Nelson(1973)和 Clarke-Stewart(1973))当爸爸说"好姑娘"时,这三个字的组合带着一套体验与思想,与妈妈说"好姑娘"时的一套组合不同。两种意义,两种关系并存。而且,两种意义的差异可能成为固化认同或自我概念(self-concept)的潜在的干扰源。两套体验和思想被假设为相互兼容的,因为都被冠以同样的词汇"好姑娘"。在学习语言过程中,我们表现得好像意义要么存在于自我之中、要么在外部什么地方属于某个人,并且对所有人的意义都一样。这模糊了内隐的、唯一的我们意义。后者变得难以分离出来并被再次发现,大部分心理治疗的任务就是在做这个工作。

Dore 用一种适用于人际间理论的方式把我们意义和商定分享意义推进了一步。拿儿童讲话的动机的实质来说,Dore 认为婴儿讲话,一部分是为了重新建立"共在"体验(以我的术语来说),或重建"个人秩序"(personal order)(MacMurray,1961)。Dore(1985)的描述如下:

> 在儿童生命的这个关键阶段(……他开始走路、说话),他的妈妈……协同他一起离开个人秩序,走向社会秩序。换言之,他们之前的互动基本是自发性的、嬉戏的、相对无组织性,只是为了在一起,但现在妈妈开始要求他按照实用的、社会的目的去组织他的行为:自己去做(给自己拿球)、完成角色功能(自己吃饭)、按照社会标准举止端正(不要扔杯子)等等。这在儿童心里引发对于必须按照非个人的标准(朝向社会标准)行事、远离婴儿的个人秩序的恐惧(第15页)。

正是在这种维持新的社会秩序的压力背景下,婴儿被需求和欲望激发起了与母亲

---

① 极端的例子见于双胞胎的"私语"。

一起重建个人秩序的动机(Dore，1985)。Dore 很快指出,这一种或其他任何动机本身都不足以解释语言的出现。不过,从我们的角度看,它给 Vygotsky 阐述的人际间过程

增加了一种人际间动机(可行但未经证实)。

这个语言的对话性观点的主要贡献之一在于从多个角度刻画学习说话这个过程本身:形成分享经验、重建"个人秩序"、创建成人与儿童之间"共在"的新形式。正如主体间关联的共在体验需要有两个主观结盟的感觉——内在体验状态的分享,在这个新的言语关联水平上,婴儿与母亲一起用语言符号创造了一种共在体验——共同创造的、对个人体验的意义的分享。

传统上把语言获得视为分离与个体化进程中的一个重大成就,仅次于对运动的掌握。目前的观念坚信其反论也同样正确,即:语言获得有力地推动了联盟和凝聚。事实上,每一个字的习得都是两个心灵在一个共同的符号系统中的联合、构建分享意义的副产品。随着学会每一个字,儿童固化了其与父母、后来与同一语言文化中的其他成员之间的心理共性,当他们发现自己的个人体验知识是一个更大的体验知识的一部分,他们就与共同文化基质中的他人达成统一。

Dore 提出了一个很有趣的假设:语言最初是作为一种"过渡现象"(transitional phenomenon)形式发挥作用的。用 Winnicott 的术语来说,婴儿以某种方式"发现"或"创造"了词汇,思想或知识早已存在于心中,等着与词汇链接起来。词汇是从外界、由母亲给予婴儿的,但已经存在一个思想,即被给予的对象。从这个意义而言,作为过渡现象的词汇并不真正属于自我,也不真正属于他人。它居于婴儿的主观性与母亲的客观性之间的中途。拿 Holquist 的话说,它是"我们""借"来的。在这个更深的意义上,语言是一种联合体验,通过分享意义使心灵关联达到新的高度。

将语言视为"过渡客体"的观点乍看上去有些异想天开。然而,观察证据使之显得极有可能。Katherine Nelson 录下了一个女孩在第二个生日前后的"摇篮语"(crib

talk)。按照惯例,孩子的父亲抱她上床。作为放到床上的仪式的一部分,他们会交谈,父亲把当天发生的事情讲述一遍,并讨论第二天的计划是什么。女孩很积极地参与这个对话,同时做出许多既明显又微妙的举动让爸爸一直讲,延长这个仪式。她会恳求、大惊小怪地叫唤、软磨硬泡、甜言蜜语、抛出新问题问他、直白地装腔作势。当他最后道了声"晚安"、离开之后,她的声音戏剧性地变得平淡、就事论事的平铺直叙,然后开始自言自语、独角戏。

Nelson 召集了一个小组,包括她自己、Jerome Bruner、John Dore、Carol Feldman、

Rita Watson 和我。我们每月聚会,持续了一年,探讨这个孩子如何进行与父亲的对话以及他离开后的独白。她的独白的一个重要特性是练习和发现某个词的用法。可以看到她在努力找到正确的语言去承载她的思想和对事件的知识。有时候你可以看到,随着不断尝试,她越来越接近一个对她的想法更令人满意的演绎。不过更令人震惊的是,这个过程就像是亲眼观看、亲耳听到"内化"(internalization)的发生。父亲离开后,她似乎一直受到孤单感觉的侵扰,并为此苦恼。(这个时候弟弟已经出生。)为了控制情绪,她在自己的独白中重复刚才与父亲对话的主题。有时候她似乎在模仿他的声音,重现刚才与他的对话片段,从而制造他在这里的假象,带着这个假象一起走向睡眠的深渊。这当然不是她独白的唯一目的(她同时也在练习使用语言),但确实显得她进行的是一种 Winnicott 所指的"过渡现象"。

于是,通过分享个人的生活知识、在言语关联域内走到一起,语言为与他人(在场或不在场)的关联提供了一种新形式。这种在一起使得过去稳固的生命主题如依附、自主性、分离、亲密等可以在新的关联平台上,通过分享个人知识的意义重新聚合,而这个平台是先前不具备的。但是,语言在根本上并非个体化的另一种方式,也不是创建在一起的方式。它更多的是一种成就下一个关联发展水平的方式,在那个水平上,所有存在性生命主题将再次粉墨登场。

语言的降临最终会带来叙述自己生命故事的能力,伴随所有可能改变一个人对自己的看法的潜能。叙事的建立与其他任何一种思考或讲述都不相同。它似乎涉及一种完全不同于问题解决或纯粹描述的模式。叙事把人当作工作中的特工来看待,其肩负的意图与目标按照某种因果顺序展开,有开头、中间和结尾。(构建叙事可能会被证实为一种反映了人类天性的普遍现象。)这是一个崭新并令人激动的研究领域,儿童何时以及为何构建(或与父母共同构建)叙事,这一点还不清楚,不过叙事会形成自传性历史,并最终成为患者呈现给治疗师的生命故事。实际上,言语关联域也许最好归类为一种分类自我感,客观化、标记以及作为被叙事的自我融进源自其他自我感(能动性、意向性、动因、目标等)的故事元素。

宝剑的另一刃:语言对自我体验和凝聚(togetherness)的异化作用(alienating effect)

新的关联水平并未削弱核心关联域主体间关联的水平,后者作为人际间体验的形式继续存在。但是,它确实具有重铸和转换某些核心及主体间关联体验的能力,因此形成两个生命——作为非语言体验的原初生命,以及对体验语言化的版本。Werner和Kaplan提出,语言只抓住了构成总体非语言体验的情绪、感觉、知觉和认知的集团中的一片。这被语言抓住的一片被语言形成过程所转换,变成了独立于原初体验总体的一种体验[①]。

在非语言体验总体与被转换为语言的那部分体验之间可以有几种不同的关系。有时候,被语言分离出的是精华部分,漂亮地抓住了整个体验的精髓。通常都认为语言以这种“理想的”方式发挥作用,但实际上它很少这样,乏善可陈。在另一些时候,语言版本与体验版本并不能很好地共存。体验总体可能比较破碎、表象很差,这种情况下会漫游到一种名不副实、不被理解的存在状态。最后一种情况,一些核心和主体间关联(如核心自我感)水平上的体验总体不允许语言渗入达到足够的量,从而把一片分离开去并加以语言转化。这样的体验于是只能保持地下状态、非语言化、成为无名(并且——仅仅在这个程度上——不被知晓)但非常真实的存在。(只有类似于对诗歌或小说进行精神分析这样的不同寻常的工作才能深入语言的这一领域,在一般的语言意义上做不到。正是这个因素赋予了这些过程如此巨大的效力。)

我们用特定体验的特异性实例来说明生活知识与词汇之间的分野。由于涉及对精神世界的理解,生活知识与文字知识之间的分歧或脱节广为人知。Bower(1978)为此提供了一个绝佳的例子。一个小孩先看到一团黏土卷成又长又细的椭圆状,然后捏成一个正球形,小孩会说由同样体积的黏土做出的球形更重一些。依照口头的解释来看,小孩没有体积与重量守恒的概念。如果给这个孩子两个球,先是一个椭圆球、然后一个正圆球,孩子在接正圆球时胳膊应该抬得高一点,因为预期这个球会更重一些,胳膊的肌肉张力会增加,以抵消重量的差异。但是高速摄影表明胳膊没有抬高。Bower得出结论:小孩的身体在感觉运动水平上已经具备了重量和体积守恒的概念,即使这个孩子在语言上显得不懂或从未有过这个能力。在与人际间生活知识具有更直接关系的域内,类似的现象也有发生。

在这个概括性阐释中,婴儿的非模态认知能力凸显出来。感觉到核心自我与他人的能力,通过调谐感觉到主体间关联的能力都部分地依赖于非模态能力。应用语言之

[①] 我们这里指的不是完全由语言合成的体验。有人可能会说所有被语言渲染的体验都是合成体验,但这不是本书的假设立场。

后,非模态认知的体验会发生什么呢？

假设我们在考察一个儿童对阳光投到墙上的黄色光斑的认知。小孩会体验光斑的强度、温暖度、形状、亮度、愉悦度以及其他非模态因素。是黄色光这一点并非基本要素,从这个意义而言,不具有重要性。在看着光斑、感觉并知觉它的过程中,这个孩子处于一种总体性的、与所有非模态属性(光斑的基本知觉性质：强度、温暖度等)的混合的共鸣体验中。要维持这个高度灵活、全维度的对光斑的知觉,他必须对其他通过特定感觉通道被体验到的特定属性(次级和第三级知觉性质,如颜色)视而不见。他必须注意不到或觉察不到这是一个视觉体验。而那正是语言会强迫这个孩子去做的事情。有人走进房间,说："哦,看这个黄色的阳光!"在此情形下,词汇准确地筛选出来一部分属性,并把体验锚定在单个感觉通道上。通过与词汇捆绑,体验被从最初体验到的非模态流中分隔出来。由此语言打碎了非模态体验总体。从而把不连续性引入体验。

在心理发育过程中可能发生的是：这样的知觉体验的语言版本"黄色阳光"变成正式版,非模态版本沉入地下,只有在情境压抑或胜过语言版本的优势时才会重新浮现。这类情境包括：特定的冥想状态、特定的情绪状态以及对特定艺术作品的知觉,后者的设计本来就是激活那些对抗语言分类的体验。象征主义诗歌再次为后者提供了例子。语言能够激活超越词汇的体验,这个悖论本身可能是对语言威力的最高褒奖。不过那得是诗歌运用的语言。我们日常生活中的词汇更多地起到了相反的作用,要么打碎非模态体验总体、要么把它送入地下。

那么,在这个领域,语言的降临对儿童而言是福祸参半的。开始丢失(或转为潜伏)的量是巨大的；开始获得的量也是巨大的。婴儿获得了通向更广阔的文化会员身份的入场券,但冒着失去原初体验的力量与完整性的风险。

语言对既有生活特定例子的翻译也表现出类似的问题。回忆一下我们在前面的章节中区分了既有生活的特定事件(比如,"有一次妈妈把我放到床上睡觉,但是她有些心烦,只做了睡前时间仪式的动作部分,我太累了,她没能像以前那样帮我睡着")与一般事件("妈妈把我放下让我睡觉时会发生的事")。只有一般化的惯例才能被命名为"睡前时间"。特定实例没有名字。词汇适用于事物的种类("狗"、"树"、"跑"等)。这也是词汇作为工具最强有力之处。一般事件是相似事件的某种平均值。是一个既有事件(一般化互动[RIG])种类的原型：上床、吃饭、洗澡时间、穿衣、同妈妈散步、同爸爸玩、躲猫猫。在这个原型事件的一般化水平上,词汇与既有生活体验组装在一起。

特定事件从语言的筛孔漏过，不能通过语言索引，直到儿童的语言发展到很高级的阶段之后，而有些时候永远不能。在儿童没能成功地交流那些看起来非常明显的事情的挫折中，我们总是能发现相关证据。小孩可能不得不几次重复说一个字（"吃！"），然后父母才能明白在一般化的类别（可以吃的东西）中孩子想要的、期望大人拿来的是哪一个特例（哪种食物）。

在临床文献中，这个现象常被归结于儿童对成人全知和全能的信念或愿望。与这个观点相反，我认为这类误解并非基于儿童的"母亲一开始就知道自己孩子的心思"的

177 概念。它们就是关于意义的误解。对说"吃"的婴儿来说，那就是指的某一种吃的东西。它需要的只是理解，而不是读心术。妈妈的误解起到了教育作用：告诉孩子他的特定意义只是她的可能的意义的子集。通过这种方式，相互的意义得以磋商。这个案例中，我们看到的是婴儿与母亲一起与语言和意义的特权性质缠斗。我们没有看到在婴儿的意识中全知父母的破裂与修复。热情、快乐和挫折似乎更多地来自分享意义水平上的心灵契合的成功与失败，不是来自失去全能的焦虑、和/或全能感重建时的良好的安全感。误解直接驱动婴儿更好地学习语言，并不会真的破坏儿童的效能感。

开始学习语言时，可能有许多这样的挫折机会，在核心和主体间关联水平上，母亲与婴儿有大量的时间为关联建立非语言互动系统。磋商共享意义必定需要造成大量的失败。在先前的阶段婴儿已经习惯于与母亲之间就他们相互行为的输入与意图的顺畅交汇，对他们来说，这尤其令人感到挫败。

揭示语言在许多方面上都不足以胜任交流特定既有生活经验的任务，我们的重点并不在于削弱语言的重要性。而是要指出在个人知识与正式的或社会化的语言编码的知识之间的落差，这二者之间的落差是现实与想象分野的始发地。语言作为使用中的感觉通道的指示符（与非模态非指示性相反）、作为概括化事件而非特定实况的指示符，这个性质本身注定了会有该落差问题。

还有一些落差问题应该引起注意。其中之一是对内在状态的语言描述。情感这种个人知识很难用语言表述和交流。标记内在状态，儿童最初使用的工具并不是语言，

178 即便他们熟悉自己的内在状态已经很久了（Bretherton 等，1981）。相对于标记维度特征（有多高兴、多伤心），标记情感状态的类别容易一些。原因之一是，情感的维度特征是渐进的（有一点高兴、非常高兴），而分类特征不是这样（高兴对比不高兴）。语言是处理分类信息的理想媒介——差不多就是命名——但非常不利于处理表达渐进信息的近似系统，如行为学术语所谓的展示的圆满。在日常人际间交流中，渐进信息

承载了大多数决定性的信息内容。

关于两个精神病医生在人行道上相遇的老笑话说明了这个问题。他们互道"你好"并微笑着擦肩而过，各自心里想："他那个样子什么意思啊？"我们可以从分类与渐进信息的角度来分解这个故事。首先，打招呼的行为是一种定型化的情感反应，包含了达尔文分类中的惊讶和愉快因素。一旦一个人意识到需要发起或回应打招呼反应，他必须与微妙且必然的社会性线索协调，后者包含着打招呼行为的渐进信息。有一些因素会影响渐进特征以及打招呼的人如何评估接受到的致意：两人之间关系特质、上次见面后相隔的时间、他们的性别、文化规范等。按照对这些因素的评估，每一个参与者会对对方说"你好"有一些期待：大致的音量、热情度、语调的丰富程度、扬起眉毛、张大眼睛、适度的微笑。任何偏离这个期待的表现都会引发这个疑问："他那个样子是什么意思啊？"每一个打招呼的回应者或接受者也会积极地评估调整，传递他或她的致意（Stern 等，1983）。

这个例子中，对另一个人行为的理解工作并不发生在分类信号之内。实际上，如同我前面暗示的，也不依赖于传达信号的渐进特征，而是在于在特定背景下、实际发生的渐进特征与所期待的状态之间的差异。这个理解包含对想象的渐进特征状态（也许现实中从未看到过）与实际状态之间的距离评估。

儿童的情况没有理由与此相异。听到妈妈用一种不熟悉的方式说"你好宝贝"，婴儿会感觉到但不会想到"你说这话的方式有点不对"。不过儿童可能会搞错。作为语言事实，妈妈说的是对的，但是她行为的方式（真的是这个意思）不对。在人际间领域，口头说的和真实的意思之间的关系很复杂。

若两个信息——通常是语言和非语言——极端矛盾，就称之为"双盲信息"（double-blind message）（Bateson 等，1956）。常见的情况是，非语言信息是真正的意思，语言信息是一种"发布"。"公开发布"的信息是我们正式承认的。

Scherer（1979）、Labov 和 Fanshel（1977）等指出，我们有些交流是可以否认的，而另外一些我们会承担责任。渐进性信息更容易否认一些。这些不同的信号在不同的交流通道中同时进行。并且，为了达成交流的最大灵活性与可操控性，这种混合是必要的（Garfinke，1967）。Labov 和 Fanshel（1977）在讨论语调信号中对这种必要性有很好的描述，就本书的目的而言，他们的观点同样适用于其他非语言行为：

　　语调信息中的清晰性缺乏或不连续性并不是这个通道的一种不幸的局限，而是其基本且重要的一个方面。说话者需要可以否认的交流形式。如果确定要为此负责任，能够以一种可以否认的方式表达敌意、挑战别人的权限或表达友谊与情感，是很有利的。倘若没有这样可以否认的交流通道，语调廓形清晰无误、能够被准确识别，人们为其语调负责，那么无疑会发展出其他的可否认的交流通道（第46页）。

保持一个可以被否认的交流通道，最可靠的方式莫过于不让它成为正式语言系统的一部分。学习一个新词汇时，婴儿为清晰识别隔离出一个体验，同时因为这个词被妈妈理解。

这一派的观点认为，在多通道交流系统中存在持续的环境或文化压力，使得一些信号相比其他信号而言更抵触可明确解释的编码，从而保持可否认状态。语言非常适用于交流发生了什么而不是如何发生，因此语言信息不可避免地成为被追究的对象。一个一岁大的男孩对妈妈生气、发脾气，不看她，"啊啊"地叫喊，重重地用拳头拍打拼图。妈妈说："别对妈妈叫喊。"她不大可能说"别对着你妈妈用拳头那样拍"。男孩传递的信息，不管是语言的还是非语言的，都没有直接指向她。其中一个在其表达的内容显现之前就被追究，通过把孩子的语言而不是动作视为需要负责的行为，让孩子对此做好准备。

这种存在于要负责任的、与可以否认的二者之间的不可避免的分歧所导致的后果之一是：对他人可以否认的东西，在自己这里会更加可以否认。通向潜意识（地形学说和潜在动力的潜意识）的路是语言铺成的。在语言之前，就"所有权"而言，一个人的所有行为的状态都是平等一致的。由于语言的到来，由于必须承认一些行为，这些行为就具备了某种特权。众多通道的众多信息被语言按照可负责任度/可否认度分割成不同等级。

体验与语言之间的另一个落差也值得关注。一些自我体验，如统一性的连续性，以及身体上整合的、非碎片化自我的"持续存在"感，会归于类似于心跳或规律呼吸的分类。这类体验很少引起需要用语言编码的注意。不过，这种体验的某种一过性感觉会周期性地出现，产生激动人心的效果：突然发现你存在的自我与语言的自我之间隔着几光年的距离、自我被语言分裂。

许多自我与在他人的体验处于非语言范畴；没说话、相互凝视就属于这一类。对别人的特征性活力情感——个人微妙的身体风格——的感觉也是，这种体验就像儿童感受到一缕阳光。所有这些体验必然会发生，其后果是体验为词汇与思想的个人知识之间进一步疏离。（难怪我们这么需要艺术来桥接我们内在的沟壑。）

最后一个议题涉及体验到的与重述的生活之间的关系。自传性叙事在多大程度上反映或改变了成为个人故事的既有体验，这仍然是一个问题。

婴儿最初的人际间知识基本上是不可分享的、非模态的、事件特异性的并且与非语言行为协调，就可负责任度和所有权而言，没有哪个交流通道处于特权地位。语言改变了这一切。随着语言出现，婴儿开始疏远对自身体验的直接接触。语言在实际发生的与表象的体验之间嵌入了间隔。可能正是跨越这个间隔，构成神经症行为的联接和关联得以形成。但是，也是因为语言，婴儿有生第一次得以分享他们对与他人共在的世界的个人体验，包括在亲密、独处、孤独、恐惧、畏怯和爱中的与他人"共在"。

最后，随着语言和象征性思维的到来，儿童具备了扭曲、超越现实的工具。他们能够创造与过去体验相反的期望；能够构思与当下事实相反的愿望。他们可以用象征性关联属性（如对妈妈的糟糕体验）表象某人或某物，后者在现实中从未同时体验过，但是可以从单个的事件中抽离出来集合在一起，形成一个象征性表象（"坏妈妈"或"无能的我"）。这些象征性凝缩（condensation）最终可能扭曲现实、为神经症的建构提供温床。在语言能力出现之前，婴儿局限于对现实印象的反映；不论利弊，现在他们超越了这个阶段。 *182*

第三部分

临床应用

第九章　从临床角度看"观察婴儿"

　　焦点从发展性任务——如信任和自主性——转移到各种自我感,去解释婴儿社会性组织中的重大变化,我们方有可能考察早期发展中的不同的敏感性阶段。由于现阶段主要的发展变迁涉及新的自我感的出现,每一种自我感形成的阶段可视为敏感性阶段。每一种自我感的形成阶段究竟有多关键,最终被证明依然是一个实证问题。但是,神经学、行为学观点的证据指出,对于后来的功能来说,自我感形成的初始阶段比后面的阶段相对更敏感一些(Hofer, 1980)。

　　本章我们将讨论在每一种自我感出现过程中的一些模式,并推测初始的构建形式如何对后来的功能产生重大影响。首先,需要做几点说明。

　　除非是预先选择的高风险小组,从临床角度观察婴儿几乎不会看到病理状况。相反,虽然可能看到特征性模式和某些变异模式,但很少会认为对常态的偏离会导致后期的病理状态。有偏离出现时,都是与照顾者的关系而非婴儿本身显示出变异。哪些偏离最有可能是后期病理的先兆,甚至这一点也常常不清楚。在每一个相继出现的年龄段,所有事情似乎都不相同,然而在临床上,所有事情似乎又都是一个样子。这个连续性/非连续性悖论使得预测发展令人着迷、也令人困扰。

　　我们拍摄了很多在二、四、六、九、十八、二十四和三十六月龄的母亲/婴儿在家或实验室里互动的录像。当我们给一组学生放映一个组合的纵向完整系列(按照时间顺序、顺叙或倒叙)时,无论是第一次看或以前看过,学生们都强烈地感觉到两个个体自始至终都在以相似的、明显的模式进行人际间活动。尽管在不同年龄行为不同,但对同一个主题的处理总体来说用的是同样的模式。围绕这些临床主题的互动,其"感觉"甚至主观材料都是连续的,而作为社会人的婴儿似乎在每一个节点上都有不同的组织形式①。

---

① 从一个时间节点到下一个,人的物理呈现看起来是一样的,这强化了连续感。但是我们发现,在婴儿出生后第一年中,许多母亲大幅度地改变发型,寻找新的身份认同,事实上她们在各次访谈中的样子有很大的变化。

这些现象是我们把焦点从发展性任务转向自我感的主要原因之一。于是,我们强调的重点落在了那些临床上与后来功能有关的、每一个自我感域中自我体验模式的建立上。

寻找模式的连续性,并与潜在的病理相关联,这些问题非常实际。在最近的依附研究中,这些问题得到了漂亮的展示。依附最开始被视为特定发展阶段的特异性发展任务(Bowlby,1958、1960;Ainsworth,1969)。显然,"关联质量"——即依附——超出了最初的母亲/婴儿绑定,并贯穿整个儿童期,适用于母亲也适用于同龄伙伴。实际上,它是一个终生议题。问题在于如何揭示依附模式的连续性。当用分子行为如凝视、发声、近体学(proxemics)等考察依附时,从一个年龄段到下一个之间似乎没有依附质量的连续性。只有在研究者后退(或向前)到一个更全面的、定性的、概括性的对婴儿依附类型——如安全型(B型)、焦虑/回避型(A型)和焦虑/抗拒型(C型)(Ainsworth等,1978)——的考量时,才能在连续性研究中有所进展。注意,对依附类型的概要考量着眼于依附的风格或模式,而不是依附的力量或益处。在形成这种对依附模式的概要考量之后,研究者进一步揭示了十二月龄的依附模式与后来的关联模式相关[1]。

其甚,一岁时的关联质量是极好的预测指标,在几个方面很好地预测了五年内的关联质量;与抗拒型或回避型比较,安全型依附的婴儿占优势。有人提出,十二月龄时的焦虑型依附模式预示着六岁时的病理心理状况(Lewis等,发表中)。

在美国中产阶层样本中分别占12%和20%的抗拒型与回避型依附类型可能是后来临床问题的预测指征。不过,跨文化研究对此提出了警示。德国南部的数据与美国常模类似,德国北部的样本却显示回避型依附占有优势(Grossman和Grossman,发表中),许多日本儿童(37%)表现出抗拒型依附(Miyake、Chen和Campos,发表中)。从这个角度而言,可以把依附类型视为病理状态的前兆吗?如果是,那它具有很强的文化相关性。其实它更像是一种动机性—临床问题的执行风格,可能是总体上成功地适应生活的一个非特异性指标,不管是什么样的生活(Sroufe和Rutter,1984;Garmenzy和Rutter,1983;Cicchetti和Schneiger-Rosen,发表中)。但是,总体适应不是前兆,它们与后来行为之间的关系具有太大的非特异性和间接性。

本章的讨论集中在具有潜在临床意义,且按照不同的自我感域得到很好概念化的

---

[1] 十二月龄时的依附类型可预测:(1)十八月龄时的依附模式(Waters,1978;Main和Weston,1981);(2)二十四月龄时的抗挫折性、毅力、协同性和工作热情(Main,1977;Matas、Arend和Sroufe,1978);(3)学龄前儿童的社会能力(Lieberman,1977;Easterbrook和Lamb,1979;Waters、Wipman和Sroufe,1979);(4)自尊、共情、和课堂行为(Sroufe 1983)。

自我体验之上。

体质性差异与显现关联

婴儿轭连不同社会生活体验的能力在很大程度上是体质——即基因——决定的。在中枢神经系统和外在环境完好的前提下，或是立即呈现或是依照先天的时间表展开。在不久的将来，对该能力的个体差异的研究可能会是儿童病理心理发展的临床研究中最富有成效的领域。每当发现新的能力，尤其是社会性认知与功能所必需的能力时，它们自然会成为密切审查、评估和希望的焦点。希望寄托于追溯到社会性与智力性功能异常的最早的偏离。果真如此，那么我们就可以理解有助于解释广泛性发展障碍的潜在机制，如自闭症、后期学习障碍、注意力缺陷、性格差异以及社会行为与功能中的各种问题。不同的治疗策略之间的界限也能更加清晰一些。

我们简短描述一下这些能力缺陷可能产生的临床影响。把信息从一个通道传递到另一个通道的能力对于整合知觉体验具有核心性的作用，其缺陷导致的潜在问题几乎是无限的。首先跃入脑海的问题之一是学习障碍，因为如此多的学习有赖于从一个感觉通道传递信息到另一个，特别是视觉和听觉之间的来回传递。最近 Rose 等 188（1979）发现了证据表明学习障碍的儿童可能有某种跨通道传递能力异常。这类缺陷也可能导致婴儿的社会性和情绪性障碍；通道间畅通极大地促进了对他人社会性行为的理解以及自身行为、感觉、情感等的整合。这些发现太新，人们还没有能够形成有关其心理病理意义范畴的概念。

在另一个方向，对总体智力的早期预测指标的旷日持久的研究由于富有前景的发现而再次焕发光彩，这些发现表明婴儿的长期再认记忆能力和其他信息处理特征在多大程度上预示了后来的智力能力（Caron 和 Caron，1981；Fagan 和 Singer，1983）。对婴儿情景记忆的研究才刚刚开始。

在 Thomas 等（1970）对气质差异的研究和 Escalona（1968）对母婴气质的"配合"的强调之后，显然，所有从临床角度对互动的考量都必须充分考虑气质。大多数从业者发现，在临床工作中时刻留意气质及其匹配绝对是必要的。尽管如此，直到今天，研究者从前瞻性角度对婴儿气质差异的连续性的刻画相当不成功。（见 Sroufe（发表中）在关系视角外对气质决定因素问题的讨论。）不管怎样，临床上如何看待在诸如刺激耐受这种问题中的气质差异，是值得探讨的。

婴儿的刺激耐受性或唤起的调节能力的个体差异可能与后来的焦虑有关,并具有明显的体质性成分。我们可以用几种方式去考虑绝对刺激与唤起或兴奋之间的关系,

189　　图 9.1[①] 显示了其中一种,作为一个例子。星号表示个体化的特征性拐点,在这个点上婴儿应对刺激水平的能力开始溢出。在这个点上,婴儿必须通过某些应对活动抑制或终止刺激输入、从而下调刺激水平,否则应对的阈值会被超过,婴儿将产生类似惊慌(panic)的体验。假设 A 代表了正常曲线。如果一个婴儿的特征性曲线是 B,日常事件的刺激会超出婴儿的应对能力并引发焦虑发作。由于外界刺激的阈值很低,焦虑发作看起来像是自发的——即由内在因素导致,如 Klein(1982)的观点——而事实上只是被可预期的、几乎到处都是的日常刺激所激发。就这一点而言,Brazelton(1982)对小于胎龄(small-for-gestational-age)婴儿的低刺激耐受的描述证明是中肯的。

190　　可能不同种类的刺激有不同的耐受阈值。很久以前就有人提出自闭症儿童可能

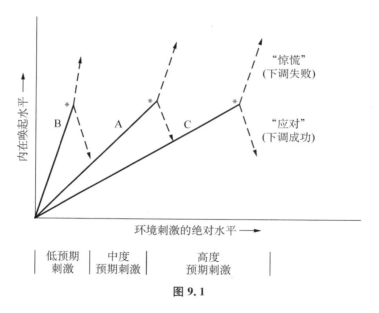

图 9.1

---

① 对任何一个婴儿而言,不存在单一曲线,而是一个曲线的族群。例如,如果妈妈一整天都在家,父亲只有在下班回家后同婴儿有短暂快速的互动,同一整天与妈妈之间的状态比较,他通常会带有更高水平的刺激强度。他的游戏更有爆炸性,带着更多抛向空中、有力的触碰和更动感的刺激。有趣的是,婴儿似乎期待甚至向往这种更高水平的兴奋;他们甚至在父亲回家的情境中寻求更高水平的唤起和刺激强度(Yogman, 1982)。如果父亲是家庭主夫、母亲出去工作,父母的角色相反,两条曲线也会互换。不过,各自仍然有特征性的限度。

对人类刺激（特别是注视）的耐受极低，但对非人类刺激的耐受并不低（Hutt 和 Ounsted，1966）。与此类似，有些人在听觉或视觉或触觉特别有优势，许多研究者提出，对不同的通道刺激的敏感度不同可能是母婴之间唤起状态调节不匹配的一个原因（Greenspan，1981）。或者，特征性使用的应对操作性质可能具有广泛的个体化差异，导致各种状况，如羞怯、回避或敏感。

尽管非模态和其他体质性能力对于理解后续的心理病理有巨大的潜力，其大部分领域仍然处于研究的空白、问题重重。首先是特异性问题。我们还不知道一个或两个这类能力的严重功能紊乱是否可以不伴随其他所有能力的功能紊乱。其次，这些能力缺陷的严重度与功能性社会行为之间的关系还不清楚。假设许多这类功能出现严重问题，可能会有什么后果？在最极端的情况下，人们也许预测会出现广泛的发展障碍（伴自闭特征的智力迟缓）。核心自我感或核心他人感都不可能完全建构，社会关联会普遍破坏。这些感觉的联合，如果还能发生胶化的话，也会通过体验很缓慢地胶化。大部分因果关系不被觉察。知觉世界将杂乱无章、部分甚至不可建构。记忆将会受限，体验的连续性因而降到最低水平。与非生命世界以及人类世界的交互往来毁坏殆尽。功能失调确实会广泛存在——广泛到难以或不可能厘清哪些特定缺陷导致了哪些相应的功能失调。如果一种核心自我感不能形成，将没有赖以形成相应的主观自我感等的基础。

这类能力的不那么严重的缺陷可能会是一个连续谱后果的前兆，从严重的病态到性格上微妙的古怪，包括人际间、认知或感知觉模式上的变异。大量的新信息涌现，对后续出现的临床问题大有裨益。现在是时候评估其真正的临床重要性了。特别需要的是对个体差异的纵向跟踪研究。不论结果如何，对这一早期生命阶段的临床观念永久性地改变了。

到此为止，我们的讨论尚未涉及婴儿的显现自我感。不过，因为这些能力与创建显现体验有关，其中任何一种能力的缺陷深远地影响着显现自我感。我们后面的章节集中讨论不同自我感的临床应用。显然，与《心理障碍诊断与统计手册》（*Diagnostic and Statistical Manual of Mental Disorders*，*DSM-III*）上轴 I 诊断分类相比，这些内容与更加性格性的或神经症性的病理特征有更大的相关性。

核心关联

在观察婴儿时，我们能得到有关未来核心自我感风险的临床印象吗？临床记录也许是这问题最好的答案。对兴奋、唤起、激活、刺激和强度的调节,这些自我因素是临床工作者评估出生后前半年的父母—婴儿关系的健康促进性质的焦点。因此,我们主要的关注也将在于婴儿与父母相互达成的、兴奋性廓形的描绘。

首先声明两点。第一,不存在所谓完美的兴奋性相互廓形这种东西,长期的、甚或是短暂的片刻,都不存在。互动不会那样发生。不断的刺激失败、过度、不足是互动动力特性的固有成分。目标或设定点一直在变。过度和不足构成了通常的重复互动模式。第二,我们的工作建立在前文所述的假设上:表象世界主要由日常生活事件建构,而不是那些例外事件。例外时刻只不过是日常生活中突出、但非典型的例子。我们只能探讨特征性"失配"(misfitting)及其可能的后果。

核心关联域内可预期、可耐受的过度刺激

与情感强度更高的母亲相比,艾瑞克是一个有些温和的婴儿,不过两个人都十分正常。他的妈妈更喜欢看到他比较兴奋、更能表现和展示情绪、对世界有更热切的好奇心。当艾瑞克表现出对某物的兴奋时,他妈妈立即参与进来,鼓励甚至强化体验——通常都能成功,因此艾瑞克体验到比他自己一个人时水平更高的兴奋。她的这种挑逗、夸张、轻微反应过度、诱发性的特征性行为,事实上艾瑞克挺喜欢的。妈妈的行为并没有导致总体上的失配,而是比较小的失配。艾瑞克对刺激的耐受能够承载,不过是在靠他自己的能力不会达到的兴奋水平上。说妈妈控制或侵入是不准确的。她并没有在自己的需要或不敏感基础上破坏或扰乱他的体验。她只是扩大他体验的范围(想当然地,出于她自己的原因并以自己的气质类型为依据)。对于任何一个母亲来说,增强婴儿对兴奋或唤起的耐受、总体上延展婴儿的世界,("你有发现这个拨浪鼓可以这么好玩吗?")都是很常见的事儿。这不过是在婴儿的邻近(情感的)发展区内的活动,一个稍微超出了婴儿当下的、他的未来发展所朝向的位置。

在此情形下,使这个"建设性"失配更为显著的是母亲与儿子之间"气质"类型的差异。不过这只是使得该情况更突出一些而已。气质类型与孩子一致的妈妈有时也会有类似的、在婴儿邻近情感发展区内的举动。

不管怎样,艾瑞克在高于通常水平上的兴奋体验实际上主要是由妈妈的行为达成和调节的。他对自身更高水平的兴奋的体验只发生在既有事件中,妈妈滑稽的放大在其中起到了关键的作用。因此,她成为了他的自我兴奋调节他人(self-excitement-regulating other)。艾瑞克的高兴奋度体验只有在妈妈参与的情况下才会发生。特定

事件联合在一起形成 RIG,激活的 RIG 以被诱发的伙伴为呈现形式,对其的体验可以用这样的提问来捕捉:"当我有这种感觉时,如果我与妈妈在一起,会是什么样的?""当我与妈妈在一起时我会有什么感觉?"

现在假设艾瑞克独自一个人或与别人在一起。他独自一人的时候开始超过不与妈妈在一起的、通常的正性兴奋水平。(成熟和发展每天都在快速前进,使得这样的体验时常发生、且不可避免。)他"有这种感觉",即达到了某个更高水平的兴奋。"有这种感觉"是 RIG 的属性之一,另外的不可分割的属性是妈妈的鼓励、放大体验的举动。"有这种感觉"会作为一种属性,起到潜意识地把诱发伙伴唤回到意识中的作用。(表象被再激活。)于是艾瑞克体验到幻想的与妈妈在一起。从某种角度而言,在功能上,她确实"在那里",并帮助艾瑞克延展他自己建构的兴奋水平。作为自我调节他人,诱发伙伴促进发展。这里并没有对现实的扭曲。一切都基于现实。我们来看看其他的 RIG、诱发伙伴、及其对发展的影响。

核心关联域内不可耐受的过度刺激

由于本身就是既有事件的一部分,我们只能通过其后发生的事件去理解婴儿的过度刺激体验。我们必须认识到,在三月龄左右,婴儿对过度刺激(过多的过度刺激的简称)的即刻反应并不是啼哭和崩溃,而是尝试应对。不管怎样,"它"总是由母亲或父亲在互动中的行为引起的,而婴儿对于这个互动是有一套调节程序的。在婴儿耐受刺激的上限阈值与最终啼哭之间有一个狭小的空间,应对和防御性操作就在这个空间内形成。该空间也是适应性演习生发和测试的战场,这二者的实施情况成为对过度刺激的既有体验的组成部分。

在史迪威的案例中,他的妈妈控制、过度刺激婴儿,经常把面对面的互动强行升级为"猫捉老鼠的游戏",Beebe 和 Stern 对此有很好的描述(1977)。实质上,当妈妈过度刺激史迪威时,他会把头偏向一边。他妈妈对这个躲避的反应是用她的脸追过去、升级她行为的刺激水平,以抓住他的注意。史迪威再次躲避,把脸偏向另一侧。妈妈的头跟着他,仍然试图把面对面的活动保持在她想要的水平。最终,如果史迪威无法躲避她的视线,他会变得沮丧、直到啼哭。不过,多半情况下,史迪威的躲避是成功的,在把他弄哭之前妈妈会接受到他的信息。这是一个极端的例子,不过,这个总体模式较为温和的表现形式反复见诸报道(Stern,1971、1977;Beebe 和 Sloate,1982)。

这种母亲一方的侵入性过度刺激行为可能有许多成因:敌意、控制需求、不敏感,或对拒绝的超乎寻常的敏感：母亲把婴儿头部躲避的动作解释为"微拒绝"，并试图修复和消除它（Stern，1977）。不论母亲行为的原因是什么，史迪威体验到如下的 RIG：高水平的唤起，母亲的行为倾向于把他逼到耐受的极限，需要向下的自我调节，以及通过坚持躲避从而自我调节（通常）成功。在史迪威的案例中，当他体验到更高水平的兴奋时，他的妈妈变成了另外一种诱发伙伴，一个自我失调节他人（self-disregulating other）。

现在我们假设史迪威独自一人或与其他人在一起的情形，他开始接近刺激耐受的上限水平，并"有某种特定的感觉"。这个特定的感觉会激活 RIG。同艾瑞克一样，他体验到诱发的与妈妈共在，但他的情况是一种与妈妈的失调节联合，后者导致潜在的适应不良行为。他可能在没有必要的情况下回避有可能超过或刚刚超过自己耐受度的刺激。如果与别人在一起，他会忽略来自他人方面的调节或不对这种调节开放，而这个来自他人的调节可以让他留在或重新进入与他人的交会之中。对许多类似史迪威的婴儿的观察清楚地显示他们会把自己的经验一般化，从而相对地过度回避新人。当他们独处时，会在以下两种情况中居其一：他们中断潜在的正性兴奋状态，最有可能的是通过激活失调节的母亲为诱发伙伴；或者他们表现出更加自由地进入自己的愉悦兴奋领域，甚至沉溺其中，仿佛抑制了或阻止了 RIG 的激活①。

有些婴儿调节自己的兴奋，似乎独自一人的时候比与失调节的父母在一起时要成功得多，我们还不知道为什么。不管是抑制诱发伙伴或选择性一般化，有可能那些在独处时能更成功地逃离问题父母的诱发在场的婴儿能得益于更多地动用自己。同时，他们也能处理在这个世界上更为孤单的生活所带来的不利。

莫莉和她的妈妈是另一种过度刺激不耐受的例子。莫莉的妈妈控制欲非常强。所有的活动必须由她来设计、发起、指导和结束。她决定莫莉玩什么玩具、怎么玩某个玩具（"上下摇——不要在地板上滚"），当莫莉玩完了这个下一个该做什么。（"哦，这个是盛装贝丝（一种洋娃娃——译者注）。看！"）这个母亲对互动的过度控制到了这种程度，以至于几乎没法追踪莫莉自己的兴趣和兴奋的渐强和渐弱，太频繁地被干扰和打断，几乎不可能去追踪自然过程。这是一个兴奋失调节的极端例子。（大多数观看莫莉与她妈妈之间互动录像的有经验的观察者都感觉到紧张，大多数描述为胸口堵得

---

① 所有这些片段也可以用传统的学习理论、一般化和选择性一般化去解释。不过，这样的话就没有给婴儿进行这些外显行为的主观体验留下任何空间。

慌,然后慢慢意识到自己有多么愤怒。借鉴儿童自我调节能力,使那些对莫莉产生认同的人感觉到无力和愤怒。)

莫莉找到了一种适应方式。她渐渐变得越来越顺从,不再积极地躲避或反抗这些侵入,她变成了又一个神秘莫测地凝视空中的孩子。她的视线可以穿过你落在无限远的某个地方,她的面部表情捉摸不定、参悟不透,同时又维持在随时有接触的水平上,总体来说会按照别人的意图或要求去做。观察她的几个月就像是眼睁睁地看着她的兴奋自我调节慢慢消失。看起来她似乎是让自己顺着妈妈授意的唤起的起止过程随波逐流,实际上,她更像是完全放弃了自我调节的念头。独自一人玩耍时也没有恢复,依然保持某种超然冷静的状态,不会兴奋地投入某件事情。莫莉的这种广泛的情感抑制延续到该发育阶段之外,直到三岁时仍然很明显。她好像是学会了一个概念:兴奋不是由两个人——自己和自我调节他人——平等地调节的东西,而是由自我调节他人主宰所有的调节。(莫莉在发育的某个点上会极度需要愤怒、对抗、敌意之类的情绪去拯救她。)

核心关联域内不可耐受的刺激不足

苏西的妈妈因刚刚离婚而郁郁寡欢、心烦意乱。其实她一开始并不想要苏西,只是为了维持婚姻才生下来。之前她已经有一个女儿,这个大女儿是她最喜欢的。苏西是一个正常的活泼的婴儿,具备所有的讨成人喜欢并引发成人社会性行为的能力,如果这个成人有意愿的话;只要有那么一丁点成功的暗示,苏西就会坚持不懈地尝试。尽管如此,苏西一般都没能成功地较长时间维持妈妈的参与。更重要的是,她没能让妈妈鼓舞起来、因此妈妈接办上调兴奋的任务。实际上妈妈也并没有控制对兴奋的下调,但是她的缺乏反应本身就拖了苏西上调努力的后腿。

这究竟是怎么回事?假设妈妈是完全无反应、不动,本质上相当于不在那儿,苏西就被抛在一边,靠她自己的能力去体验和调节她的兴奋(这是在福利院婴儿中一度盛行的状态的变种)。在形成核心自我感的阶段,她只能体验到愉悦唤起的一个狭窄的频带,因为只有成人对婴儿的独特社会行为所带来的刺激才能鼓动婴儿进入相邻的积极兴奋的轨道。否则,婴儿会缺乏某个范围的体验。要与正常范围的自我体验交会,与自我调节他人的实际或幻想体验是必不可少的,没有他人的在场和反应性行为,发育就不可能完整充分。有一种成熟性缺陷,即"自我调节他人缺乏症(self-regulating-other-deficiency disease)"。这不过是用另一种说法表明:在这个敏感阶段中,只有兴奋的自我体验谱上的某个部分得到锻炼会对哪些体验成为核心自我的组成部分造成永久性的影响。

苏西的情况并非完全如此，不过已经很接近她与妈妈的体验特别贫乏时所产生的情境。不过，苏西有执着的一面，有时候她有所成功、偶尔还会很成功，这些会促使她继续坚持。当她成功时，她的愉悦兴奋体验比通常情况高很多。那么可能发生的是，她必须努力去点燃妈妈的热情，然后把自己也带到同样的高度。苏西与自我兴奋调节他人的体验所形成的 RIG 与其他儿童很不相同。她不会像艾瑞克那样期待和接受与自我兴奋调节他人的共在体验，也不会像史迪威那样害怕它们或像莫莉那样把它们关掉。

苏西必须积极地奋斗、表现，让妈妈动起来，建构她需要的共在体验。这种基于独特 RIG 的互动模式在三岁前一直是苏西的一个特征，我们很容易想象这会持续下去，并越来越多地延伸到人际世界的诸多方面。她已经是一个"万星闪耀小姐"，带着早熟的魅力。她的表现支持了我们的观点：我们探讨的是一个印刻未来的敏感阶段。

作为对占优势、但并非完全的刺激不足的适应性解决方案，苏西所使用的只是其中一种。有一些执着度较低以及活力较弱的婴儿会走向抑郁，而不是绩效导向路线[①]。

到目前为止，我们只讨论了愉悦兴奋调节以及他人在其中扮演的角色。如果我们要讨论安全感、好奇/探索欲、注意力等等，所涉及的内容应该是一样的。读者可以从他们自己的临床经验去追踪各种自我调节他人及其促成的 RIG 的发展线。

在这些兴奋廓形的失调节中能看出核心自我感形成的潜在问题吗？能看到可能的"自我病理"前体吗？二到六月龄是形成核心自我感的敏感阶段吗？

这些问题只能依据你如何定义核心自我感去回答。核心自我感，作为四种自我不变量（能动性、统一性、情感性和延续性）的合成体，一直处于变化之中。一直在建构、维持、损坏、重建和分解之中，并且所有这些过程同时进行。因此，在任何时刻，自我感都是包含了许多建构和解构动力过程的网状体。它是一种对均衡的体验。

一方面，有两大类体验连续地发挥着形成或重组这些自我感的作用。一个是诸多的事件（例如决定坐起来和真的这么做了）来来往往，为形成或改良自我感提供位相性（phasic）的知觉。二是几乎从未被注意到的事件（维持坐姿所需的一直存在但不被觉

---

① 我们没有跟踪每一种描述过的 RIG 的发展结果。有两个原因：我们没有机会开展必需的纵向观察，直到最近我们才知道应该在邻近的关联水平上的哪种模式中寻找连续性。

察的抗重力调节和维持姿势的肌肉张力)为保持自我感提供的基调性知觉。另一方面，是所有那些干扰自我知觉组织的影响：过度刺激，干扰保持自我感的基调知觉流（被太高地抛向空中、降落的时间太长)；体验到混淆自我/他人边界线索的自我/他人相似性；母亲的刺激不足降低了特定的基调和位相性自我体验。后续的临床后果问题可归结到：当一个核心自我感最初形成时，占优势的核心自我感动力平衡是否会影响其后的自我感。

既然是一种动力性平衡，核心自我感就一直处于潜在的危险之中。确实，对核心自我感被干扰的体验和/或恐惧是一项普遍的生命事件。Winnicott 就曾经列过一个清单，他称之为儿童无法躲避的"原始痛苦"(primitive agony)或"不可设想的焦虑"(unthinkable anxiety)。包括："崩溃成碎片"、"与身体没有关联"、"失去方向"、"永远的下坠"、"不再存在"和"由于没有任何交流渠道而完全隔离"(Winnicott，1958、1960、1965、1971)。在大一些的儿童身上，这样的焦虑似乎无处不在，它们构成了儿童的恐惧、梦魇、最喜爱的故事和童话的素材。作为成年人，在清醒或睡眠中，我们完全幸免于这些恐惧了吗？以更为严重的形式，它们构成了精神病性的病理体验：碎片化(统一性破裂)、动作和/或意愿上的瘫痪(能动性破裂)、湮灭感(延续性破裂)，以及解离(对情感拥有感的破裂)。

那么，同其他每个人一样，婴儿体验到的核心自我感也有波动的动力性质。这是存在的正常状态。但是，随着人长大，维持的势力居于非常优势的地位，在正常情形下，严重的失平衡很少感觉得到，通常仅仅是某种暗示、线索、或者"信号"。

这个概念给每一位个体体验到的占优势的动力性平衡留下了很大的个体差异的空间。在这个早期阶段，正是占优势的动力性平衡可能被建构为特征性的模式。于是，问题不在于能动性、统一性、情感性或延续性的感觉是否一旦建立就在这整个阶段存在，也不在于一种核心自我感建立得好或不好。看起来被建立的应该是决定核心自我感的动力性平衡的一些特性。

在临床上，有一些患者的核心自我感结构相对较好，稳定但需要大量的维护输入，后者在形式上是来自他人的基调性和位相性贡献。输入失败时，自我感崩塌。另外一些患者自我感结构不那么良好，同样稳定，所需的维护少一些。还有一些患者，最大的特征就是这种自我感相当易变，且不能完全用维护输入中发生的改变去解释。

很有可能，在核心自我感形成的最初阶段，核心自我感的这些方面形成了特征性的印记；形成得越早，其影响持续越久。不过，核心自我感的形成是不间断的，因此，在形成的最初阶段之后还有大量的时间进行补偿性的调整。无论如何,核心自我感的这三个参数(形成程度、维护需求、易变性)显示的是自我感的性质,而非某种潜在病理的终极严重性。

尽管聚焦于婴儿可能的主观体验,关于婴儿怎样体验核心自我感动力的失衡,一点儿也没有论及。同成人一样,婴儿也会体验到核心自我感(暂时的、及部分的)分解的焦虑吗?

有可能,婴儿不会体验到关于核心自我感潜在的瓦解的"不可设想的焦虑",但可能对实际的瓦解体验到"原始的痛苦"。婴儿要在后期才体验到焦虑,这个假设是合理的,因为焦虑是终极恐惧,普遍认为恐惧直到出生半年之后才会作为一个完整的情绪出现(Lewis 和 Rosenblum,1978)。恐惧甚至要在六月龄之后才会在面部展示出来(Cicchetti 和 Sroufe,1978)。并且,以焦虑为形式的恐惧是对即刻未来的认知评估的结果,而预期即刻未来的能力要在大约六月龄之后才会充分呈现出来。

那么,至少在核心自我感最初形成的短暂阶段,婴儿是免于对核心自我感的焦虑的。但是,"原始痛苦"的情况又是怎么样的呢? 假设"原始痛苦"是某种不可定位的痛苦、有赖于对某一情境的情感评估(affect appraisal)而不是认知评估(cognitive appraisal)。推测情感评估("是愉悦还是不愉悦?"、"给接近还是该避开?")比认知评估更为原始,换言之,不依赖于且在发育上先于认知评估过程。因此,推测情感评估的操作要先于恐惧和焦虑的出现,评估的是当下状态。

情感评估通常指的是对外界刺激(甜或苦的味道、突然的很响的声音等)的知觉,其评估结果是愉悦、不愉悦、接近或退缩(见 Scheirla,1965)。还有一种情感指的是对内在刺激的知觉,即特异性生理需求状态(饥饿、口渴、身体的舒适、氧气)。还有第三种情感评估,由许多人际间目标状态组成,是年轻人类被预设的、需达到或保持的目标,对种族生存具有极大的必要性,但不涉及生理需求。它们是对特定社会和自我组织的需求(Bowlby 1969)。我们可以把这些需求加入到组织知觉的需求中,由此形成自我能动性、统一性、情感性和延续性的核心感觉。它们也是在社会世界中生存的根本。

自我被要求达到社会性的和自我组织性的目标状态,当对此出现负性情感评估时,是什么感觉? 怎么命名给这种感觉? "原始痛苦"是一个好选择。它的意思指示一种不可定位、且不依附于心理状态的痛苦。(对心理痛苦描述更好的是马勒的术语"有机体的痛苦(organismic distress)……焦虑的前体"(1968,第 13 页))"原始痛苦"特异性地指代维持基本社会或人际间状态所必需的、现行的功能的失败。我们可以从Winnicott那里把它借过来描述婴儿生活体验的这一个大类。

每当发生暂时和部分的核心自我感分解时，婴儿都应该体验到"原始痛苦"。并且，这些痛苦发生在核心关联的阶段，远远早于婴儿对同一个事件进行认知评估、把焦虑加入到痛苦体验中，后者出现在大约六月龄之后。

这些考量给占优势的、已经建立的动力平衡增加了第四个性质：伴随维持核心自我感的特征性痛苦的存在或缺失——或更准确地说：剂量。这个性质也能随着时间推进，发展为体验的特征性性质。

核心关联阶段的心理病理问题

在核心关联域的形成阶段，婴儿可以很容易出现临床问题。常常是睡眠或进食问题。但是，这些问题并不是婴儿心理冲突的迹象或症状，而是对进行中的互动现实的准确反映、人际间交换有问题的表现，不是带有心理动力性质的心理病理。

实际上，在这些早期的阶段，婴儿没有心理障碍，仅仅是处于其参与的关系之中。（智力障碍、唐氏综合征和自闭症是部分例外。）

最为常见的例子是睡眠问题。通常是婴儿不睡觉，一直哭闹直到母亲来到床边，继续呱呱啼哭直到她把睡前仪式重演一遍，可能喝一点奶或水，她一离开又开始哭，重复三、五次依然如故。这种情况下，婴儿的行为并不是通常意义上的征兆或症状。假如母亲的界限设定并不明确或不清楚、对独自一人或黑暗的自然恐惧、行为的强化等等，这些情形下，婴儿的行为模式是与现实一致的。绝大多数这类常见案例中，婴儿本身是没有问题的。行为本身不过是一个家庭问题的特征性的、可预测的模式。

主体间关联

主体间关联形成过程中的临床问题风险与核心关联形成中遇到的一样。只不过此时的重点从行为性外显自我体验被他人调节转移到自我与他人之间的主观体验的分享和相互的主观体验的影响。先看分享。你能同别人分享你的内在体验吗？别人能同你分享他们的内在体验吗？如果你们双方都能分享一些主观体验，哪些是可分享的哪些不可？不可分享的体验会有怎样的命运？最后，分享有哪些可能的人际间后果？

我们说过,重点从体验调节转移到体验分享。这只是说主体间分享现在开始——并不是说体验的相互调节停止了——让位于这种新的形式。现在它们可以一起进行。

以下描述的就是在这个域内的、具有临床重要性的模式。

非调谐(nonattunement):主观体验的不可分享性

很难想象一个没有情感间分享的情境。其极端的形式可能只存在于严重的精神病或在科幻小说的情节:主角是机器人中或内在体验捉摸不透的外星生物中唯一的人类。这个科幻情节设定特别恰当,因为人类同外星人可以进行躯体性关联(如果外星人足够有魅力的话),甚至可以就外在事物进行交流。但是如果没有情感性主观,主角注定要有一宇宙的孤独。这种状态比较轻微一些的版本发生在人格障碍和神经症中。不过在这些情况下,还是有对可能的主体间分享的愿望、幻想或无望的企图。在精神病或科幻情境中,先天性地不存在情感主体间性的可能。

极端的情感间分享缺乏可能见于几十年前描述过的福利院婴儿,或者由于足够严重的抑郁或精神病而被评估为不能照顾自己婴儿的母亲。以下内容描述的是后一种情况,旨在显示内在体验的不可分享可以发生在不足以构成临床事实的情况下。

由于偏执型精神分裂症失代偿,一个 29 岁的离异母亲被社区医院精神病病房收治入院。她之前有过两次住院经历,一直服用抗精神病药物。她有一个 10 个月大的女儿,住在儿科病房。孩子住在那里的原因是没有家族成员能够照顾她,并且有一些精神科医生认为她同母亲在一起会不安全。另一些人认为婴儿是安全的,并主张把婴儿接回到母亲的病房,全天与母亲在一起,而不是每天两次在监护下的探望。那些想要母女分开的人认为母亲对孩子安全的过度关注,对有人或有某物可能伤害小女孩的恐惧是不祥的投射,表明来自她自己的、带有敌意的毁灭愿望。那些想要让小女孩同母亲呆在一个病房的人觉得,相比于母女俩由于分离所体验到的真实痛苦,投射是轻微得多的威胁。

这位母亲通常代偿得较好、能控制自己,精神病状态并不是很外显的。她会秘密地隐藏自己的想法。对孩子也有足够的关爱,在入院之前的 10 个月中一直如此。婴儿挺健康。整个病房工作人员都认为她对她的女儿过度认同,由于共生状态而丧失边界,母亲融入了孩子。我们——Lynn Hofer、Wendy Haft、John Dore 和我——被找去帮助病房解决这个困境。

我们第一次观察婴儿来病房探访时,婴儿睡着了。母亲轻柔地把孩子接过来放到床上,让她继续睡觉。她这么做的时候带着极大的专注,把我们都屏蔽在外。在慢慢地把婴儿的头放到床上之后,她拿起婴儿的一条姿势不太舒服的手臂,用自己的双手小心地、像放一片羽毛一般地放到床上,仿佛手臂是蛋壳做的,而床是大理石做的。她全部的身体和意识都倾注在这个动作上,完成之后,她转向我们,用很正常的方式重新拾起被打断的话题。正是这样的场景让病房工作人员觉得她有过度认同、边界丧失,是对抗内在伤害性冲动,同时也是一个胜任的照顾者——至少到目前为止。

这位母亲也感觉到自己对照顾孩子有一些非特异性的不安全感以及对孩子的过度认同。承诺了在这个问题上帮助她之后,我们请她配合我们为评估调谐(见第七章的描述)①而进行的资料收集和技能评分。

从这个过程中浮现出来的是,在所有我们曾经观察过的母亲中,这一位是调谐最差的。在不是同一天内的两次观察中,她没有任何行为符合我们情感调谐的标准。(用严格的标准衡量,通常一分钟一次。)但是同时她对孩子很专注、过度专注;她反复确认孩子没有受到伤害,竭力预测孩子的所有需要,并完全沉浸在这些任务之中。

当这一点明朗之后,我们对她的评价是:看起来她太过关注对女儿的潜在危险,因而不能分享女儿的体验。我们通过询问她以下问题传达了这个评价:有几次在没有明显外在原因的情况下她表现出保护,也有几次她遗漏了对孩子的特定表达或其他行为作出反应,而那正是真正交会的机会。在四次访谈(她还同 Lynn Hofer 单独有两节这样的访谈)之后,她逐渐地向我们揭示其实她的注意力几乎完全集中在环境而不是她女儿身上。她自己也很小心在意桌子的硬角、地板上的尖锐物品和外面传来的声音。如果她听到的喇叭声响了第二下,她会马上改变正在同婴儿做的事情。如果没有再响,她就会继续手上的事情,等待其他某种外界信号,这些信号都没有特异性,完全由她解释理解。由于全神贯注于解读和控制外部世界对她孩子的冲击,她无法进入孩子的体验并分享它们。这位母亲对此有觉察。估计婴儿已经习惯了母亲互动模式的这种不断迁移。她似乎被动地适应、在母亲行为迁移时自动进入母亲行为的新方向。来自婴儿的顺应、加上母亲完全的专注,使得她们的互动看起来比实际上更和谐

---

① 让一个在自己对孩子的照顾上有某些主诉、状况或疑问的母亲先为我们"自然地"重演需考量的事件或问题,录像,然后以录像为焦点依据进行访谈,这是我们实验室的惯用程序。调谐观察的咨询程序和资料收集程序基本与此一致。我们发现,在处理非语言事件时——如发生在父母与婴儿之间——父母很难在没有具体情境参考的情况下把一个问题语言化。Lebovici(1983)也论述过录像在治疗情境中激发情绪和记忆的效力。

一致。

在核心关联水平上，这位母亲只是部分地接触到她的孩子，但在主体间关联水平上完全没有接触。她没有为孩子提供任何主体间性的体验。过度亲密的初始印象只是一个偏颇的错觉。母亲只是在与她自己的妄想交流，没有能够突破到与孩子"共在"的领域。

这个案例在几个方面值得注意。它显示了即便在躯体与心理需要得到满足的情况下、调谐的近乎完全缺失也有可能发生。它意味着，大多数人类行为观察者（包括在最初的阶段的病房工作人员和我们）太期待调谐行为包含在交流或照顾行为中，以至于我们倾向于默认调谐存在并可能在实际上不存在的时候看到它的身影。（回想一下对这位母亲的最初印象。）最后，它显示了婴儿适应主体间关联缺失的一种方式——即在核心关联水平上变得非常顺从。如果母亲不能改变或没有其他人能够为婴儿打开主体间世界，这种适应最终会给孩子带来灾难性的后果。我们可以预测泛化的孤单感——不是孤独，因为这个孩子可能永远不会体验到主观分享及其丧失。当这个孩子大一些之后，可能她很难不注意到其他人之间有些东西，而她自己对此只能窥得一点，没有真正的体验过。然后她会真正体验到自我异化性（ego-alien）的孤单，可能会害怕这种形式的亲密的可能性。但是，如果她永远都不知道其实她不知道，她会体验到在主体间关联水平上的自我协调的（ego-syntonic）、可接受的慢性隔离①。

选择性调谐

选择性调谐（selective attunement）是父母能够塑造孩子主观和人际间生活发展的最有效的方式之一。它有助于我们说明"婴儿长成了其独特的母亲的孩子"

（Lichtenstein，1961）。调谐也是父母关于孩子的幻想能够发挥影响作用的主要工具。本质上，调谐让父母得以向婴儿传递什么是可分享的，即哪些主观体验在相互关心和接受的范围之内，哪些在此之外。通过对调谐的选择性使用，父母的主体间性回应起到了塑造和创造孩子相应的心灵体验的模板作用。正是通过这个方式，父母的愿望、恐惧、禁律和幻想勾勒出孩子心灵体验的轮廓。

选择性调谐的交流威力伸入到几乎所有形式的体验之中。它决定了哪个外显行

---

① 给那些希望看到这类案例的结局的读者：通过以这种方式与我们一起工作两周后，这位母亲的确获得了一些领悟，开始显示出有能力不关注、至少不再完全被自己的妄想和幻想抓住，而是进入——虽然并非完全地——孩子的主观世界。在我们得以进一步考量这些进步之前，她出院了，失去了随访联系。

为在可接受范围内或外。(在主体间范围内,用力敲打玩具并弄出噪声、自慰、搞得脏兮兮是"可以的"吗?)它包括对人的偏好(可以同诺丽阿姨玩不同露西阿姨玩吗? 那么露西阿姨会说"我的侄子不喜欢我"),它还包括能与他人一起发生的内在状态的程度或类型(快乐、悲伤、喜悦)。我们最关注的正是这种内在状态,而非外显行为本身,因为在当前的背景下对它们的重视普遍较低。

在某种意义上,多数处于觉察之外,父母不得不选择调谐的对象,因为婴儿会提供几乎每一种感觉状态,覆盖很宽泛的情感跨度,以及激活程度渐变和许多活力情感的完整谱系。这个创建代际模板的过程是日常事务的一部分,生发的机会几乎是无穷的,有些机会抓住了,有些错失掉。该过程并不会把世界按照非黑即白截然划分,而是分解成许多灰度。我们举一个"热情"及其相反面体验的例子。

莫莉的妈妈非常重视,有时候甚至过度重视莫莉身上的"热情"。很幸运莫莉似乎天生具有这个素质。两人一起时最特征性的调谐发生在莫莉热情高涨的片段中。由于这样的时刻具有强烈的感染力、婴儿热情的爆炸性行为表现最具有传染性,调谐因而很容易做到。母亲也能对莫莉较低水平的兴趣、唤起和参与外界进行调谐,但是少得多。这类较低水平状态并未被选择性地失调谐,只是接受到更少的相对和绝对调谐①。 *208*

你可能会争辩说父母对热情状态的调谐只可能是一件好事。但是,如果存在相对的选择性,婴儿不但会准确地知觉到这些状态对父母而言很特别,并且它们可能会是实现主体间联合的很少的方式之一。就莫莉而言,你会开始看到虚假的成分悄悄地出现在她对热情的使用中。重心从内在转移到外在,可以看到"假自体(false self)"的某个特定方面开始形成。她的天赋与父母的选择性调谐力量相结合,很可能在后来产生不良的后果。

安妮的情况很不一样。她同样天生具有热情的特质,但是她的妈妈特征性地在她热情的泡泡破灭、神(gods)离开时调谐。这位母亲相对更多地与热情耗竭时,而不是热情满溢时的安妮调谐。("哦,那没有关系,宝贝。""好难啊,对不对?")她这么做部分是为了安抚、同时也是把安妮在另一种不同的主体间联合方式中鼓动起来,后者我们

---

① 对热情状态的调谐必定会促进被认为是可取的、健康的全能感和自大感。从这个角度而言,"热情(enthusiasm)"这个词的来源很有意思。其字面意义指的是神进入人、灌输到人的精神或存在之中。这个概念提出了一个问题:在没有另外一个人的真实或幻想的心灵——他人的主观体验——注入感觉状态的情况下,热情是否还能产生?这与诱发伴随的早期形成有何不同?

可以称之为"热情后（exhusiasm，作者自造的词，以与 enthusiasm 相对应——译者注）"。事实上，热情后、与热情中的主观伙伴状态比较，安妮的妈妈在前者中感觉更舒服，后者似乎对她来说更危险。

如果一个婴儿只有处于热情状态时才成为主观伙伴，这将把更为类似抑郁的热情后状态摒除在可分享的个人体验范围之外。另一方面，只有在热情后状态中才成为伙伴会把热情的积极兴奋状态摒除在可分享的个人体验之外。

在做自己的状态下，父母不可避免地会在调谐行为中施加某种程度的选择性偏误，在此过程中他们为婴儿的可分享人际间世界创建了一个模板。这适用于所有内在状态，热情和热情后只是其中的例子。

而这恰恰正是"假自体"如何开始形成的——通过动用能与他人的内在体验达成主体间接纳的那部分内在体验，以牺牲其余部分同样正当的内在体验为代价。"假自体"（Winnicott，1960）的概念或者 Sullivan（1953）所谓的建构"非我（not me）"体验的异化人际间事件、或者对自身体验的否认或压抑（见 Basch，1983）都是我们正在讨论的主题的下一步内容。目前我们讨论的是该过程中的第一步，特定体验被排除在主体间分享之外。无论下一步发生什么，从人际间范畴驱逐出来的体验是否成为"假自体"或"非我"现象的一部分，它是否就是简单地以某种方式从意识层面降级出局，或是否成为自我的私密但可触及的部分，其发端都始于此。

与此类似的对选择性调谐的使用在整个儿童期均可看到，以上文描述的方式发挥作用，而不是以发展性变化为目的。比如，在考量儿童最早的自慰中（见 Galenson 和 Roiphe，1974），传递了多少禁止、否认或压抑的终极需求？在讨论选择性调谐的潜在临床影响时，Michael Basch 把这个问题讲得很清楚：

> 用弗洛伊德学派的术语来说，父母的超我是怎样如此精细、精确地传递给婴儿和幼龄儿童的？以自慰举动为例……如果父母具备开明的心理学头脑，并决定既不羞辱孩子、也不让孩子因这些行为而内疚，那么孩子会形成这类行为在可接受范围之外的概念吗？虽然父母并没有说任何批评或责备的话，他们也没有通过跨通道调谐分享这个活动，而这一点传递出清晰有力的信息（Basch，个人交流，1983 年 9 月 28 日）。

上文我描述的临床过程通常被从镜映角度去讨论。我认为镜映实际上是三个不同的人际间过程,每一个的使用都有年龄特异性:恰当的反应性和调节(核心关联期间);调谐(主体间关联期间);和强化塑型与同感效证(consensual validation)(言语关联期间)。加在一起构成了通常意义上的镜映。

在离开选择性调谐这个主题之前,我们应该注意,我们从核心关联转移到主体间关联,现在我们可以开始探讨相互独立的不同内在状态的不同发展连续线。我们可以看到同样的现象(例如热情)处于自我调节他人和主观状态分享他人的相似的发展压力之下,都源自母亲,但居于不同的关联域。自我调节他人伴随物理性在场而发挥作用,状态分享他人伴随心理在场发挥作用——但都随着时间变迁相互协调行动,建构特征性的模式,后者可能持续终生。

失调谐与调谐

失调谐与调谐是父母的行为(及行为背后的欲望、幻想和愿望)作为模板发挥作用,在孩子身上塑型和建构相应的内心体验的另一种途径。很难出于研究目的分离和定义失调谐与调谐,但在临床上的识别度很高。失调谐很麻烦,原因是它介于交融(匹配良好)调谐与母亲的评论(即非匹配的情感性回应)之间。更接近调谐一些,实际上,其主要特征是足够靠近真正的调谐、因此得以进入该事件阶层。但是它又恰恰缺乏良好匹配的达成,正是这个缺乏的量产生了巨大的影响。

观察发现,萨姆的妈妈特征性地对她十个月大的儿子的情感性行为匹配不足。例如,当他显示出一些情感,满脸欢快地看着她,伴兴奋地挥舞手臂,她的回应良好、坚实:"好,宝贝。"后者在其绝对激活水平上恰恰欠缺他的挥舞手臂和面带欢快。她是一个具有高度活力、活泼的人,这让来自她这方面的这类行为更加突出。

按照我们一贯的模式,我们就每一个互动询问她一些常规的问题——当时她用那种方式那样做的原因是什么。她对最开始的问题——为什么、是什么、何时——的回答都在预料之中,平平常常。当我们问到为什么用那种方式做的时候,更多的东西显现出来。特别是,当问到她有否打算要在她的回应中匹配孩子的热情度时,她说"没有"。她模模糊糊地觉察到自己常常对他匹配不足。在问到为什么时,经过一番斗争,她才说如果自己与他匹配——不是过度匹配、仅仅是匹配——他会把注意力集中在她的,而不是他自己的行为上;这可能会把主动权从他转移到她。她觉得倘若自己以与孩子完全对等和分享的方式参与,他会失去他的主动性。在问到如果主动权转移给她会有什么不好时,她停顿了一会儿,最终说她觉得孩子有点儿处于被动方,并有把主动权塞给她的倾向,她用匹配不足去防止后者的发生。

在孩子的这个年龄段他相对更被动或较少主动性,这有何不对? 被问到这个问题时,这位母亲说她想到孩子太像父亲,后者太被动太低调。她是主动的那一个,家里的火花塞。她是给这个婚姻注入热情的人,她决定吃什么、是否去看电影、何时做爱。她不想自己的儿子长大后也像父亲这样。

这一个蓄意的轻微失调谐行为竟然承载着这样的重任,并成为了她养育方针和幻想寄托的支柱,发现这一点,这位母亲和我们一样惊讶。实际上,这不应该那么令人吃惊。毕竟有许多方式可以把态度、计划和幻想转换为看得见摸得着的互动行为,以实现其终极目标。我们碰巧发现了一个这样的转换点。调谐和失调谐存在于态度或幻想与行为之间的界面上,其重要性在于它在这两者之间转换的能力。

这位母亲的策略有些很有意思的悖论,其中之一是:如果没有其他干扰因素,其结果恰恰与她的意图相反。她的调谐不足会培养出一个低调的孩子,不太倾向于分享他的情绪。母亲无意识地促成了儿子与父亲相像,而不是与父亲不同。"代际影响"线常常不是笔直的。

212

显然,失调谐的目的并不是交融、直接参与到体验,而是改变婴儿行为与体验的隐蔽的企图。那么,从婴儿的角度看,母亲的失调谐体验是什么样的? 以下是我们的推测。有时候婴儿处理这类事件的方式似乎没有把它们当作调谐范畴内的事件,同其他任何非调谐反应相类似。在那种情况下,失调谐仅仅是失败,尚不足以接近交融调谐以获得准入。"成功的"失调谐应该感觉像是母亲主观上进入了婴儿的世界并建立分享的错觉,但不是真正意义上的分享。她好像是进入了婴儿的体验,但实际上到的是别的地方,隔着一点距离。有时候婴儿向母亲所"在"的地方移动,缩小差距并建立(或再建立)良好的匹配。这时失调谐便成功地朝着母亲想要的方向改变了婴儿的行为和体验。

这是一项很常见且必要的技术,但是,如果过度使用或者为了特定类型的体验而选择性使用可能会给婴儿对自身或他人的内在状态的感觉及评估带来问题。这也暴露了整个选择性调谐和失调谐领域的一些潜在危险。同大多数高效能的事物一样,主体间性和调谐可以是祸福兼具的。

失调谐不但可以用来改变、也可以用来窃取婴儿的体验,导致"情感盗窃(emotional theft)"。即便在这样幼小的年纪,让某人进入你的主观体验都是有一些危险的。母亲可以对婴儿的状态调谐,建立分享体验,然后改变这个体验,于是它对婴儿来说就丢失了。比如,婴儿拿起一个洋娃娃,津津有味地咬洋娃娃的鞋。母亲对他体验到的快乐做了一些调谐,足够使她自己被视为当下体验的相互认可的成员。该成员身份给了她从婴儿手里拿过洋娃娃的许可。她拿到洋娃娃之后就抱着它,这种方式打破了先前建立起来的咬的体验。婴儿被置于一种悬空的状态中。母亲的举动实际上是一种禁止或保护行为,阻止婴儿嘴巴的动作,同时也是教育行为:洋娃娃是用来抱的、不是咬的。但是,这个禁止或教诲举动不是直接进行的。她没有简单地禁止或教诲。她通过调谐进入婴儿的体验,然后从婴儿处偷走了情感体验。

这种类型的交换的发生方式可以有许多。并且丢失的也并非总是实际的客体体验。例如,父母可以对婴儿当下的体验调谐,然后逐渐调高或改变其行为,指向婴儿不再能够跟得上的地方。婴儿被落在最初的、渐渐消退的体验中,看着父母继续对婴儿自身的原初体验进行又一波变异。

这些简单但不罕见的例子很引人入胜,因为对婴儿而言,它们的一个共同特点是允许主体间体验分享的风险,即主体间分享可能导致丧失。这可能是一个长期的发展线的起源点,后来在年纪大一些的儿童身上形成撒谎、秘密、回避的需求,以保持他们自己主观体验的完整。

考察调谐可以使用的方式,无论好坏,你可能会得到一个印象:到处潜伏着危险,但实际上这里的危险并不比其他任何人类活动方式更多。毕竟,最好的父母也只是"足够好"。这给婴儿留下了空间(对于双方都是最有利的)去学习调谐的必要的现实——即这是开启人与人之间的主体间性的关键;它可以通过与另一人的部分联合去丰富一个人的精神生活,也可以通过歪曲或甄选一个人的部分内在体验去枯竭其精神生活。

真实(authenticity)或真诚(sincerity)

在主体间关联水平上,父母的真实是极其重要的。对于心理病例的形成显然是这样,对正常发展也是。

这个议题不是真实对比不真实。这个问题上存在一个连续谱而非二分状态。问题是:多真实?由于母亲/婴儿的关系、他们的知识、技能、规划等等中有天然的不对称性,大多数时间内母亲同时进行着几个她自己的目标任务,而婴儿只能容纳或参与其中之一。这类多重目标任务在前文提到过;萨姆的妈妈与孩子玩但不让他变得"被动"是一个例子。还有众多更为平凡的多重目标任务：鼓励孩子玩某物的同时指导应该怎样不应该怎样玩；把婴儿的注意力从某件相对危险的东西转移到安全的东西上，整个过程做得像是一个真正的游戏；想要炫耀孩子的反应性和早熟，又做得不露痕迹；让一个令人兴奋的游戏持续，但是在孩子刚开始表现出疲倦或超载的迹象时便一脚放在刹车上。所有这些情境可能都有必要涉及一些真诚与不真诚行为的混合。

当我们观察一个母亲如何制止她的孩子时，这个问题的普遍性变得一目了然。在一个研究项目中，我们从项目的问题和我们自己的失败中学到的最多。我们三个人组成了一个小组，我们认为很适合探讨母亲如何制止不同年龄段婴儿的研究工作。John Dore 是分析说话行为的专家，负责母亲所说的话的语用学和语义学领域。Helen Marwick 是声音质量分析专家，负责母亲的副语言信息领域。我负责分析母亲的面部、姿势和手势行为。

我们的第一个问题来自如何定义制止行为。Dore 列举了一份似乎适当的语言学和讲话行为的标准，但不能用。有时候母亲会说"别那样做"，从语言学角度看是一个极好的制止，但是她可以用最甜蜜、最玩笑的声音加上微笑说出这句话。那是制止吗？另外一些时候，她会仅仅叫孩子的名字或问："你想那样做吗？"而我们一致公认，从她的语气和面部表情来看，那是制止，虽然不是语言上的。我们最终也没能按照语言学的术语去定义这个我们想要研究的行为。

于是我们决定转变策略。我们选了一位母亲，我们知道她讨厌自己的婴儿咬或吸吮任何东西，总是会制止这种行为。我们会研究这位母亲看到婴儿咬、或把东西往嘴里放时所发生的所有互动。这时候我们研究的不再是"制止"，而是母亲对婴儿行为的反应，后者被预先设定为"可被制止"。研究主题由此变成了"可被制止"，而不是"制止"。

我们根据行为发生的不同通道对其进行分类，同时也意识到跨通道的混合信息可能占了多数。我们分析的母亲交流通道有：语言（实际的和语义学的）、副语言（喉头紧张度、音高轮廓、绝对音高、响度、张力、鼻音、转折和耳语）、面部（情感分类和展示的丰度）、手势、姿势和空间关系。我们也会对每一个行为显示的母亲的严肃度、真实性和目的进行主观印象上的评级。

我们的总体印象是：这位母亲通过一个或多个通道发送出"真实的"制止，然后使用别的通道加以修改、反驳或支持制止性信息，或发送一个竞争性的"真实的"信息。这个情况与 Labov 和 Fanshel(1977) 优美的描述非常类似，他们分析了在心理治疗时段内通过不同的通道发送的多重信息。我们曾期望成人可以处理这种水平的复杂性，但我们没有预见到婴儿几乎从一开始起就不得不学习破译混合的信息。更明确地说，婴儿对交流技巧的获得发生在复杂的媒介中，这个事实必定对如何学习信号系统具有某种影响。

显然，当母亲处于最高严肃度和真实性时——例如，当婴儿准备玩一个墙上的电源插座时——她在所有交流通道中的所有行为齐刷刷对准合一，这预示着禁止，且没有抵触、矛盾或修改信号。她大叫："不！"声音紧张度极高、音高平直、张力极大、面部表情展示充分以及冲向前去。这些动作立即让婴儿停了下来。由此婴儿很明确地被给予了一些偶然的机会，得以见识一组纯粹的制止组合。然而，大多数时候，实际情况远非如此。

婴儿如何解读母亲多重的、同时进行的行为所带有的严肃性，这个问题忽视了一个关键点。它默认有某种解读方法存在，把那些行为当作信号去解码，那种具有绝对意义的信号。这个方向中遗漏的是，这些行为是作为进行性的谈判过程的一部分出现的。任何成套的行为本身都不具备可知的信号价值，而是一种近似物，带着内置的模糊性。更准确的信号价值是由之前发生的事件、谈判指向的方向和其他因素决定的。单个的动作的意义很局限；它们特异的意义得从整个序列的语境中派生出来。

这是另一个看待人际间信号解译问题——更明确地说，确定某人行为真实程度的问题——的角度。这个情况同所谓的讲话行为理论（speech act theory）中的真诚性或恰当性一致，其实质是讲话者打算和期望其表达在多大程度上被理解为言意合一（Austin，1962；Searle，1969）。婴儿在这类情形下学到的是识别非语言行为的真诚状态（sincerity condition）。由于真诚状态这一术语应用于讲话行为，我们将采用真实状态（authenticity condition）。学习什么构成了人际间交会的真实状态，这对婴儿至关重要。

非真调谐（unauthentic attunement）

即便你的心思不在其中，调谐行为也可以很好。每个父母都知道，你的心思不可能一直都在这儿，原因显而易见，包括从疲倦到干扰事务到外界当务之急的事情，每天都跌宕起伏。度过这些风波是父母意料中的每日经历的组成部分。于是，调谐在真实维度以及匹配的优劣维度上不断变化着。婴儿开始学习这个情况，学得也很好。人际间惯例或标准的最大好处之一是：通过在真实维度上的变异可以实现无限多的信号潜能。(回忆一下第八章描绘的两个精神科医生在街上相遇互道"你好"。)

作为观察者,我们在确定某个特定调谐的真实度上没有遇到多大麻烦。较明显的非真调谐企图都以失调谐告终。不过,与多数失调谐不同,它们没有特征性的隐蔽意图。与其说是用一种已知的方式系统性地改变婴儿行为的潜在成功,它们更像是交流的非系统性失败。非真调谐不存在一贯的模式,母亲被体验到的一贯性更低。

有意(隐蔽的或潜意识的)失调谐与非真调谐之间的差异就像"磁北极"(magnetic north)与局部磁干扰之间的差异:磁北极并不在地球的北部,且会系统性歪曲真实北极上的指南针读数;局部磁干扰使指南针表现不规律,到处乱跳。如果把交融调谐作为衡量情感主体间性的最顶级参照点(真实北极),失调谐就是系统性歪曲(磁北极),而明显的非真调谐让人连能用于主体间关联的人际间指南针都没有。

到目前为止,在我们的研究中,更为微妙的非真调谐超出了我们分析能力的范围。这并不是简单的在一个通道内调谐好、另一个通道内不好的问题,虽然对多数人来说确实如此。这个情况与我们对调谐面貌的预期有轻微出入。我们不清楚婴儿拣选出这些非真调谐的能力处于什么水平,我们只知道他们能够识别出来,这就像我们只有一个功效发挥靠运气的人际间指南针。主体间性仍然需要依赖于一套摇摇晃晃的坐标体系,不会有确定的航位定测。谈判而非信号传递、主体间性状况和婴儿估量真实状态的能力出现,这整个领域需要更多实际的观察和理论上的关注。

过度调谐

我们偶尔会看到一个母亲表现出过度调谐。这是一种"心理伏窝(psychic hovering)"形式,通常伴随身体上的伏窝。母亲对孩子过度认同,以至于像是想要爬进孩子的每个体验。如果这样的母亲是完美的、恒定的调谐者,如果她从不遗漏任何调谐的机会并每次都命中十环(当然这是不可能的),婴儿可能会觉得与母亲共享了一个二联心灵,与"正常共生"所提示的状态类似,但仍然具有分隔开的、独特的核心边界,这与正常共生不同。或者,由于核心自我和他人感持续存在,这种想象的情境下的儿童可能会有主观性透明、和母亲全知的感觉。不过,母亲们——即便那些过度调谐者——并没调谐到婴儿体验的绝大部分,即使他们这样做了,也只会取得相对的成功。婴儿学到:主观是潜在可渗透的,但不是透明的;母亲可以接近主观但不能自动地洞察它。过度调谐是物理性侵入在心理上的对应物,但它永远不能偷走婴儿的个体主观体验;很幸运,那个方法太无效了。这保证了主观水平上的自我与他人的持续分化。

母亲的伏窝如果得到婴儿这方面的顺从,会减缓婴儿朝向独立的步伐,但不会阻碍"个体化"。

主体间性和共情的临床重要性

从自体心理学角度看,主体间性目前已成为了心理治疗中的一个主要议题。患者—治疗师"系统"要么暗示性地(Kohut,1971、1977、1983)、要么明确地被视为"两个主观性的交集——来自患者的和来自分析师的……(在其中)……精神分析被刻画……为主体间性的科学"(Stolerow、Brandhoft 和 Atwood,1983,第 117—118 页)。就这个角度而言,父母—婴儿"系统"和治疗师—患者"系统"似乎是平行的。例如,"负性治疗反应(negative therapeutic reaction)"指的是一些矛盾的临床情况,给予患者的阐释使患者变得更糟而不是更好,尽管事实上所有当前和随后的证据表明阐释是正确的。Stolerow、Brandhoft 和 Atwood(1983)用"主体间裂解(intersubjective disjunction)"(第 121 页)解释这类反应,而不是受虐、阻抗、潜意识嫉妒或其他防御性举动、或仅仅是时机不对,等等这些传统的解释。"主体间裂解"似乎同失调谐类似。更宽泛一点看,"共情失败"(缘自"主体间裂解"的"负性治疗反应"只是其中一个例子)和"共情成功"是自体心理学的主要治疗性过程(Kohut,1977,发表中;Ornstein,1979;Schwaber,1980a,1980b,1981)。这似乎与无调谐、失调谐、选择性调谐和交融调谐的连续谱类似。

但是,我希望在把这些类比凑得太近时加入一点谨慎。共情的临床应用远远比我们看到的复杂,涉及对诸多因素的整合,包括我们所谓的核心关联、主体间关联、言语关联以及 Schafer(1968)所说的"可生性共情(generative empathy)"和 Basch(1983)的"成熟共情(mature empathy)"。在主体间关联水平上发挥作用、先于言语关联出现的调谐,由此成为治疗性共情的组件之一的前体,但并不等同于一种模拟关系。二者之间在功能上有重要的相似之处,特别是一个人的主观状态对另一个人的相互影响,但是母亲与婴儿之间的调谐和治疗师与患者之间的共情在不同的复杂性水平上、不同的领域发挥作用,并且具有不同的终极目的。

还有一个相关问题。自体心理学认为,在生命开始阶段,母亲的共情失败是导致后来自我统一性(self-cohesion)缺陷或脆弱的原因,后者表现为边缘性障碍。在上述那些相似性的基础上,把主体间关联水平指认为共情相关障碍在自体发展中的"关键"或"敏感"阶段,是很有诱惑力的。这也可能证明确实是事实。然而,正如正常或不正常的统一性自我——或自体心理学设定的自我概念（self concept）——发展线在主体间关联水平上得到了非常宝贵的建构，其在核心关联水平、言语关联水平上的情况也一样。调谐与共情的相似与紧密关系不应该让我们产生偏误，以至于在自我感发展的临床问题上，相比于其他关联水平，过度地把重要性赋予主体间关联。后者应有的重要性已经足够充分了。

社会偏好（social preference）及其对婴儿情感体验的影响

丹佛的一组研究人员发现了一个在情感调谐同一时期的现象，他们称之为社会参照（social referencing）（Emde 等，1978；Klinert，1978；Campos 和 Sternberg，1980；Emde 和 Socrce，1983；Klinert 等，1983）。其原型在第六章描述过。一岁左右的男孩被吸引人的玩具或微笑的妈妈引导，通过一个外观上的视崖。在接近外观上的掉落处时，婴儿会停下来，进行危险对比通过欲望的评估。置于这种不确定情境，婴儿无一例外看向妈妈，解读她的脸并获得次级评估。如果她微笑，婴儿就通过；如果她显得害怕，婴儿就后退并变得心烦（"不可以那样"）。母亲的情感状态决定了、或修改了婴儿的情感状态。

你可以争辩说婴儿看向妈妈并不只是为获得评估，这是相当认知的观点，也是为了确定婴儿自己冲突中的哪一种感觉状态与妈妈匹配或者调谐。毕竟，这种情境下，婴儿的处境并非简单的认知不确定，还有对视崖的恐惧——一种先天的恐惧——和探索的乐趣之间的情感矛盾。通过与一种而不是另一种情绪的调谐，婴儿寻求母亲的帮助以解决这个矛盾，从而让天平倾斜。这两种解释相互补充，而非相互矛盾。其描述的过程在大多数时候同时进行。

该组研究人员指出，母亲对婴儿情感状态的影响可以做到逐渐输入一种新的、婴儿原初体验中没有的情感。为了揭示这一点，他们采用了多个不同于视崖的情境，不引发及依赖情感冲突：例如城堡塌陷、事故扮演。在这些情境中，母亲能够成功地标记出婴儿的感觉，但是不能用婴儿寻求情感匹配来解释。

母亲影响甚至决定婴儿感觉到什么的一个常见例子发生在婴儿摔倒并开始哭啼的时候。如果母亲飞快转变为一种玩笑—惊讶模式，"哦，你刚才发生了一件多么有趣好玩的事啊"，婴儿很可能会变档为愉快状态。你可能会得出结论：母亲把婴儿从一种感觉状态带到了完全不同的另一种。然而，如果母亲的玩笑—惊讶的唤起水平没有与婴儿初始的负性唤起水平匹配，她的举动永远不会奏效。要实现一个成功的社会参照,某种程度的调谐可能是必不可少的。

不管怎样,在已经讨论过的维度之外,情感状态信息传递给调谐增加了另一个维度,二者具有同等重要的临床意义。例如,不使用惩罚或解释的手段,母亲如何使婴儿对一件中性事件产生不好的感觉? 如果我们从社会参照工作的角度再去探讨制止,答案就显得简单了。我们假设咬——在9到12月龄阶段中用物品磨牙——对婴儿而言是一种由一些愉悦和一些疼痛组成的体验,对现在的大多数母亲来说是品德上的一个中性事件。我们观察过一些认为咬东西很恶心的母亲,原因在于心理因素,与干净或健康无关。在每一次婴儿咬东西的过程中参考她的反应时,这样的母亲能够通过传递恶心信息把恶心感输入给婴儿。一位母亲总是亮出一副恶心的面部表情并说:"咦——呃! 真恶心——啐!",同时皱起鼻子。这个举动开始成为一个有效的制止行为,婴儿偶尔会停止咬东西、把它放下,同时发出类似"咦——呃"的声音并厌恶地皱起鼻子。这位母亲成功地把渲染了"不好"的感觉性质引入到婴儿对咬东西的整体情感体验中。

与此类似,另一位母亲同前一位母亲使用"恶心—信号"一样使用"抑郁—信号"。每当她儿子做了某件笨拙的事时——这对一岁的孩子来说完全是意料之中的,如打翻了某样东西、或弄乱了某个玩具,母亲就会释放出一个多重通道的抑郁信号。其组成包括长长的叹气、音调的降低、稍带点崩溃的姿势、眉头紧皱、歪斜和垂下头、以及"哦,约翰尼",后者可能解读为"看你又对你妈妈做了什么",如果不是"你对玩具火车那么笨手笨脚的,又造成了一打人的死亡,这是多么大的悲剧啊"的话。

慢慢地,约翰尼旺盛的探索自主性变得审慎。他的母亲也把一种异物性的情感体验引入了本来应该是中性或正性的活动中。她可能同时也成功地使之成为在那个活动中婴儿自身情感体验的一部分,该活动也因此变成了另外一种既有体验,作为差异很大的另一种原型情节记忆记录下来,有可能影响未来。

社会参照和情感调谐是两个深度互补的过程。社会参照使母亲得以在某种程度上决定和改变婴儿的实际体验。但是,它有其切实的局限,母亲只能调整婴儿的主观体验,她不能创造整个体验。情感调谐使婴儿得以明确自己的体验被母亲分享、从而进入可分享的领域。选择性调谐强化了婴儿主观体验的某些部分,以牺牲其他部分为代价。

主体间关联形成阶段的心理病理

从7到9月龄开始,到大约18月龄为止,可以观察到三种潜在的心理病理形式:

222

类神经症（neurotic-like）的迹象和症状、性格畸形（characterological malformation）和自我病理（self pathology）。

上文提到过潜在的性格和自我病理性畸形。在这个基础上以下内容很容易说明：婴儿对主要照顾者营造的人际间现实的准确感知、以及对该现实的适应性应对反应，后者会成为习惯。例子可参见第 165 到 166 页所描写的女孩，她不得不"万星闪耀"才能让母亲回应她；以及另外两个女孩，安妮和莫莉，她们被各自母亲的调谐反应驱使，形成以热情后而不是热情为被社会接纳的、占优势的自我体验。这些类型的适应可以变为适应不良，从这个意义而言，也就是病理性的：在新的情境下、对新的人使用这些模式，婴儿自己的模式对新的现实而言不再具有反应性。问题之一在于过度泛化，和/或不是把自己体验为使用一种适应形式，而是被这种形式定义或限制。这是在该发展节点上最为常见的"失调"状况，并似乎与相对稳定的、通常用性格倾向、或人格类型、或适应风格表述的个体差异——即 DSM-III 现象学的轴 II 障碍——有关。它们也可

223　能具有在敏感阶段建立的模式的固着性。

不过，在一些情况下，一岁左右的婴儿呈现出类神经症的迹象和症状。这些迹象和症状特别有意思，因为它们需要用不同于过度泛化和自我感受限的模型去解释。最常见的例子是"一岁恐惧症（one-year phobia）"，在其他方面并不胆小的婴儿对某个特定的事物——如吸尘器——产生巨大的、莫名其妙的恐惧感。这种恐惧症可以用被该物品吓到过一次或多次（在没有思想准备的情况下，因为快速增大的噪音，吸尘器的突然启动会吓人一跳，这是普遍的现象）来解释。在图像和害怕的体验之间建立的一种关联，或视觉图像唤起了一段情景记忆。尽管有许多机会消除和/或形成别的、关于吸尘器的不害怕的既有情景，但恐惧依然持续，其原因并不显而易见。与第一次被吸尘器吓到时婴儿原初的反应比较，这些迹象和症状并没有经过精细加工，所以这类恐惧症不太具有神经症性质。其"症状"并不涉及凝缩、置换（displacement）或其他加工。

相反，在 12 月龄之前的婴儿身上有可能看到对一个症状或迹象的精细加工带有许多神经症症状的特征，特别是把不同体验凝缩和置换为一个特定的客体。例如，Bertrand Cramer 及其在日内瓦的婴儿指导服务（Service de GuidanceInfantile）的同事报告了这样一个案例（临床上常见的案例，处理出生后最初几年的婴儿和家庭问题）：由于 9 个月大的女儿存在喂养问题、以及中度但亚临床的生长迟缓（体重在第 25 百分位），一对年轻的、居住在日内瓦的伴侣被转介过来。这个孩子最突出的行为特点是对奶瓶表现出暴力性负性反应，对别的东西不会这样。诱发该行为并不一定需要去喂

她,把奶瓶递给她,或仅仅是看见奶瓶就可以诱发。其反应是不同行为的混合,她会发怒、同时表现出害怕(向后退缩)和生气(把奶瓶扔掉)。最说明问题的是,她表现得好像奶瓶本身就承载着那些让她害怕、焦虑和生气的特质。给人留下强烈印象的是:奶瓶并不是诱发或唤起了不愉快的体验,而变成了这些体验的代表。

以下是关于这个症状的主要已知事实:

1. 这对伴侣一起生活了多年,但选择不结婚、也没有打算结婚。我们所有观看了资料采集访谈(通过录像)的人都感觉伴侣间关系有些问题。这个孩子是让这对伴侣在一起的最大的现实纽带。人们想要询问父亲和母亲的重要临床问题是:你们的关系怎样能持续发展?它怎样才能得到最好的滋养?最好的滋养可能是什么?你们中的哪一方会提供哪一部分?这对伴侣确实有隐秘的相互斗争,比如谁去喂孩子、喂什么、何时喂。从临床角度有理由推断:这个婴儿的喂养问题已经成为了家庭问题的焦点,某种程度上也是后者的反映。

2. 这位母亲由一位冷淡、不会付出的母亲养大。在离开意大利时她把自己的母亲一笔勾销。她对自己照顾孩子的能力没有安全感,也不确定自己有能力恰当和很好地喂养婴儿。

3. 这位父亲的妈妈是他的家庭中最有权势的角色。他羡慕她的威力,甚至心怀畏惧,但并没把这种威力体验为一直是良性的。因此这位父亲也有动力性的原因,使其对女性、对他"妻子"的喂养角色以及在他喂养孩子时所产生的对自己母亲的强烈认同持有矛盾心态。

所有这些因素加在一起,形成了一股涌动的、关于婚姻的动力问题,并导致了喂养问题。父母双方都把各自过去的冲突历史带入到当前的境况之中。问题的成因是多重的,因此从未得到过充分的解决,诸如谁去喂孩子、喂什么、何时喂,带着多大程度的信心、这段"婚姻"关系会有什么结果、以及父母对其身份认同抱有什么样的幻想意义。

通过某种方式——这是最关键的部分——这些内在现象及其外显行为在婴儿这里表现出来、以奶瓶作为最终的共同途径和形式。她本来可以简单地成为一个胃口不好的孩子,或者顺从的、胃口挺好的孩子,但是她没有,她形成了一个症状。

在这个症状中,奶瓶象征的并不是围绕着喂养的冲突。它压根儿不是一个任意的指示信号,看起来也不像是代表许多冲突的客体。可能从动力情境性记忆模型的视角能最好地理解这一切是如何发生的。某些原型事件(RIG),奶瓶在其中一直是一个属性,单独在母亲身上引发愤怒或迟疑;另外一些单独与父亲的愤怒或迟疑有关;还有一些包括孩子感觉到的父母之间的张力；还有一些包括侵入性的过度喂食和孩子方面感觉到的愤怒；还有一些包含了来自父母双方的抑郁信号，和孩子身上相应的感觉；以及涉及照顾的例行程序平滑流的中断。这样说吧，如果这个女孩能够按照其不变量属性、对这些麻烦的原型互动事件(RIG)重建索引，她抓到奶瓶，把它当作了自己各种来源的、各种形式的痛苦的最佳代表。奶瓶不再代表既有生活体验的一个形式。它发挥着集合、凝缩多种不同既有体验形式的作用。从这个角度而言，它起到的"神经症信号"作用超越了任何单一体验现实。正是通过这种方式，神经症性症状能够在真正的象征功能出现之前形成。

言语关联

　　虽然语言极大地扩展了我们对现实的掌控，但是，挺矛盾的，它同时又为歪曲体验现实提供了途径。如我们所看到的，语言能够迫使人际间自我体验分裂成实际经历过的既有体验和言语表象的体验。"假自体"、"非我体验"、以及那些始终保持私密的体验，都将被既有体验和语言表象体验之间的分裂方式的建立和修复进一步确定。正是因为此，许多具有临床重要性的内容在语言出现时是隐形并无声无息的。包括一切不
226　被语言表达的内容，并涉及对说与不说的内容的选择。存在一个既有体验版本(在情景记忆中)和一个言语表象的版本(在语义记忆中)，我们怎么样才能最好地理解这一情况？Basch(1983)为此提供了很有帮助的阐述。他指出：在压抑(repression)中，从既有体验通向其语言表象的路径是阻断的。(对父母过世的感觉体验不能翻译成意识注意所必需的言语形式。)另一方面，在否定(disavowal)中，从语言表象通向那些被表象的既有的、感觉到的体验事件的路径是阻断的。(能够识别父母事实上过世了的语义版本现实，但这个识别并不引出附着于该事实的、感觉到的情感体验。后者被否定了。)在否认(denial)中存在对知觉本身的歪曲("我父母没有过世")。在否定中被否定的只有知觉的情感—个人意义。此处存在体验的分裂，在其中两个不同的现实版本保持相互分离。

　　我们可以使用这一套术语去探讨两个现实版本之间的各种关系。在创建"假自体"和"真自体"过程中，对自己的个人体验分裂成两种类型。由于满足了他人(假自体)的愿望，一些自我体验被挑选出来并得到强化，尽管事实上它们可能偏离了更多是由"内在设计"(真自体)决定的自我体验。我们已经知道分裂过程如何在核心关联期

间、通过父母使用选择性调谐、失调谐和非调谐从而开始出现。在言语关联水平上所发生的是：语言出现、并可以用来根据假自体批准分裂、并授予言语表象特权状态。（"你对泰迪熊不礼貌！莎莉一直都那么有礼貌。"或者"这太令人兴奋了！我们这会儿高兴极了！"或者"那个东西没有意思，对不对？但是来看这一个。"）

渐渐地，在父母与孩子的合作下，假自体建立，成为由关于自己是谁、做什么、体验什么的语言命题所组成的语义构造。真自体成为被否定的、不能语言编码的自我体验的混合体。只有当婴儿能够在象征水平上处理先前存在的自我与他人之间的核心区分时，否定才能发生。它要求有一个自我的概念，后者能保持在反省的直接体验之外，且其中的体验或属性能够被赋予个人意义和情感重要性。亦即：否定把真实的个人、情感意义和对何为事实的语言陈述分隔开来。由于语言提供了把关于自我的知识与自我相关联的主要工具，与其他体验比较，否定的体验较少可能通告自我知识，并且由于被阻隔在存在于语言中的组织力量之外，它们保持着更低的整合度。

至此我们方能开始论及来自婴儿一方的自我欺骗和对现实的歪曲。但是，与现实的差距，更多是不作为、而非作为的结果。在愿望的影响下对知觉或意义的主动歪曲尚未出现。（"那个小女孩身上也有阴茎，只不过还很小——或者曾经有过。"）已经出现的是分裂为两个同等"真实的"体验，但只有一个获得了充分的重视。

是什么压力或动机激活否定、把真自体与假自体分开？首先是与他人共在的需求。只有在假自体域内，婴儿才能体验到主观分享的交融以及个人知识的同感效证。在真自体域内，母亲处于不可获及的状态，实际上她的行为方式显得似乎婴儿的真自体根本不存在。

"私密域（domain of private）"（不会与他人分享、甚至不会想到与他人分享的部分）的发展与假自体的发展有关。私密域处于被否定的真自体和虚假或社会性自体之间的某个地带，不过私密自我从不会被否定。它由未被父母调谐、分享、或强化、且其呈现不会引起父母撤退的自我体验构成。这些私密自我体验不会引起人际间脱离，也不会成为体验共在的一种路径。婴儿仅仅是学到了这些体验不用于分享，也不需要去否定。私密体验可以使用语言，并为自己所知，具有比被否定的自我体验更高的整合度。

有别于真实但被否定的自我，私密自我的概念很重要，因为，是什么构成了被分享和不被分享的自我体验存在巨大的个体和文化差异。其中一些差异由不同的否定的社会压力导致，而另一些不是。后者是并非强制的对惯例的遵循。

由于私密域缺乏否定机制去维持其状态,因此是最容易通过体验而改变的域。大多数成长、学习爱、以及学习保护自己都切实地涉及私密域的边界线的迁移。

现有的,或悬而未决的人格病理的应用已变得黏附于"真自体"和"假自体"这两个术语。Winnicott 最初并未希冀这样的局面。我相信他想要指出的是:考虑到我们人际间伙伴的非完美性,某些深入真实和虚假自我的分裂是不可避免的。那么,也许我们应该使用不同的术语,把发育中的自我体验分为三类:"社会自我"、"私密自我"和"被否定的自我"。"真实"或"虚假"自我如何受伤害或经受痛苦、受到多大伤害或痛苦,这是一个非常复杂的临床问题,但是它只是临床问题而不是发育本身。这些自我中的任一个在何种程度上发展到最接近"内在设计"的航线,这是一个只有在能够考量整个人生的方向之后才能争辩的问题(Kohut,1977)。也许永远无从知晓。

语言在为自我定义自我中具有强大的影响力、父母在这个定义中起到了很大的作用,这个事实并不意味着婴儿很容易被这些力量"麻醉",变成完全是他人意愿和规划的产物。社会化过程,不论好坏,都受到婴儿生理因素的限制。在被否定的自我出现前,在某些方向或者程度上,婴儿是不可能被降服的,而被否定的自我则需要得到语言的批准。

至此我们描绘了三种自我体验域:社会的、私密的和被否定的。还有第四个,"非我(not me)"体验。Sullivan 推测,有一些自我体验,如自慰,可能会由于与来自父母但建立在婴儿身上的共振焦虑相互晕染,从而不能被吸收入、或整合进其余的自我体验中。或者,如果体验已经部分地整合,焦虑的力量会把它从其在组织自我体验中的位置去整合(dis-integrate)——可以说驱逐出去。在更为年长的人群中已经确定有符合这个解释的临床现象。如 Sullivan 所提议的,这也会发生在或始于婴儿期吗?这完全取决于焦虑的去整合或整合抑制(integration-inhibiting)效能、或其他具有极端破坏性的感觉状态。

有可能发生的情况是:原初的去整合或非整合发生在核心关联水平上,因此"非我"体验并未包含进核心自我感之内、或被从其中驱逐。当这种情况在言语关联水平上发生时,我们有一部分自我是被真正压抑的,而不是被否定。它不能使用语言,因此不能接触到私密或社会自我、甚至被否定的自我。

我们才刚刚开始触及语言获得(language acquisition)的临床应用。在儿童发育中尚未到来的是主动歪曲知觉和意义的能力,这种歪曲通过防御和各种对现实的偏离得以实现,后者借由真正的象征工具,如语言成为可能。然而,这些在两岁前很少能观察到,因此超出了本书的范畴。我们对早期语言发育的论述止步于此,这个阶段的婴儿依然保持对现实相对忠实的记录,所有对正常的偏离都距离对人际间现实印象的准确反映很近。

230

第十章　治疗性重建背后的理论的启示

　　本章关注的是那些在治疗师头脑中发挥作用、从而影响再造"临床婴儿"的建构的理论。我将从"观察婴儿"的最新知识和自我感域的角度去探讨这些理论。

　　从直接婴儿观察的视角评估临床理论并不说明临床理论作为治疗性构念的有效性，记住这一点很重要。同时也不能说明同样的理论适用于婴儿期后的儿童，后一个阶段中象征性功能更加到位。（我们曾提出过，相比较婴儿期的观察，精神分析发展理论可能更符合对儿童的直接观察结果。）这样的评估能做的是衡量和描述两种观念之间的差距，由此产生的两者之间的张力，在澄清之后可以对双方起到矫正的作用。

　　观察婴儿的知识似乎在超心理学（metapsychology）水平上对若干理论问题具有最大的潜在冲击。下文将按照粗略的时间顺序而不是理论流派分别讨论。

刺激屏障、对刺激和兴奋的早期处理，以及正常自闭期概念

　　在生命的第一个月，婴儿受到刺激屏障（stimulus barrier）的保护，一个"对抗刺激的保护盾"（Freud 1920），使其免于外界刺激，这是一个传统的精神分析概念。按照弗洛伊德的描述，这个屏障有内在的生物性起源，其形式是提高感知觉阈值，对内在刺激的感知觉阈值除外。婴儿被假设为不具备处理突破了保护盾的刺激的能力。刺激屏障是否在某些点上受到婴儿的某些控制、就像是自我防御操作的一种前体，或者它是否基本保持被动机制的状态（Benjamin，1965；Gediman，1971；Esman，1983），相关讨论一直很活跃。赋予婴儿一些对屏障的主动控制多少改变了对这个概念的看法。

　　Wolff（1966）对始于新生儿期、婴儿所经历的反复发生的意识状态的描绘永久地改变了我们对刺激屏障的概念。就这个问题而言，最重要的状态是清醒静止（alert inactivity），即"窗口"，在其中能够对婴儿提出问题并得到答案，就像我们在第三章里看到的那样。在这种状态下，婴儿很安静、没有动作，但眼睛和耳朵瞄准外部世界。它

并非简单的被动接受状态;婴儿主动地——实际上是热切地——全盘吸纳。如果存在刺激屏障,要么其阈值有时降到零点,要么婴儿会阶段性地跨越它。

在1981年的第一届婴幼儿精神病学国际大会上,Eric Erikson 受邀发表特别演说。他告诉听众,他在准备演说中想到最好仔细探究下新生儿,因为距离他前次这么做已经有一段时间了。因此他去了一个新生儿托儿所,获得的最强烈的印象是婴儿的眼睛。他用"激烈"形容婴儿们吸纳世界的热切凝视的眼神。对于处在这种激烈凝视另一端的父母而言,这是一种压倒性的体验①。 *232*

即便在清醒静止状态,婴儿在一周或一月龄时对刺激的耐受度远远低于几个月或几岁大时的水平。但是极幼小的婴儿,如同其他任何年龄段一样,有其最优的刺激水平,低于该水平时会寻求刺激、高于时会避免刺激。如第四章所述,婴儿与刺激的互动存在普遍规律(Kessen 等,1970),在社会互动领域中对此有大量的描述(Stechler 和 Carpenter,1967;Brazelton 等,1974;Stern,1974b、1977)。那么,"刺激屏障"期的不同点仅仅在于可接受或可耐受的刺激水平,以及与外界刺激交会的持续时间。婴儿与外界环境的主动调节性交会没有根本差异。这是最有说服力的观点。

婴儿与外部世界的主动调节性交流与任何年龄段的人一样。不同的人或精神病性疾患可具有不同的、特征性的对刺激的量和持续时间的或高或低的耐受水平。婴儿与外界刺激的关系在性质上终生不变。

刺激屏障是一个关键概念,因为它是弗洛伊德快乐原则与恒定原则(constancy principle)(1920)在婴儿期的一个实例。从这个角度而言,内在兴奋度的累积被体验为非愉悦,而整个心理装置的主要任务之一就是释放能量或兴奋,由此心灵系统内的兴奋水平得以保持最低水平。由于在经典精神分析看来,婴儿并不具备足够的(如果有的话)心理装置去释放由外部世界施加的大量的兴奋,那么必需刺激屏障方能扭转败局。实际上,经典理论对刺激屏障的默认看法与这个概念本身并不那么一致。毕竟,婴儿的耐受水平是有限的,并且一直在变化,甚至可能是以量子跃进的方式变化。问 *233* 题在于那个需要屏障的存在才能成立的基本假设。如同我们在第三、四章中所述,婴儿确实具备处理外部刺激的能力,诚然是在母亲的帮助之下。显然,形成刺激屏障概念的复杂推理以及这个概念本身都应该丢弃。Esman(1983)、Lichtenberg(1981、

---

① Klaus 和 Kennel(1976)指出,在未使用药物辅助的生产之后,长时间的视觉敏感给婴儿的凝视赋予了将父母与婴儿绑定的作用。Bowlby(1969)认为该事件起到了另一个方向的作用:将婴儿与父母绑定。

1983）以及其他研究者得出一致结论，呼吁对此作出重大修正。

促成刺激屏障概念建立的基本推理也是"正常自闭"这一初始阶段概念的基础，后者描述从出生到第二月龄的婴儿社会互动（Mahler，1969；Mahler、Bergman 和 Pine，1975）。不过，作为可预期的生命阶段的正常自闭概念更贴近临床应用，因为它被设想为一个发育节点，在其上可以发生固着、也可以朝向它发生退行。就新信息角度而言，这种阶段划分对临床理论来说不是小事。

如果说自闭我们指的是对外在刺激缺乏基本兴趣和配准（registration），那么最近的资料表明婴儿从不"自闭"。婴儿与社会刺激深度交会并关联。即便他们如一些人推测的那样不能分辨来自人类与非人类的刺激，他们仍然热切地与这二者交会，尽管是不加选择地。而自闭普遍存在对人类刺激的选择性兴趣缺失或回避。正常婴儿从不出现这样情况。婴儿确实变得越来越社会化，但这与变得更少自闭不可同日而语。婴儿从来没有自闭过，因而不可能变得更不自闭一些。这个过程更多的是一个内在固有的社会天性的连续性绽放。

"正常自闭"阶段的另一个问题是，它通过命名、部分通过概念与一个病理性的状态锚定，后者要在发育的更晚阶段才会出现。这个正常阶段由此只能病理形态学性和回顾性引用。其他学者对这些问题已经做了足够充分的评论（Peterfreud，1978；Milton Klein，1980）。［Mahler 博士自己意识到病理形态学定义的问题，并试图通过探讨"正常自闭"去避免某些问题。她也注意到婴儿研究近来的许多发现，并对正常自闭阶段的概念化进行了一些修正，以适应这些发现。在最近的一次讨论中，她提议这个初始阶段也许应该被称为"觉醒（awakening）"，很接近我们本书所说的"显现（emergence）"（Mahler，个人交流，1983）。］与正常自闭概念相反，婴儿被先天设计为参与并发现独一无二的、至关重要的与他人的互动，从这个角度出发，显现关联概念假设婴儿自出生伊始就是深度社会性的。

口欲性（orality）

看完了这么多内容，在一本关于婴儿期的书中还没有遇到一个字涉及口腔在关联中的特殊重要性，或在某个发育阶段作为组织的焦点，临床理论家可能会感觉很惊讶。造成这个遗漏有几个原因。目前的婴儿研究方法适用于视觉、听觉和距离接收器。弗洛伊德及后来的 Erikson 所指的严格意义上的口腔作为特定性感带，没有得到大体观察或把性感带概念操作化为发育现实的尝试的支持。同时也存在普遍的历史性倾向，把这种或那种早期关联本身视为基本目标，它们不需要因成长而消退或依赖生理性需求，从而不会继发于某种更为原初的生理目标，如饥饿（Bowlby，1958）。

即使有人希望把口欲性视为互动的通道，而不是一种张力活动的解剖学场地（Erikson，1950），关于口腔的特殊地位的问题还是会存在。Erikson 聚焦于"编入（incorporation）"的互动模式，这是一种通过口腔的原始内化形式。秉承弗洛伊德的性感带发育时间表，他把口腔当作最早进行内化这一重要工作的首要器官。以动力性取向的观点来看，初始内化与口欲性活动或幻想紧密相连。当前的资料显示婴儿至少同等地参与到视觉和听觉"编入"。当 Erikson 在 1981 年重访新生儿时，他印象最深刻的是他们对世界的视觉吸纳，这一点引人注目。倘若他的这个印象早形成三十年，我们可能会更紧密地把早期内化与视觉活动关联。这同样是一个错误。Erikson 的内化与皮亚杰的同化/适应（assimilation/accommodation）没有多大区别，而那是所有通道、所有身体感觉部分的领域。没有哪个器官或通道在此具有特殊地位。

信息的跨感觉协作（非模态感知）证据凸显了这个观点。与眼睛和耳朵比较，并不强调口腔在与世界交会中的作用部分地矫正了之前在重点强调上的不平衡，并非弱化口腔的贡献。

喂养——满足性的动作及其伴随的饱足感——的作用是什么？在显现关联期间应该怎样概念化它们？与对一个人或人的一部分的知觉相联系的饱足感无疑是重要的，我们前面已经部分地讨论过。

由于诸多原因，喂养成为显现关联的重要活动。它是第一个主要的周期性社会行为，反复把父母和婴儿带入到亲密的、面对面的接触中，在其中婴儿经历不同状态的循环，包括清醒静止。（大约距离十英寸时新生儿看得最清楚——这也是当母亲抱着婴儿哺乳时，母亲的眼睛与婴儿眼睛之间的距离。）由此，当婴儿在恰当的状态下关注刺激、并被刺激所吸引时，喂养动作保证婴儿获得在恰当距离上的与全套人类刺激的交会，其形式是伴随喂养活动的父母社会性行为。

到目前为止，所有这些都没有与进食或满足性行为直接相关，尽管正是它们构成了这些社会性场合。那么，饥饿与饱足的感觉和事实是什么？饥饿—饱足体验的角色和地位对多数理论建构都具有巨大的隐喻意义。从一般观察和诸多临床状况中的口欲性症状学与幻想两个方面而言，其重要性毫无疑问。不过，相对论的视角也是有益的。现存的原始社会喂养模式的大量证据和前工业社会模式的历史性证据表明，在多

235

236

数人类历史上,在需求极微弱的情况下,婴儿被相当频繁地喂食——可高达每小时两次。由于大多数婴儿都是母亲带着、贴着她的身体,她能感觉到婴儿哪怕是轻微的不安,并启动短暂、频繁的喂养,可能只是吸吮几口,以保持低水平的活动度(DeVore 和 Konnor,1974)①。

这个观点的重要性在于,现在的喂养仪式在某种程度上是我们系统的产物,该系统通过累积饥饿建立大量刺激与兴奋,然后活动度陡然回落。饱足变成了其强度、戏剧性与饥饿等同的一种现象,但是处于相反的方向。对放大的动机和情感强度的高峰、低谷体验有可能对婴儿进入更快速、更刺激的现代世界来说具有适应性益处。不过,这个问题超出了本书的范围。在我们范围内的问题是:饥饿、饱足如何影响对人类刺激的知觉。关于婴儿吸纳外部刺激,或在令人烦恼的饥饿时的高兴奋状态中,或饱足时昏昏欲睡的低兴奋状态中进行知觉过程的能力,我们几乎没有任何证据。现有的试验手段尚不能评估这些状态。本章后面将讨论婴儿的敏感性,尤其是在非常高或
237 低兴奋状态中登记事件(register event)的能力。

本能:本我(id)和自我(ego)

对婴儿的实际观察导致了一个令人好奇的转折。人们应该会预计,如弗洛伊德最初设想的那样,在非常幼小的人类身上看到本我无处不在、而自我几乎不见踪影。并且,在生命的最初几个月,快乐原则(引导本我)会先于或至少大大优于现实原则(引导刚刚形成中的自我)。

然而,婴儿观察呈现出一幅不同的画面。在饥饿和睡眠(都不是小事儿)调节之外,人们最感惊讶的是那些过去称为"自我—本能(ego-instinct)"的功能——即探索的先占性刻板性模式、好奇、知觉偏好、对认知新奇性的探求、掌控的愉悦,甚至依附——发育性地显露出来。

通过呈现给我们丰沛的很早就开始操作的、似乎是相互可分隔的、有着强制性支持的动机系统,婴儿再次面对我们,并给关于本我本能与自我本能分野的长期争论带来了新的局面。此处有三个相关主题。第一个涉及本我本能。假设一种或两种基本

---

① 你可以通过乳汁中脂肪、蛋白质和碳水化合物的比例推测出任何一种哺乳动物的喂奶频率。就人类母乳的成分而言,人类新生儿应该每二十到三十分钟哺乳一次、如曾经有过的习俗那样,而不是现在实际上的每三或四小时一次(Klaus 和 Kennel,1976)。

驱力发育性地从一个性感带转变到另一个、且在发育过程中出现各种变迁,这样的经典力比多理论在考察实际的婴儿时有用吗? 对此的共识是没有用。经典的本能理论已经证实是不可操作化的,且对观察婴儿没有多少启发价值。同样,尽管我们需要一个动机的概念,这个毋庸置疑,但是显然这个概念应该在许多离散但相关的动机系统中重新概念化,如依附、竞争—掌控、好奇等等。想象所有这些都是一个统一动机系统的衍生物毫无益处。实际上,目前最迫切需要的是理解这些动机系统如何显现并相互关联,以及在什么年龄、何种情况下、哪些具有较高或较低的位阶。如果这些动机系统被默认为是来自一或两个基本的、不可限定的本能的先天性衍生物,而不是可限定的独立现象,就会阻碍对上述问题的探究。

第二个主题涉及"自我本能"。婴儿丰富的、出生后马上可用或显现的心理功能让 *238* 我们惊讶:记忆、知觉、非模态表象、对不变量的确定,等等。自主性自我功能概念在解决长期的、闻名于 20 世纪 50 年代的"自我本能"问题中取得了一些进展,但是远远不足以涵盖我们在 20 世纪 80 年代所获得的信息。由于按照生本能、死本能总体驱力去考虑已经不再合理,至少在面对观察婴儿时是这样,自主自我(autonomous ego)功能中的"自主"已丧失大部分意义。成人患者当然能够使用不被动力性冲突渲染的知觉,对婴儿来说,知觉行为具有其自身的原动力,且总是在制造愉悦或不愉悦。在我们能够形成关于各个独立相关动力系统的更为清晰的画面之前,观察婴儿中的"自主功能"概念可能只会混淆视听。

第三个有关主题是:经典发展理论假定本我以及快乐原则先于自我以及现实原则出现。更多的新近证据表明这个假设的发育顺序仅仅是理论上的、过于武断。证据大大偏向于快乐原则与现实原则之间、本我与自我之间的同时辩证关系,它们全都从生命初始即发挥作用。自我心理学家已经开始接受快乐原则一开始就在现实原则的环境中工作,反之亦然。Glover(1945)提出自我核心从一开始就存在、Hartmann (1958)所描绘的自我与本我的未分化基质,证明了自我心理学的这种变迁,后者朝向对自我功能存在于幼小婴儿的更大的赞赏。

过去十年间的观察发现强化了这个思想上的变化,可能更推进了一步,这些"自我"功能现在被视为离散的、高度发达的功能,远远超越了自我核心和未分化基质。看起来挺明显的是:婴儿处理现实的能力似乎与其处理享乐的能力相当,而自我形成的分化及功效比 Glover 和 Hartmann 所认为的要好得多。并且,诸多源自本我先于自我的推论,如初级过程(自闭)思维先于次级过程(现实或社会化)思维,同样也是过于武 *239*

断的。例如,Vygotsky(1962)提出了一个强有力的发展假设:次级过程思维首先发育出来。他进一步指出,皮亚杰借用了弗洛伊德的同一个假设去建立他的认知顺序,后者已不再得到广泛的接受。

当与观察婴儿交锋时,许多基本的精神分析概念,关于驱力、驱力的数量、驱力对本我或自我的专一(或者甚至专一这种概念),及其发展顺序,统统需要再概念化。

未分化及其推论:"正常共生"、过渡现象、自体/客体

存在一个未分化的阶段,在其中婴儿主观体验的形式是与母亲融合及二联体,这个观念很有问题,如前文所述,但同时又很有迎合性。通过指定一个生命阶段的特定点、那些强烈的情感都有一个与另一个人联合的美好感觉的背景,这满足了对一个实际的心理生理源泉的愿望,情感发端于、也有可能回归于这个源泉。Weil(1970)的"基本核心"达到了同样的效果。

最终,这类观念宣告的是对人类存在的本质状态是孤独还是团契的信念(Hamilton,1982)。选择团契,则视联接、归属、依附、安全感为先天默认的基本感觉。婴儿无需主动就能获得或朝向这些基本感觉发育,带着目的性的机动部件和不同阶段的基本依附理论也没有必要存在。婴儿发展性的进程只需要分离和个体化就能驱动,这正是 Mahler 的观点[1]。

依附理论与此相反。它把人类联接的基本感觉的达成置于终点而不是起点,两点之间是长长的、主动的发育过程,涉及先天的和习得的行为之间的相互作用。

从核心关联的角度而言,人们假定广泛的联接感和人际幸福发生在二到七月龄期间。也假定这些感觉起到了人类联接的情感储备的作用。但是,并不认为这个过程是被动的或者是先天的,而是婴儿主动建构对与自我调节他人(RIG)互动的表象的结果。RIG 及其激活的形式——诱发伴随——成为 Mahler 所描述的、但归因于二联体的感觉的资源库。不过,自我调节他人并非一种赋予,而是一种主动的建构,伴随着自我和他人感的形成而形成。从我们的观点来看,Mahler 的正常共生以及分离/个体化阶段的发展任务都是在核心关联期间同时进行的。对 Mahler 而言,联接是分化失败

---

[1] 可以说,一旦在发育中定位了"正常共生",即便只是作为一个理念,其后的发育阶段的日程表就已经不言而喻了。分离/个体化及其近似的某种东西必须紧接着抵消、至少平衡共生阶段,辩证地推进其作用。

的结果，对我们，是心理功能发挥成功。

与 Mahler 有某种程度的类似，英国的客体关系学派也假设存在一个早期的未分化阶段，但也强调初始的关联。他们认为婴儿"一开始处于完全与母亲情感认同的状态"，然后在不丧失关联体验的情况下逐渐体验分离（Guntrip，1971，第 117 页）。与此类似，Winnicott（1958）假定婴儿最初尚不能把特定客体与"自己"分隔开。"在客体关系中，主观允许在自体中发生某种改变，正是这种改变使得我们发明了情感投注（cathexis）这个术语。客体变得有意义。"（第 72 页）

假设存在一个重要的、初始的未分化阶段，客体关系理论家和自我心理学家犯了同样的错误，他们具体化并灌输安全感和归属感的主观感觉，同 Mahler 为共生阶段所做的一样。在某种意义上，他们把一个类共生的阶段强加给生命最初阶段，这个地方 Mahler 放的是自闭。不过与 Mahler 不同，他们并不认为原始关联状态是一种在类分离/个体化阶段被超越的东西。他们认为分离和关联是并存且平等的发展线，由此避免了阶段序列的摆动、一个或另一个（关联或分离）占据优势。

自体心理学提出的内化客体的发展观念与经典精神分析或自我心理学很不一样。尽管如此，自体心理学家或公开或暗示地提出：在生命最初六个月存在一个重要的自我/他人未分化阶段。由于这个观念，他们假设人们所谓的自我只有可能从"自体—自体客体（self-selfobject）的基质"、或"自体—自体他人单元"（Tolpin，1980，第 49 页）中浮现出来，或"（最初）存在于自体客体基质内的统一性婴儿自体的出现"（Wolf，1980，第 122 页）。这个在描述上同正常自闭、正常共生有什么区别？两者作为构念都很有问题、且没有观察资料的支持。

为什么自体心理学需要固守传统精神分析关于生命最初六个月的发展理论的中心原则和时间表，这个尚不清楚。在这个点之后，他们的理论明确无误地与传统理论分道扬镳。（实际上，核心自我感的概念和正常自我调节他人的建立都似乎更符合、并有益于自体心理学的总体纲要。）

自我调节他人的发展性命运

自体心理学与传统精神分析理论之间争论的核心焦点之一在于对"自体—客体（self-object）"的终生需求。科胡特强调一个人使用另一个人的某些方面作为自体的功能性部分，从而获得稳定性结构以对抗来自刺激与情感的破碎潜力的临床现实。这正是自体客体(selfobject)(1977)。这是一个包罗万象的术语,涵盖各种与他人之间持续的、提供维持和/或加强自我统一性所必需的调节结构的功能性关系。在工作过程中,科胡特等认识到对"自体—客体"的使用和需求并不局限于边缘性障碍,或仅仅表现于治疗中的特定移情反应。"自体—客体"的使用者包括每一个人,对其的需求被视为正当的、健康的、可见于正常生命周期的每一个阶段。

正是这个观念在发展领域内把自体心理学置于了传统精神分析的对立面:通过分离/个体化和内化,成熟的(部分)目标是达成相对于客体的、一定水平的独立和自主性。对自体心理学来说,"自体—客体"的发育并非正常共生的阶段特异性产物,而是一条毕生的发展线(见 Goldberg,1980)。两个理论体系都认同必需具备某些功能及调节结构,后者最初有赖于他人方能成为自主性自体功能。[在自体心理学中,"蜕变性内化(transmuting internalization)"达成了"内化"的目标任务(Tolpin,1980)。]超我的建构被视为他人的禁止和道德标准的集成,这是"结构化"的极端例子。两种理论之间的差异并不是重点不同那么简单,自体心理学强调自体—客体的发育持续存在甚至不断生长,而分离/个体化强调溶解、并成为自主性自我功能和结构。其分歧更多在于对自我或人类本质的认知。

本书提出的理论根据近来的研究结果、按照与他人共在的体验记忆及其唤回和使用方式去考量这些现象。开始时,他人存在于我们"之内"的形式只是:对自我与他人(RIG)共在的体验的意识或潜意识的记忆或想象。那么,需要什么把它们从记忆中唤起?唤起回忆的线索可以有多大程度的抽象性或自动性? 在婴儿期具备足够的象征化功能之前,回忆线索不能太抽象,共在体验不能自动化;它必须至少涉及某种程度的体验重现,即诱发伴随。因此我们有必要更多地考虑自我调节他人的发育(或以自体心理学的术语来说:"自体—客体")。超我功能所代表的那种内化尚未成为问题。

从目的论角度来说,自然必须创造出具有记忆和回忆与他人共在的能力的婴儿,这种能力在后来的生活中能够适应不同的文化要求。一个社会——比如一个狩猎—采集团体——的成员可能永远不会期望离开团体亲近成员的耳目所及范围超过几分钟或几小时,于是真的就很少发生。在另一个社会中,开拓线上孤单、远离群体的人可能才是典范。与此类似,不同的角色、功能、感觉状态等等由社会明确规定还是留给个体更多的空间决定其内在和外在形式,其程度存在一个文化范围。这个程度将决定回忆线索能有多么明显或抽象。

沿着不同的路线,一个团体的总体生殖模式可能很大程度上与坠入爱河的体验有关,或者可能几乎完全无关。坠入爱河的能力极大地演练了对与他人共在的记忆和想象能力。欲参与持久的恋爱关系,要求个体有机会通过许多生活体验去发育出被不在场的人的存在——一个几乎不间断的诱发伴随——灌注的能力。

在诸多方面上,需要、使用回忆线索把他人召唤进入一个人的意识的方式千差万别。因此,婴儿需要一个与他人共在的记忆系统,高度灵活、能够适应生活体验。这需要过程、而不是心理结构。变得更成熟、独立于他人,不断建构、再建构越来越广泛的"自我—他人"工作区,以此为成熟目标,二者是同一个连续谱的对立的两端。婴儿必须具备记忆能力才能按照体验的指令做到这二者或其一。

情感状态—依赖体验

精神分析理论暗示性地赋予了强烈的情感状态一个特殊的组织角色。作为体验的属性,情感享有特权,而高度强烈的情感更是处于特殊特权的地位。由于弗洛伊德独创的理论把创伤状态置于首要的病因,这个现象的发生就不奇怪了。据假设,在创伤中,体验的强度干扰了应对和同化信息的能力。正是这个(通常是隐含的)假设引导了无数理论家。Melanie Klein(1952)对"好"与"坏"乳房的设计,Kernberg(1975、1976)把自我体验分裂为"好"与"坏",都是其直接的影响结果。Pine(1981)提出的"强烈时刻(intense moment)"这一角色也是如此。与此类似,科胡特(Kohut,1977)假设:如果父母的共情失败太大,自我统一性感将严重失衡,婴儿将不能实现必需的内化以重建平衡(参见 Tolpin,1980)。这一条线的精神分析思想背后的假设是:临床重要性最大的体验(及其记忆和表象)是情感状态依赖的;换言之,情感状态是主要的组织因素,临床关系最大的体验在强烈的情感状态中沉淀出来。例如,极端的喜悦或极端的挫败,比轻度或中度的满足或挫败具有更大的组织潜力。

近来的记忆研究发现可以说部分地支持了这种通行的观点。G. Bower(1981)的研究显示,情绪影响记忆的编码和检索,被记住或回忆起来的内容是情感状态依赖的。教给躁狂患者一系列内容,很久以后,测试他们的回忆情况。在回忆测试时,有些患者依然处于躁狂状态,有一些变为抑郁。最初在学习阶段抑郁、在测试时依然抑郁或转为躁狂的患者也使用同样的步骤。结果显示:在躁狂状态下学习的内容更容易在同样的情绪状态中回忆起来。抑郁患者呈现类似的结果。对两组被试,记忆的情绪依赖都达到了显著的程度。在试验的另一个阶段,Bower 通过催眠改变了患者的情绪状态,得到基本一致的结果——记忆是部分情感状态依赖的。

需要注意的是,这些试验并未说明体验必须达到怎样的"强度"方能产生显著的"状态依赖"影响,精神分析理论也没有说明这一点。精神分析理论通常只做以下区分:轻度到中度情感体验、强烈的情感体验,以及创伤性情感体验。如图 10.1 所示。

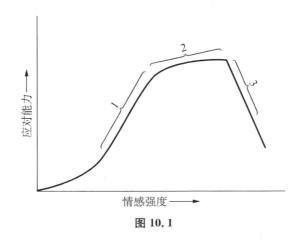

图 10.1

轻到中度体验(片段 1)对组织记忆没有明显的影响。强烈的体验(片段 2)起到重要的作用[与 Pine 的"强烈时刻"(1981)比较]。体验强烈到令应对能力失效,即为片段 3 所示的创伤性体验。如果其结果是一次尝试、终身习得[1],那它们可能是特别强效的体验组织者。(Klein 和 Kernberg 是否把他们格式化的体验归为线段 2 或线段 3,这一点并不总是那么清晰。)

这个概念化有三个主要的问题。第一:各片段的范围在哪里。产生不同状态依赖结构的不同"状态"的分界标准是什么? 为什么不能把这个图式画成六个而不是三个相互独立、界限清楚的片段?那么我们将会有六个独立的状态依赖的体验组织。我们基于什么把曲线分为不同的段? 即便是个猜测,也有可能片段 2、3 之间存在天然的中断。精神分析理论普遍认为片段 1 与 2 之间并不连续。这是一个实证的(empirical)问题。不过,不同状态相互之间可能并非那么离散,这引出了第二个问题。

不同的状态依赖体验能相互"沟通"吗? 一个关于创伤性状态的经典概念是:创伤性体验的状态依赖程度如此之高,以至于在正常状态下完全不能触及,只有在当事

---

① 原文为 one-trial learning,Edwin R. Guthrie 提出的学习理论,与华生的经典条件反射和斯金纳的操作性条件发射对立,认为所有学习都在一次经历中完成。——译者注

人回到或接近创伤状态时才能再次体验。弗洛伊德最初使用催眠的部分目的就是允许患者"重访"用别的方法无法进入的创伤体验。

对于何种程度的"强烈时刻"依赖的体验是可穿透的,精神分析理论并未明确界定。换言之,这样的体验在多大程度上能在其他情感强度状态下被体验到? 显然,离散、不可穿透的体验状态,把强度谱分隔为完全不连续、不沟通的内容,就像一串珍珠,这种情形并不是人为造成的。Bower 对躁狂和抑郁患者的试验显示,这些相当强烈的情感状态之间并非完全不可渗透、而是部分渗透的;在一种状态下学习到的信息可以在另一种状态下回忆起来。同样,这也是一个实证的问题。

第三个问题是:强度高的状态比强度低的状态具有更大的状态依赖性组织效能。这个观念迎合了直觉,但可能实际上并非如此简单。倘若强度达到了扰乱适应性能力的水平,组织体验的效能是消散的。[对比 Sullivan(1953)有关极端焦虑的影响的观点。]那么,最强有力的组织者有可能是强烈的情感水平,而非创伤性水平。另一个方面,你可以说摄入待组织的信息的能力最好处于中度而不是高度(更不用说创伤性)的强度水平。在此情形下,中度水平的强度才是最强有力的组织者。这与 Demos 的观点一致:

> 大部分心理结构创建于婴儿的"我"和"我们"体验进展顺利之时。例如,发展文献充斥着大量的描绘:婴儿的行为如何被与照顾者之间良好的互动所强化——兴趣延长、新行为产生的变奏和模仿、婴儿保留节目的扩展……在稍微大一些的年龄段,Ainsworth 描述了安全依附的婴儿在依附对象在场时如何更自由地探索和玩耍,等等。这个结构的建立也是发生在良好、共情的"我们"体验之中。那么,在共情打破时会发生什么? 我认为共情打破可以视为对婴儿适应能力的挑战,而适应能力总体来说已经在更为理想的情形下发育出来了。(Demos,1980,第 6 页)

247

最近在我们的实验室里看到类似的现象:相当普通、中度的情感性体验在一周后能很好地回忆起来(MacKain 等,1985)。

Sander(1983a)曾假设:在既没有紧迫的内在心理需求、也没有外在社会要求时——即独处且平静的状态,婴儿学到大量有关他们自身的东西。正是这个时候他们开始发现自我的方方面面。同样,Sander(1983b)维护这个观点:处于低和高情感水平的正常互动都是表象的材料。

但是，在治疗中，情况可能不太一样。治疗性体验可能更青睐高强度情感体验的回忆（出于诸多原因，这超越了基于理论的对材料选择的偏误）。临床婴儿的这类体验的优势地位由此尚未被挑战过，虽然对观察婴儿而言，这些问题仍然悬而未决①。

分裂：“好”与“坏”体验

精神分析理论家假设婴儿在情感体验的强烈时刻对世界的看法是建构客体关系最重要的因素。结合“早期生活中愉悦与非愉悦体验具有最大的意义”这一假设，如快乐原则所预言的那样，导致了这个概念：婴儿形成的第一个关于世界的二分法是愉悦（“好”）和非愉悦（“坏”）体验。这个建立在享乐之上的分裂被认为发生在自我/他人的二分实现之前。许多精神分析理论家，包括 Kernberg（1968、1975、1976、1982），按照图 10.2 所示的模式总结早期发育序列。

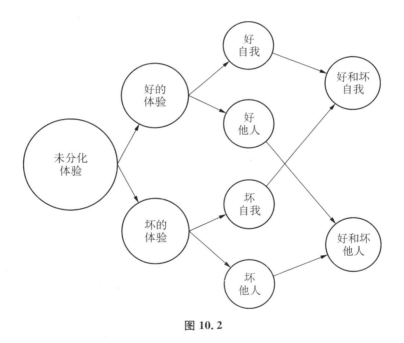

图 10.2

---

① 这个综合问题对一个极度夸大的观念贡献良多：观察婴儿其实是“认知”婴儿，而临床婴儿是“情感”婴儿。

这一条论证线包括如下假设：（1）享乐体验能够、且终将凌驾于所有其他体验之上，并且是最优先的组织性人际事件。（2）婴儿体验的享乐态依赖性如此之高，以至于愉悦与非愉悦体验之间不能沟通、不能相互参照或整合，两两之间完全封闭。（3）与此对应，婴儿被迫对体验及其记忆施行两套登记账目。由此存在一个在愉悦感觉扶持下发生或再诱发的人际"世界"，还有一个在非愉悦感觉扶持下的"世界"。同时也有一个认知性的人际"世界"，在中立或享乐态峰值之下的情境下占优势。所以婴儿不得不记三本账，两本情感一本认知。由于状态依赖体验的非渗透性，这三个世界不能混合或整合。（4）Mahler 的时间表上，这个愉悦和非愉悦的分裂发生在自我/他人分化之前。因此，当自我和他人出现时，是在这个占优势的、已经存在的好/坏二分的分裂影响之下。（5）"好"等同于愉悦，"坏"等同于非愉悦。

249

这个主观发育的观点是为见于特定成人患者的临床婴儿的需求而量身定做的。人们把分裂现象——通常与对"好"的内化和对"坏"的外化或投射相关——视为成人边缘性障碍的重要性质，这一点没有问题。问题在于，这个特定的、临床婴儿发育的病理形态学再建构怎么就等同于观察婴儿的知识了呢？这个特例很重要，因为 Klein 派的观点及其被 Kernberg 细化的版本的应用非常广泛。

把这个"分裂"临床婴儿当作可观察的现实，有几个问题。体验的享乐性确实是一个强有力的属性，但是它也确实不是唯一的、且没有证据表明是最强的属性。也许更重要的是，它可能并不创建相对封闭的享乐态依赖性体验及记忆。享乐态依赖性体验并非简单地不可渗透。（一个人在躁狂状态下的大部分体验可以在非躁狂、甚至抑郁状态时回忆起来。）

另一个问题更明显。如果婴儿对乳房的体验只有两种：愉悦与非愉悦，那么 Kernberg 派的享乐性分裂体验的立场可能更站得住脚。但是婴儿一天有大约四到六种对乳房的体验，天天如此。每一种在愉悦度上都有轻微的差异。在这种情况下，跨越众多的愉悦/非愉悦梯度，只识别乳房或脸看起来、感觉起来是什么样的不变量，应该更容易一些。确实，一个体验的当下享乐度会把体验的所有其他属性（乳房看上去和感觉起来是什么样子、母亲的脸是什么样子，等等）渲染上特定的感觉。一个非愉悦的体验会把所有那些属性渲染上别的感觉。这一点与当前的概念一致。问题在于把体验分裂为两种类型的二分法，以及二者之间体验的隔离①。

250

---

① 婴儿一定是通过自身体验和在别人身上看到学会了情感世界的主观性。要做到这一点，他们必（转下页）

而 Kernberg 观点的另一个问题在于事情发生的时机。他继承了传统的自我/他人分化时间表。这个观念不能涵盖"情感体验是自我不变性（self-invariance）的主要来源之一"这一可能性。就是说，情感体验会促进把自我从乳房区别开来（"我在很多情境下、很多次体验到我自己之内的这种情感状态。它是我如何存在、如何感觉的一部分，并且独立于乳房的在场之外"）。换言之，情感基调引发自我/他人的二分，同好/坏二分一样容易。

按照 Kernberg 的顺序，自我和他人作为分开的实体不能合并——统一——直到认知婴儿能够容纳分隔的、好和坏的自己为止，也就是说，到中性的知觉不变量与情感不变量一样强或强于后者（至少有时候如此）时为止。当这种情形发生时，婴儿能够固化第二伟大的二分：自我与他人。这一步一旦完成，可以说就有了一个"地方"——一个自我和他人——在这里好和坏的自我能够驻留于交替的矛盾之中，以及后来的同时并存的矛盾之中。

251　　这个顺序引发了各种各样的问题。怎么可能在"自我"存在之前设想"好自我"和"坏自我"？这个"自我"是什么意思？是什么标记了"好体验"与"坏体验"的分野？或者，"好"和"坏"自我如何在一个非情感性的自我媒介中互动，也就是说，认知自我具有足够的自我统一性和连续性去容纳"好"和"坏"自我？

那么，从这个角度看，情感二分（好/坏）先于自我/他人二分。来自观察婴儿的发现不支持这类关于二分顺序或情感相对于认知的优势状态的假设。而是，二者同时进行、且保持相互可渗透状态。

最后一个问题与"好"和"坏"心理实体概念有关。"坏"源于"非愉悦"，"好"源于"愉悦"，这似乎不可避免。问题是，婴儿何时完成了这个跃进？"好"和"坏"意味着

（接上页）须能够理解情感在强度维度（按照享乐价值和激活度）上是变化的。为了获得对主观及客观情感体验的整合概念，婴儿必须具备对作为连续梯度的情感维度的感知和体验视野（Stern 等，1980；Lichtenberg，1983）。通过武断界定阈值，精神分析理论家会打破有关婴儿对情感世界的体验的论点。

　　状态依赖的知觉和记忆确实存在、且可能在情感对知觉和记忆的巨大影响中发挥作用，这一点没有问题。在当前形式的状态依赖概念登上历史舞台之前很久，精神分析就假定其属实。这是精神分析理念的伟大长项之一。不过，为了更深入的理解，精神分析理论家必须按照状态依赖或其他当前的解释模式开始构建这个辩证问题。未来的研究必须处理状态依赖现象的渗透性程度问题。很有可能从弱到强的愉悦、非愉悦连续梯度会被知觉为非连续性的。这其中没有明确的生存或交流优势。倘若弱与强之间的连续性中断的话，连续谱较弱的一端可能永远不会被用作精神分析意义上的"信号"或病因学意义上的"信号"。

标准、意向和/或道德。如前所述，婴儿绝不可能在核心关联域水平上把"愉悦"与"好"、"非愉悦"与"坏"联接起来。只有在主体间关联水平上，婴儿才开始具备他人对自己怀有意向的概念，更不必说恶意的意向了。相应地，即便是把"好"和"坏"作为愉悦、非愉悦的自由替换品，也是对婴儿可能的体验的歪曲。从愉悦到好的个体线及其重要，但它是后面发育阶段的主题，而非我们现在探讨的这个阶段。再次重申，在婴儿事件中寻找成人体验的内容是误导。在边缘性患者的分裂中遇到的好与坏需要在象征水平上方能达到，而这超出了婴儿的能力范围。在把人际间体验情感性地分为好与坏的同时，需要概念化复杂的记忆再索引和体验再组织。就"安全"对比"恐惧"而言也是如此（Sandler, 1960）。但是，分裂是一个相当普遍的体验。不但如 Kernberg 等所指出的那样发生在患者身上的病理形式中，很可能以比较轻度的形式发生在我们所有人身上。这个批评的关键点不在于暗示分裂不是一个普遍的人类现象。它是，并且是现成的病理阐述；但是它是能够在享乐主题上进行许多象征转换和凝缩的后婴儿期（post-infancy）心灵的产物。就所观察到的而言，不太像是婴儿的体验。

尽管有这个批评，我还是相信婴儿会将人际体验组合成不同的愉悦和非愉悦类别，即享乐性丛集（hedonic cluster）。但是，体验的享乐性丛集的形成不同于沿着享乐线的所有人际间体验的二分或分裂。比如，倘若我们认为一个与母亲的互动体验的非愉悦丛集是某个"母亲工作模式"的特定类型的类似物，那么这个丛集可以被视为 RIG 的集合，其中所有 RIG 具有共同的主题，该主题把它们作为工作模式聚集并捆绑在一起。该共同主题是体验的某种属性，即非愉悦的特定程度，甚至性质。然后我们才能论及一个负性基调（negatively toned）的母亲。从我们的角度来看，负性基调的母亲和一个母亲的回避性依附工作模式的差异在于作为共同主题发挥作用的不同属性，它们把不同的 RIG 捆绑在一起，形成两种不同的结构。集合在一起、创建了负性基调母亲的 RIG 分享了作为共同属性的享乐调式和性质。集合在一起、创建了母亲回避性依附工作模式的 RIG 分享了情境和依附激活与灭活的属性。我们可以把二者都称为工作模式，只不过是不同的种类。婴儿注定会形成无数这样的工作模式。在后面的阶段、言语关联很好地建立之后，在象征的帮助下，儿童或成人能够重建 RIG 索引以及不同的工作模式，以形成两个渗透了"好"、"坏"的完整意义的高级类别。通过这个方式，较大的儿童或成人确实能够"分裂"其人际间体验，但实际上并非一种分裂，而是一种整合成为更高秩序的类别。

252

作为个体发生理论核心问题的幻想与现实

弗洛伊德意识到他的患者在很大程度上是在幻想中、而不是真实地被父母引诱或性接触之后,他把自己和精神分析的宝押在了幻想上。幻想——被愿望和防御所歪曲的体验——稳稳地占据了探询的舞台。现实——可由第三方测定的实际发生的内容——退居背景地位,甚至被许多人视为无临床意义。由于弗洛伊德的临床关注在于患者主观体验的生活、而非客观呈现,他的决定很容易理解。加上"发育中快乐原则先于或至少优于现实原则"这个假设,该临床理论立场产生了把体验作为幻想、而非作为现实的个体发生理论。诸如愿望、歪曲、错觉和防御方案的这类现象成为构建发展理论步骤或阶段的单位。

Mahler 和 Klein 正是在这样的传统中开展工作的。"正常共生"概念的基本假设是:即便婴儿能够把自己与他人区分开来,他们的防御也会防止他们这么做,从而避开焦虑或紧张。Mahler 假设:从出生到两月龄,婴儿的自我受到刺激屏障的保护;屏障消失后,婴儿将独立面对自己靠自己所带来的所有压力和威胁,除非他们用一个与母亲融合的"妄想(delusion)"、一种被保护状态替代分离与孤单的现实。"共生轨道名下的力比多灌注取代了未成形的本能刺激屏障,保护原始自我免于过早的非阶段特异性应力,以及对共同边界的应激创伤性妄想(在此过程中也创造了这个妄想)。"(Mahler 等,1975,第 451 页)由此,正常共生理论建立在对婴儿幻想或歪曲的信念,而不是对现实知觉的信念的基础上。与此类似,Klein 把婴儿的基本主观假定为由偏执位、分裂(schizoid)位和抑郁位组成。这些假定了婴儿体验在进行中的现实知觉之外操作。同样,这里的发生学部件以幻想为基础。(这个观念可能使得这些理论家选择性地忽略观察发现,而代价是相当大的。)

发生学的专属部件是幻想,这个基本假设有严重的问题。人们不能否认主观体验是发生学的恰当材料,但是,婴儿绝大多数的重要主观体验都是歪曲现实的幻想,这个假设在多大程度上成立? 此处我们老调重弹:如果当前来自婴儿研究的发现并不支持快乐原则在发育中先于现实原则这一观点,那么为什么必须给予对抗现实的愿望和防御一个特权的、优先的发育地位? 为什么现实感必须在时间和派生上被视为次级现象、脱胎于对幻想和防御的需求的丧失?

本书的立场基于相反的假设——也就是:婴儿从一开始体验的就主要是现实。

其主观体验并没有深受愿望或防御的歪曲之苦，只有那些由于知觉或认知的不成熟、或过度概括所不可避免地造成的歪曲。并且，我认为防御的——即精神动力性的——对现实的歪曲能力在后来才发育出来，要求具备比初始阶段能够动用的更多的认知过程①。我们这里展示的观点提出：通常的发生顺序应该颠倒过来，现实体验在发育中先于幻想歪曲。婴儿的体验不是冲突解决方案改变现实的产物，这个立场让精神动力学考量在最初阶段的婴儿身上毫无用武之地，但大大接近科胡特和 Bowlby 关于"前俄期病理是源自缺陷（deficit）或基于现实的事件、而不是精神动力学意义上的冲突"这一论点。

不过，对于这些基于现实的事件而言，缺陷是一个错误的概念。从规范和前瞻性的角度而言，婴儿只体验到人际间现实，而非缺陷（只有在非常后面的阶段才能体验到）和冲突解决歪曲。正是人际间现实的实际状态——由真实存在的人际间不变量所界定——参与决定了发育的进程。应对操作（coping operation）作为基于现实的适应而发生。歪曲现实的那一类防御性操作只有在象征性思维成为可能之后才会出现。从这个立场出发，我们现在能够再次肩负起 A. Freud（安娜·弗洛伊德，弗洛伊德之女——译者注）所提出的首要任务，探问最早出现的防御性操作的性质、形式和发育性时间表究竟是怎么样的，现在它们被重新定位为对婴儿初始的、相当准确的人际间现实体验的次级再加工。

255

---

① 一个对 A. Freud（1965）关于防御操作的发生学观点的解读与此论断兼容。

第十一章　重建发展性过去的治疗过程的启示

我们这里展示的发展理念如何影响临床实践？特别是，治疗师与患者如何治疗性重建关于过去的有效叙事？这个理念的两个主要特点拓宽了临床应用。第一，传统的临床—发展主题，如口欲性、依赖、自主性以及信任，脱离了发展时序上的起源的特异性点或阶段。在这里这些主题被视为各种发展线——即生命的主题、而非生命阶段的主题。它们不会经历敏感期，一个假定的支配和优势地位的时期、在当时相对不可逆转的"固着"有可能发生。因此，从理论角度而言，某一特定传统临床—发展主题在生命的哪个点上获得其致病性起源，这是不可能预知的。

256

传统理论给这些主题的初始印记（initial impress）分配了年龄特异性的敏感生命阶段。由此，理论指示我们必须把我们的重建性探寻引向一个确切的时间点。实际上，对敏感阶段内的初始致病性事件的一些理解不但确实合人心意，也是全面理解病理学的理论要素。但从本书所采取的观点来看，这个情形不再占有优势。这些传统的临床—发展主题中的任何一个的实际起源点可以位于其连续的发展线上的任何地方。不再被理论所规定之后，呈现的是神秘和挑战，治疗师可以更自由地同患者一道漫步在不同年龄段、跨越不同的自我感域，去发现重建工作最为热烈之处，而不会被太过于限制性的理论规定所阻扰。这种自由允许治疗师更均衡地倾听（很像弗洛伊德最初的建议）、并且使重建工作更多地成为患者与治疗师双方的真正的探险。对于他们将到达何处，理论的约束会更少——换言之，对重建的临床婴儿将是什么样子有更少的前概念（preconception）。

事实上，在活跃的实践中，大多数有经验的临床工作者都把他们的发展理论很好地置于幕后。他们与患者一起探索他/她记得的个人历史、寻找那些为理解和改变患者的生活提供关键治疗性隐喻的、强有力的生活体验。这个体验可以称之为病理的叙事起源点（narrative point of origin），不管它发生于实际的发展时间线上的哪一点。一旦找到这个隐喻，治疗会从那个起源点出发、在时间上向前和向后进展。为了到达有效治疗性重建的目的,治疗很少——如果曾经有过的话——退回到前语言年龄段,到一个假设的病理的实际起源点,即便理论上设定有这么一个点。大多数治疗师都认同,针对无论什么重建隐喻进行工作都会为患者的生活提供最大的力量和解释的效能,即使不能查明该隐喻的"原始版本"。在发展理论喋喋不休时,实践已经前行。当应用到患者身上时,发展理论并不会为传统临床—发展主题输送任何可靠的、实际起源点,这一点得到广泛的认同。这类病理的实际起源点只适用于理论婴儿,后者并不存在。 *257*

第二个得到广泛临床应用的点是:每一个自我感出现的时期很有可能是敏感期,原因参见第九章。是不同的自我体验——而非传统临床—发展主题——给人留下了它们在特定且明确的发育时间节点形成的强烈印象。该应用所建立的临床预测是可以检测的。

我们先探讨传统临床—发展主题脱离年龄特异性敏感阶段所带来的可能后果,然后探讨把自我感域置于它们在发育上的位置的几个后果。

把传统临床—发展主题视为生命主题的启示

寻找问题的叙事起源的策略

分层的不同自我感作为进行中的体验的不同形式,这个概念对定位具有组织功效的治疗性隐喻很有帮助。以一个主要问题集中在控制与自主性的患者为例。在搜寻关键隐喻中,我们探究问题的临床"感觉"。界定这个感觉的第一个问题是:哪一个关联域最占优势或最活跃?患者当下的生活和移情反应会提供线索。患者很容易指出在控制问题中哪一种自我感最岌岌可危。想象三种不同的关于自主性的母—婴关系。第一种,母亲在这个假设下运作:有必要、且应该控制约翰尼的身体——即他的躯体动作、但不是他的语言或感觉状态,后者是约翰尼自己的事情。第二种,母亲可能只关注简妮的感觉状态和意图。第三种,母亲关于控制的重要的个人范围既不在于吉米做什么、也不在于他有什么感觉,而只是他说了什么,他说了就会成为她的事情。关于自 *258*
主问题究竟是什么、哪一个自我感在挣扎中被危及,每一个上述情形会导致不同的临床感觉。

以下例子展示了到哪里去寻找叙事起源和关键隐喻。一个三十多岁的职业女性,主诉为感觉自己不能处理、不能发起自己的愿望和目标。在自己的人生轨迹中她扮演着被动的角色,遵从着对她而言(考虑到她的家庭背景和心理资源)阻力最少的、由别人怂恿或发起的道路。以这种方式她成为律师并结了婚。当前她最急切的痛苦是在法律职业中的瘫痪感。她感觉对自己目前情况和未来进程完全没有控制、她的人生掌握在别人的手里。她感觉无助和愤怒。她频繁地过度反应,这危及她的工作。谈到工作状况时,她总是沉溺于与自己躯体能动性相关的细节,特别是躯体动作的发起和自由:她想要重新装饰办公室——几盆花、一些书、一个咖啡桌,所有她自己可以移动的东西——她还计划必须去做的事情,但总是不能让自己真的去做。一个高级合伙人把一个公共房间变成仅仅对高级合伙人开放的特别会议室,她对此人非常愤怒。让她不高兴的主要是她不能像以前那样逛进这个房间去看看城市风景,并不是对她的工作造成了任何真正的麻烦、或她认为那是一种对自己较低阶的地位的贬低。她最愤恨的是被剥夺了习惯性的观赏。

　　她对躯体行为自由的关注让人觉得核心关联域、特别是能动感是最主要涉及的问题。她没有感觉自己在主体间和言语关联域中发起和控制自己的生活的能力有问题,这加深了这个印象。在指出误解和共情错位方面,她非常高效。出于这种考虑,我们期待着每一个她的核心自我感、特别是躯体能动性感觉妥协的时刻。在八岁到十岁之间的时期,找到了形成她的治疗性叙事起源点的生活"时刻":因风湿热和亚急性细菌性心内膜炎,当时她大部分时间卧床不起。在治疗早期对这个阶段进行了广泛的探索,那时候她主要讲述的就是其疾病的抑郁和剥夺特点。不过,这一次我们集中探索与她的核心自我感相关的感觉。于是她记起来曾经被命令不许到处走动、甚至不许走到窗边,即便她想要做点什么事情或去什么地方,由于身体太疲乏,都干不了。任何躯体动作——上楼或下楼、拿一本想要的书、打开窗户——她都必须等母亲或父亲出现、完成。她感觉好像花了长得像一辈子的整个季度去等待别人发动、"世界被激活并开始运转"。

　　这个身体病弱的自我,没有能动性、没有能力发动想要的动作、不能让"世界开始运转",成为了她的叙事起源点。现在她怀有的正是这种自我感,并成为重建的"临床婴儿"的关键隐喻。一旦隐喻到位,她发现探索这个历史性事件的其他临床表现、甚至某些倾向变得相对容易一些。慢慢地,这帮助她理解和应对工作中的急性应激事件。对于她的问题的这个方面,该隐喻起到了根本性的指示作用,在治疗中,她不断参照回溯到此——就像参照北极星——以自我导向。这个例子为我们的宗旨凸显了几个要点。首先,作为叙事起源点的历史性事件("创伤性"事件)发生在潜伏期。不管她的年龄多大,主要的影响发生在核心自我感域。由于所有的自我感一旦形成就终生保持活跃、生长、及主观性进程,其中每一个都有可能在任何年龄发生变形。相似地,由于诸如自主性、控制等生命主题是终生主题,它们在任何生命节点上都有可能受到损伤。

叙事起源点有可能——在本例中确实是——与实际的起源点一致。心理问题的发生可能、但不是一定有一个追溯到婴儿期的发展历史。自我感的发展在所有时间、所有"原始性"水平上持续进行。发育并不是遗留在历史中的一连串事件,它是一个连续的过程、不间断地更新着。

要注意的第二个点是:发生于患者八到十岁之间的构成性事件是问题的"第一个版本",并不一定是之前儿童期事件的"再编"。我们不必寻找一个理论上实际的起源点。那么你可能会问:为什么她未能克服这个历史性事件或创伤。没有必要探寻使得她对该创伤更为易感的早期原因吗? 是的,了解易感性倾向确实会有帮助,但那并不等同于寻找一个更早期年代的"原始版本"。

从发育的角度来看,心理病理最好被视为一个模式累积的连续谱。其一端是实际神经症,冲击个体的孤立事件(在可预测和特征性之外)具有致病性后果。这类病理有一个实际的起源点,可以发生于发育的任一点上。由此叙事起源点同实际起源点不可避免地重合。不存在累积。

连续谱的另一端是累积的互动模式,后者在很早期即可观察到、甚至是婴儿期内其刚刚发端的时候,在发育推进、这类模式的持续过程中,一定能观察到其存在。这些特征性的积累模式形成性格和人格类型,在极端情形下,形成 DSM-III 中轴 II 的人格障碍类型。它们没有任何意义上的、实际的发展起源点。损伤(或模式)实际上呈现于、并活跃于所有发展点。只存在累积。当然,模式仅仅始于一个点、最早的点,但是那并不保证这个最初的点的作用在数量上、甚至质量上比其后的点更重要。

在这个连续谱中间的某处,特征性发育模式累积是必需的、但又不足以形成可导致实际损害的致病性影响。在这种情况下,实际的发展起源点是不明确的、仅仅是一个推测的问题。

这种不明确可能对治疗造成困惑。大多数精神分析师会维持这个观点:存在一个较早期的版本,要么由于压抑不能回溯、要么由于原始版本与其后来的版本之间的歪曲或转变而不能识别。这些假设看起来更多地建立在理论、而非临床基础之上。压抑和歪曲能隐藏早期版本,这当然是对的,也是临床工作中常有的情况。不过,并不总是这样,即便是,被脱下了假面具的最早版本也很少就是理论所预测的、应该有的起源

260

261

点。为挽救这个局面,理论家假定存在更早的版本,被压抑和歪曲隐藏在更深远的过去之中。这个追捕没有尽头[①]。

从临床角度看病理心理学,其首要任务是找到叙事起源点——无一例外,都是关键隐喻。关于实际起源点的理论只告诉了我们如何开展对叙事起源点的治疗性搜寻。即使是性格病理学,除非或只有在治疗提供了一个叙事起源点(即便实际上这个点并不比其他一百个可能的跳跃点更重要)之后,否则治疗的进展都会更加缓慢。治疗师的一个主要任务就是帮助患者找到叙事起源点,哪怕是作为一种工作启发模式。

与我们相关的第三点是自我感域如何促进界定叙事起源点。患者当下感觉和行为的方式与她在八到十岁时的疾病中的感觉状态之间的关联如此明显,任何理论背景的敏锐的临床工作者都会很快作出比较:"你目前在工作中感觉到的,与你还是小女孩时生病的感觉、行动受到限制的感觉,是不是完全一样?"那么,在聆听患者的同时保持一个自我感发育的视角,这有什么益处? 治疗性搜寻过程的速度和信心是一个答案。就这个患者而言——就像通常的实际状况那样——在关联找到前,这个关联并不那么明显,因为她从未能够自发地想起生病时的身体情形,而是极大地沉溺于心理状况的细节中。通过自我感域的概念,可以更容易、更快找到这个叙事起源点。

262　　　这个律师的咨询片段中还有最后一个需要注意的点。有时候,治疗师和患者对那些构成叙事起源点的事件都很清楚,但是由于关键体验在情感上的不可及,患者并不能掌握它。关于并存的不同自我感水平的观念能够为搜寻情感灌注的体验提供信息,该体验一旦揭示出来,有可能起到叙事起源点的作用。

关键体验的情感成分通常主要处于一个关联域内(即在一个自我感内),甚至是在该域的一个特性之内——在律师这个案例中,是躯体能动性和自由。由此而来的临床问题就变成了:哪一个自我感承载了这个情感? 一旦问题以这种方式呈现,对自我体验域的熟悉就能发挥有益的指导作用。这个过程与帮助患者掌握、或回溯到"那里"(进入到体验中)没有差别,从而回忆起来的事件的某些部分可能诱发对情感部分的回忆,只不过这个过程会把特定的自我感加入到用作唤起线索的体验成分的清单中。

另一个咨询片段可以展示这个过程是如何作用的。一个十九岁的青年在三个月前发生了一次精神病性发作,是由女朋友离开他引发的。他承认那是一个重大事件,

---

① 对婴儿期"原始"版本的终极障碍可能是翻译为语言模式。但是,这既不是任何动力学意义上的压抑、也不是歪曲。

能谈论自己的失望和丧失感,但是相当理智。尽管显然处于哀悼丧失之中,他从没哭过、或者重新体验痛苦或与她的关系中的快乐。他没有显示出任何对该事件的感觉。他甚至谈到最后一次见到她的那个晚上,在她给他分手信之前。他们在汽车后座上搂着脖子亲吻,她坐在他怀里。为引发对她的感觉,他被问了好多问题:"最后一晚发生了什么?""你们亲吻了还是只是说话?"(一般问题)"你感觉到她有变化吗?""接吻时她是否心不在焉?"(指向主体间域的问题)"亲吻她是什么感觉?"(指向核心关联域的问题)。没有一个问题打开他的情感,下一个问题指向核心自我感更深的地方:"她在你怀里的整个重量是什么感觉?"这个问题找回了情感、让他三个月来第一次哭泣。换作不同的患者,例如丧失的震惊和伤害相对更少,而被欺骗、脆弱、没有注意到女友流露出的迹象的感觉更多,并因此感觉愤怒,那么"接吻时她是否心不在焉"之类的指向主体间性的问题可能已经开启了愤怒和羞辱感[1]。

诊断已知时的寻找策略

对于某个给定的诊断分类,不同的理论对疾病及其发生的核心主观体验有不同的解释。为举例说明不同观点之间的巨大分歧,我们来看看不同的学者对 Adler 和 Buie 描述的"痛苦剧烈的孤独的体验状态"的说法,后者是边缘性患者的共同表现(Adler 和 Buie,1979,第 83 页)。每一个理论对这种孤独感的解释各不相同。

一些学者提出,被抛弃体验对边缘性患者最为重要,其导致的孤独感只有被搂抱、或喂食、或抚摸、或"融合"才能减轻。于是,继发于抛弃的孤独感是启动多种防御的基

---

[1] 上面的描述可能让人觉得显露情感更多地是一个正常的记忆寻回——治疗师击中了正确的点(有效的寻回线索)、患者因而共鸣(回忆起带有伴随情感的既有生活事件)了吗?而不是一个抑制的问题——由冲突决定的记忆紊乱。这里涉及两种记忆过程:不随意记忆(involuntary memory)和取消抑制(removing a repression)。Proust 的《追忆逝水年华》(Swann's Way)的两个著名段落可能是对不随意记忆最好的描述:"因此它存在于我们自身的过去。任何重温的努力都是徒劳的:我们所有的智识的功夫必被证实为无用之物。过去隐藏在这个疆域之外,超出了智识可及的范围,在一些我们从不起疑的实物(实物给我们的感觉)之中。至于该实物,我们是否会在我们注定的死亡之前碰到,完全取决于机遇……但是,当人们死亡之后,事物破碎消散,没有什么从遥远的过去存续下来;不过,独自的、更加脆弱但带着更多的活力、更空幻、更执着、更忠诚,事物的气息和味道长久维持,像灵魂,时刻提醒我们,在所有其他事物的废墟中等待和期望属于它们的时刻;在它们微小而几乎无形的点滴精华中,承载着坚定的、庞大的回忆结构"(Trans. C. K. Scott Moncrieff(纽约:现代图书馆,1928),第 61、65 页)。

两种寻回的过程似乎都是必要且互补的。治疗师的任务是同时对两者进行工作。对于"不随意"成分,最好的做法是引导患者朝向自我体验域探索,在那里他们最有可能遇到正确的"点滴精华"。对于压抑需要使用通常的治疗性程序。

本体验(参见 Adler 和 Buie,1979)。从我们的角度来看,这是在核心关联水平的孤独体验。

另一些学者(见 Kohut,1971、1977)提出,共情体验缺乏和/或保持心理生存的"维持客体(sustaining object)"失败是边缘性患者孤独感的根本性决定因素。在描述这种孤独时,Adler 和 Buie 提到了一个患者把她的"最难以承受的孤独"溯源到无法获得母亲的共情。我们认为,这是处于主体间关联水平的孤独体验。(Adler 和 Buie 把其形成机制聚焦于唤起记忆失败。这看起来太过局限了。)

还有一些学者强调,对孤独感的主要解释存在于针对抛弃或满足失败的防御之中。Meissner(1971)认为吸纳客体的欲望形成了毁灭客体的恐惧。为保护客体免于破坏,从而建立了一个保护性距离,这成为孤独感的次级成因。Kernberg(1968、1975、1982、1984)提出满足失败导致愤怒,后者促使分裂机制发生,以维持"好的"与"坏的"客体并存。分裂转而导致痛苦的孤独。在我们看来,这些基于防御的、对孤独体验的解释属于言语关联水平。与此类似,保护客体免于你自身的愤怒也属于再组织的、言语表象的体验范畴。

也许三种观点都是对的,只不过没有一个是全面的。其中每一种孤独体验都是在不同自我体验域内体验到和紧密发展的同一种感觉状态。它们都有可能发生,且三种不同的体验性质并不意味着三种不同的、相互排斥的动力性病因。为避免用不恰当的动力、在错误的关联域内对待患者,有必要对感觉状态的临床偏好保持警惕,从而让患者、而非某病因学理论引导治疗走向最为痛苦所困的那一种自我感。

疾病会涉及所有的关联域,但常常是其中一个始终体验到更多的痛苦。某个域是否是受影响最大的、或受影响最小因此防御最少的,治疗师在开始时并不可能知道。本书所持的观点可能会缓和一些关于共情途径(如自体心理学所应用的)、与阐释途径

(如传统精神分析所应用的)哪一个在治疗边缘性患者中更为有效的争论。共情途径不可避免地首先会遭遇并处理主体间关联域失败的问题。发现有人能够、且想要理解处在其状况下的感觉,患者通常会体验到震惊、然后是如释重负的安慰。这种安慰以及人际间可能性的开放性是巨大的,几乎与所讨论的特定内容材料无关。(在科胡特之外,现在有大量这类例子的文献,参见 Schwaber (1980b)。)内容材料,如满足失败导致愤怒、导致分裂、导致孤独,是处于言语关联域之内的,也许只能当作次级对象去处理,作为背景材料,通过它实现共情性理解。

另一方面,阐释途径不可避免地首先会遭遇到存在于言语关联域的内容材料。患

者与治疗师之间任何共情性理解都成为背景,在阐释工作过程中几乎沦为次级工作内容,通常在后来以移情反移情形式工作。

实际上,治疗方法的性质决定了哪一个体验域显得是主要的受损对象。由于所有关联域内的所有自我感都有可能出问题,凭借其选择的治疗方法,治疗师会发现病因学所预见的病理,而病因学一开始就决定了对治疗途径的选择。问题是,尽管所有关联域都受到影响,但很可能其中一个受损更严重,不但需要更多的治疗性关注,可能需要一开始就予以关注才能让治疗继续。这个事实要求治疗师在治疗方法上要灵活。大多数治疗师都不会单一地使用治疗方法;与其理论倾向相比,他们在临床实践中更为灵活。所有这些提示:为了更有效地治疗患者,指导理论应该更加兼容并蓄,而不是继续让实践明显同指导理论唱反调。本书呈现的发展线提供了一条通道。

创伤年龄已知时的寻找策略

在确定了创伤发生年龄的情况下,我们的发展理论才有可能对治疗产生最大的帮助或损害。在多大程度上我们的临床耳目和心神被特定发展理论预调、从而只拣选特定材料而忽略其他材料?

案例演示是最好的说明。一个患者讲述他的母亲在其十二到十三个月龄期间处于临床抑郁状态,亲戚说就是在那个阶段,这位患者——家里唯一的孩子——变成了一个忧郁、焦虑的小孩,有许多需求但是不说。他的家人回忆他有时候会"静默发怒",诱发事件是他突然的、短暂的拒绝说话。这类发怒不涉及活动自由。言语发展也正常。这期间母亲作为家庭主妇呆在家里,与他一起。她没有住过院,不过接受每周五天的治疗,并且"非常专注于她的问题"。尽管如此,她提供了足够的可及性,因此小男孩既不显得过于粘人、也不排斥她,在所有人的记忆里他的探索性行为也似乎正常。如果说有什么的话,那就是他表现得相当的爱冒险。

他第一次寻求心理咨询时是三十四岁,已婚,有一个两岁的儿子。他在一家大型公司的初阶水平上干得不错,妻子是人文专业的研究生、两人中更"聪明的"那个。他的主诉是泛化的抑郁,感觉不安全、不被理解,以及对妻子的暴怒发作。在工作和家里都体验到不安全感。在一生中的大部分时间,他自认为是一个敢于冒险的人,但当时他在工作中抑制了一次冒险举动,后者涉及适度的"押注自己"。他会阶段性地渴望一份更稳定的、提升较少依赖主动性的工作。另外一些时候,他会希望更高阶的同事庇护自己于羽翼之下、做自己的无条件保护人。对这种愿望的浮想联翩让他失去了对自己的尊重。他感觉依赖妻子，每天至少一次在工作时给她打电话，虽然她觉得这种通话有点讨厌。有时候她会抱怨他更愿抱着她而不是与她做爱。

让他感觉不被理解的人主要是妻子。他觉得她总是与他争辩、而不是聆听他说些什么，因此他得到的不是盟友而是对手。即便是一些不涉及评论的问题，他只是想要说明自己对某事的感觉，她也会飞快地、自说自话地给一堆建议：该做什么、怎么做。他想要的是理解、得到的是规劝。

大多数发脾气发生在这种感觉不被理解的背景下，形式上，特征性的争吵总是以他大喊大叫告终："每件事你都有话讲、有结论、有解释。你以为这些有意义，但其实对我来说毫无意义。你那不是我感觉到的我的生活！"当他咆哮时，他的妻子会走出房间、一边发抖一边冷静地说他不可理喻。他会跟着她，愤怒、害怕，害怕他会打她而她会离开他。这种害怕强烈到他会放弃立场、偃旗息鼓、道歉，重建之前与她的接触水平。这个水平达到之后，他不那么害怕、更有安全感，但是更难过、孤独。在那些时刻，他会突然哭出声来。

在一个周五晚上特别大的情绪爆发之后，周一他来到我的办公室，谈到在脑子里盘旋了整个周末、仍然挥之不去的一首歌。Steely Dan 的《蹒跚岁月》(*Reelin' in the Years*)，来自专辑《难买悸动》(*Can't Buy a Thrill*)。他只记得部分歌词：

你不会懂得一个钻石

如果你把它攥在手里

那些你珍贵的东西

我不明就里

你在收集眼泪吗

我的眼泪你拿够了吗

那些所谓的知识

我不明就里

像这一类的案例，对已知的早期历史的治疗性使用取决于最突出的那个年龄段相

应的特征。而这又是发展理论涵盖内容所决定的。

这位患者的某些特定问题——安全感问题、被抛弃的恐惧、希望有个保护人、主动

性的抑制——很容易用依附理论或分离/个体化理论的术语、按照随发育过程而转变的模式去解释。在十二至十三月龄期间，与母亲之间的来来往往、反反复复构成了 Mahler 的分离/个体化子阶段的一部分。也是依附目标激活、失活的例证。对 Mahler 来说，婴儿回来是为了"补充燃料"，或者获得某种东西以允许婴儿出去并再探索。这个"某种东西"是什么？Mahler 对此并不十分清楚，因为"补充燃料"一词会引起与能量问题之间的混淆。不过该比喻暗示了一种自我灌注（ego infusion）（通过融合），允许婴儿再次分离并探索。对依附理论家来说，这类来来往往帮助婴儿建立母亲的内在工作模型，后者成为可以离开与回归的安全基地。以本书的术语来说，这些都是与自我调节他人的互动得到泛化、表象、并激活。不难想象母亲的抑郁如何影响到这些行为模式及其表现。这些早期的模式如何幸免于发育转变，以特定的、并非难以辨识的形式在患者三十四岁时呈现出来，这一点有待考证。

Mahler 描述过出现在生命第二年中期的一种严肃、清醒、或审慎。婴儿情绪和态度的氛围发生某种变化，开始远离先前散发出来的更无忧无虑的、"世界就是我的"的感觉。Mahler 及其同事（Mahler、Pine 和 Bergman 1975）称之为"和睦危机（rapprochement crisis）"，引导分离/个体化的"和睦亚阶段（rapprochement subphase）"。他们推测在这个节点上，婴儿终于实现了与母亲之间足够的分离/个体化，认识到自己实际上并非万能的、仍然需要依赖他人。这个认识带来情绪—态度的变化以及把依附平衡部分地、暂时地再设置为依附重于探索。婴儿丧失了部分全能感。

母亲的抑郁对儿子的"和睦危机"的影响没法准确预测。一方面，你可以想象他的全能感持续时间更长一些，但是处于一个不太安全的基础之上。另一方面，你可以假设他发展出恰当全能感的机会较少、且不得不更早放弃它。不管是哪一种情况，这个早期模式在后来的三十二年间经历了怎样的转变，这一点尚不清楚。不管原因如何，他在三十四岁时对自身力量的信念有轻微受损。

到目前为止，依附或分离/个体化理论、或自我调节他人及其表象的概念为早期损害与当前行为之间提供了似乎可信的桥梁。这些都主要发生在与核心他人的核心自我感域之内。然而，它们都不足以解释现有临床表现的另外两个特点，即：不被理解的感觉和痛苦、患者愤怒爆发的特别形式。有必要考虑主体间关联域。

同时，操作中的分离/个体化亚阶段、依附行为、对自我调节他人的外显使用都非常明显，主观自我感和主体间关联域也开始形成。这给发生在生命第二年前半年中的反复变迁提供另外的视角。当婴儿向母亲回归时，并不仅仅是为了"补充燃料"或灭活

269

依附系统。它也是婴儿与母亲分享婴儿的体验的再确认。比如,在漫游得太远之后,婴儿体验到恐惧,需要知道他/她的恐惧状态被听到。这不止是一种被抱着或安抚的需求,也是一种被理解的主体间需求。从一个更为积极的基调来看,婴儿可能会在玩了一个盒子之后回到母亲身边,就像是说:"你也像我一样体验到了这个盒子的新奇好玩了吗?"母亲以某种方式表明"是的、我感觉到了",通常是通过调谐,婴儿放下这个问题、走开。或者婴儿回到母亲身边是为了确认主体间性被积极维持着的现实和/或幻想。("触摸这个积木城堡又恐怖又好玩,对不对,妈妈?")创建主体间分享允许好奇的

270 探索和追逐。这种情形下,因为把母亲的感觉状态用作婴儿感觉状态的调音器,甚至婴儿的恐惧或紧张水平都部分地受到发生于主体间关联域的社会索引信号的调节。("这个积木城堡恐怖、不好玩,还是好玩、不恐怖?")

　　幼儿早期运动行为的情况是这样的:当他/她走得太远、受伤、被意外之物惊吓、或感觉累了,回到母亲身边的体验几乎纯粹处于核心关联水平。依附理论是这样描述的,其他分析性理论称之为退行或加油(refueling)。在不太那么极端的情况下,我们看到大多数回到母亲身边与主观分享有关——重建主体间状态,后者并不是天上掉下来的、而是需要积极维系的体验。大多数时候,回到母亲身边同时发生在两个域内。实际上,我们常常看到处于恐惧边缘的婴儿制造或抓住手边现成的主体间测试体验、带着多重意图回到母亲身边,一个核心意图和一个主体间意图。

　　带着多重意图的婴儿回归具有潜在的临床意义,因为一些母亲会发现其中某个意图比另一个更容易接受。如果母亲没有准备好安抚恐惧,婴儿会找到相当多的回归的主体间"借口"。作为临床工作者和父母,几乎不可能不知道主体间关联对人身安全感的作用。相反的情况也会发生:一些母亲不太参与主体间分享、但是更容易接受其平复恐惧的躯体能力。作为临床工作者和父母,我们很清楚躯体关联对幻想主体间性的作用。

　　回到这个问题:母亲在这些事件中的抑郁行为如何影响孩子后来的生活,那么这位男士有强烈的、不被理解的感觉,就不令人惊讶了。当他的妻子不愿、或不能最大可能地进入和分享他的主观体验时,他体验到痛苦的、主体间关联的破裂。对这种形式的人际间分离的增高的敏感性很有可能形成于一到两岁半期间。由于其抑郁性"自我

271 专注",与起到一个人体安全基地的作用相比较,他的母亲较少参与主体间关联。从主体间关联的角度去看待患者不被理解的痛苦感觉,看起来最为可信、且最有生产性。

　　那么,患者独特的愤怒爆发模式又是怎么回事呢? 在十八至三十月龄期间,患者

处于言语关联形成期。言语关联的到来使患者得以开始整合不同关联域的体验。例如，婴儿能够说出等价于诸如"我不想看着你"、"我不想你看着我"这样的核心体验的话。（否定在此阶段开始出现。）婴儿还能说出等价于诸如"别掺和我与这个玩具的兴奋"和"我不想分享我的快乐"之类的主体间体验的话来。最初的言语等价物可能贫乏得只有一个"不"，或者几个月之后的"走开"，或者更晚一些时候的"我恨你"。这些词汇都意在是把婴儿几个域内的体验捆绑在一起。说"不"的言语行为是一个自主性、分离和独立的声明（Spitz，1957）。同时它也指代核心关联域内未加工的躯体行为，比如"我不会看着你"，虽然最能代表这个居于核心关联的个人想法的、婴儿的词汇是"不"或"走开"。

这种状态对体验既有整合、也有破解作用，把婴儿引入自我理解（self-comprehension）的危机。自我变成了一个谜。婴儿觉察到自我体验的某些水平和层次在某些程度上与语言准入的官方体验疏离。先前的和谐被打破了。

我认为这个自我理解危机是该阶段中的清醒状态的主要成因。该转变是广泛自我理解和自我体验危机的非特异性后果，是用言语表象体验的努力（注定会部分失败）所导致的。这对所有生命主题都产生影响，在亲密、信任、依附、依赖、掌控等方面产生的后果与在分离或个体化方面一样多。

这个自我理解危机产生的原因在于，婴儿有生以来第一次体验到自己是单独的个体，并且正确地感觉到没有人能够重新融合这个分离。婴儿尚未失去全能感，但已经失去了体验上的整体感。

对于发生了什么，这个解释与 Mahler 差异很大。不过，当患者的妻子坚持把他的主观体验用词汇表达时，从这个视角去看他对妻子的愤怒爆发，就更容易理解一些。对患者来说，他的体验与她的用词总有些不相符合。他感到困惑、无助、被激怒。这是婴儿期危机在当下的重现版本，当时对语前期体验进行言语化的需要导致了破裂。这个缓冲效果极大地需要父母的参与，而患者的母亲在其抑郁状态中不太可能对这个转变有什么帮助。

总而言之，此处列举的观点的最大临床价值在于提出了旨在建构具有治疗有效性的生活叙事的探索策略。本书所呈现的系统呼吁有关病理学发展起源的理论应该具有灵活性。它也是这样做的，通过对一些众所周知的事件提供不同的解释、通过强调聚焦于关于临床起源时机的探索策略而不是答案的发展性视角，由此展示了更宽广的可能性。

把不同自我感视为年龄特异性敏感期主题的启示

　　每一种自我感均有一个形成阶段——出生至 2 月龄：显现自我感，两至六月龄：核心自我感，7 至 15 月龄：主体间自我感，18 至 30 月龄：言语自我感。由于第九章所讨论的原因，这些形成阶段可以视为四种自我感的"敏感期"。

　　在本章前面引用的律师案例中，人们可以在理论层面上预测在她问题背后存在某种素质，确实如此，不过是发生在 2 至 6 月龄的核心自我域内、特别是能动性，而不是一至两岁半期间的自主性和控制问题。战役为了核心自我感体验而打响，代价是自我能动性；自主性和控制只是局部战场。然而，由于以下的原因，在重建中这个临床预测的价值有限。即便不同自我体验域代替了传统的临床—发展议题成为敏感期的主题，它们受到不可逆的初始印记的影响更小，因为所有自我感域都被视为终生活跃、且持续形成中。它们并不像传统临床—发展议题那样是过去和已完成的发育阶段的遗迹。整个系统对病因损害——慢性或急性——保持更多的开放。因此，甚至是对不同自我体验域内的临床问题的考虑中，也可能在敏感期外存在许多潜在的、实际的发病点。再次声明，关于实际的病理起源点，该理论不太持规定性立场。

　　尽管如此，该观点并不预言：与更后期的损害比较，不同自我感形成阶段内的环境影响会导致相对更多的、或更不容易逆转的病理结果。在第九章中我们讨论过几个更为显著的预测。总体而言，在形成敏感期内决定了对自我体验性质的几个问题的答案：被主观知觉为自我体验的刺激和事件的范围是什么？哪一个会被体验为可以耐受或失组织性（disorganizing）？不同域内的自我体验被附着了什么样的情感基调？维持不受扰动的自我感需要多少与自我调节他人真实的互动？哪些自我体验能够带着舒适去分享和交流、哪些带着不安和不祥的预感？显然，关于这些连续性的预测性工作理论在制订自我病理学状态的个体发生学上具有相当大的价值。在传统精神分析疗法中，也具有重要的价值，即便仅仅是被用作一种看待俄前期材料和起源、以及与其工作的方法。

273

274

后记

　　本书的中心目标是描述婴儿自我感的发展。我尝试通过有关婴儿的新近试验发现、结合实践中的临床现象去推导婴儿可能的主观体验。从这个意义而言，这是以自我体验域发展的工作理论的形式、朝向整合观察婴儿与临床重建婴儿迈进的一步。

　　该工作理论的价值有待检验，甚至其作为假设的地位也有待探索。可以把它当作一个能够通过其对现有命题的证实或证误、及其促发其他方向的研究去评估的科学假设吗？或者，可以当作一个可以用于实践的临床比喻、且该比喻的治疗性效力能够确定吗？

　　两者都能被证实，是我的愿望。作为一个假设，这个视角呼吁关注需要更多试验的多个领域——特别是：对情境记忆以及情感在组织体验中的角色的研究、对前语言体验分类学（taxonomy）的描述性和理论性工作、尤其是重新投入开发对跨发展性转变的互动模式的识别和追踪的描述性工具。同样需要的是测试假设的前瞻性研究，即年龄特异性损害可预测后期在特定自我体验域内的病理，但不能预测特定的、传统的临床—发展主题。我希望未来的试验学家会发觉令人兴奋的、有吸引力的、有挑战性的探索领域得到了拓展。

　　本书呈现的观点也意在对临床实践起到比喻的作用。很有可能这个比喻的临床应用将会缓慢地、间接地出现。我猜想改变的最大动力将通过改变我们的观点而发生：婴儿是谁、他们如何与他人关联、他们的主观体验可能是什么样子，尤其是他们的自我感以及我们怎样寻找与创建治疗性叙事相关的过去经历。这样的改变经过了治疗师思考的层层过滤，他们同时在积极地与患者一起工作。当重建的患者过去的生活画面改变之时，治疗师会发现有必要采取不同的想法和行为。本书最后部分提出的建构旨在促进这个过程。这样的过程需要花费许多"代"患者方能实现。这个过滤和转换过程如何翻译成不同的治疗性技术和理论，这不可预测。我只是开了个头。

　　改变的第二个途径甚至更加间接且不可预测，但可能最强有力。在身为治疗师或实验者之外，我们同时也是父母、祖父母、以及信息传播者。我们总结的发现、炮制的理论对新晋父母来说本质上就是信息。不管我们是否意图于此，这项工作的一般教育性质是逃不掉的。改变大多数人持有的对婴儿的普遍看法，这个过程已经开始，且正在加速。一旦父母能够看到不同的婴儿，婴儿就会开始被他们新的"目光"所转变，最终成为不同的成人。本书的大部分描述了人与人之间这种转变如何发生。在这些问题上，每天碰到的、以"人类本性"为伪装的进化发挥着保守力量的作用，因此改变我们对婴儿是谁的普遍看法只能在一定程度上改变他们将会变成谁。不过，这个程度的变化正是本书讨论的焦点。如果以不同的眼光看待婴儿会在一代人之后造就不同的儿童、少年和成人，那么我们将看到不同的患者——体验过某种不同的婴儿期的患者、其人际间世界的发展稍微有些不同。对这个新患者的治疗性交会也将要求临床理论和搜索策略的改变。

277　　正如婴儿必须发育，关于他们体验到什么、他们是谁的理论也必须发展。

276（左侧页码）

参考文献

Adler, G. , and Buie, D. H. (1979). Aloneness and borderline psychopathology: The possible relevance of child developmental issues. *International Journal of Psychoanalysis, 60,* 83 – 96.

Ainsworth, M. D. S. (1969). Object relations, dependency and attachment: A theoretical review of the infant-mother relationship. *Child Development, 40,* 969 – 1026.

Ainsworth, M. D. S. (1979). Attachment as related to mother-infant interaction. In J. B. Rosenblatt, R. H. Hinde, C. Beer, and M. Bushell (Eds.), *Advances in the study of behavior* (pp. 1 – 51). New York: Academic Press.

Ainsworth, M. D. S. , and Wittig, B. (1969). Attachment and exploratory behavior in one-year-olds in a stranger situation. In B. M. Foss (Ed.), *Determinants of infant behavior.* New York: Wiley.

Ainsworth, M. D. S. , Blehar, M. C. , Waters, E. , and Wail, S. (1978). *Patterns of attachment.* Hillsdale, N. J. : Erlbaum.

Allen, T. W. , Walker, K. , Symonds, L. , and Marcell, M. (1977). Intrasensory and intersensory perception of temporal sequences during infancy. *Developmental Psychology, 13,* 225 – 229.

Amsterdam, B. K. (1972). Mirror self-image reactions before age two. *Developmental Psychology, 5,* 297 – 305.

Arnold, M. G. (1970). *Feelings and emotions, the Loyola symposium.* New York: Academic Press.

Austin, J. (1962). *How to do things with words.* New York: Oxford Universiry Press.

Baldwin, J. M. (1902). *Social and ethical interpretations in mental development.* New York: Macmillan.

Balint, M. (1937). Early developmental states of the ego primary object love. In M. Balint, *Primary love and psycho-analytic technique.* New York: Liveright.

Basch, M. F. (1983). Empathic understanding: A review of the concept and some theoretical considerations. *Journal of the American Psychoanalytic Association, 31*(1), 101 – 126.

Basch, M. F. (in press). The perception of reality and the disavowal of meaning. *Annals of Psychoanalysis, 11.*

Bates, E. (1976). *Language and context: The acquisition of pragmatics.* New York:

Academic Press.

Bates, E. (1979). Intentions, conventions and symbols. In E. Bates (Ed.), *The emergence of symbols: Cognition and communication in infancy.* New York: Academic Press.

Bates, E., Benigni, L., Bretherton, I., Camaioni, L., and Volterra, V. (1979). Cognition and communication from nine to thirteen months: Correlational findings. In E. Bates (Ed.), *The emergence of symbols: Cognition and communication in infancy.* New York: Academic Press.

Bateson, G., Jackson, D., Haley, J., and Wakland, J. (1956). Toward a theory of schizophrenia. *Behavioral Science, 1,* 251 – 264.

Baudelaire, C. (1982). *Les fleurs du mal.* (R. Howard, Trans.). Boston: David R. Godine. (Original work published 1857)

Beebe, B. (1973). *Ontogeny of Positive Affect in the Third and Fourth Months of the Life of One Infant.* Doctoral dissertation, Columbia University, University Microfilms.

Beebe, B., and Gerstman, L. J. (1980). The "packaging" of maternal stimulation in relation to infant facial-visual engagement: A case study at four months. *Merrill-Palmer Quarterly, 26,* 321 – 339.

Beebe, B., and Kroner, J. (1985). Mother-infant facial mirroring. (In preparation)

Beebe, B., and Sloate, P. (1982). Assessment and treatment of difficulties in mother-infant attunement in the first three years of life: A case history. *Psychoanalytic Inquiry, 1*(4), 601 – 623.

Beebe, B., and Stern, D. N. (1977). Engagement-disengagement and early object experiences. In M. Freedman and S. Grand (Eds.), *Communicative structures and psychic structures.* New York: Plenum Press.

Bell, S. M. (1970). The development of the concept of object as related to infant-mother attachment. *Child Development, 41,* 291 – 313.

Benjamin, J. D. (1965). Developmental biology and psychoanalysis. In N. Greenfield and W. Lewis (Eds.), *Psychoanalysis and current biological thought.* Madison: University of Wisconsin Press.

Bennett, S. (1971). Infant-caretaker interactions. *Journal of the American Academy of Child Psychiatry, 10,* 321 – 335.

Berlyne, D. E. (1966). Curiosity and exploration. *Science, 153,* 25 – 33.

Bloom, L. (1973). *One word at a time: The use of single word utterances before syntax.* Hawthorne, N. Y.: Mouton.

Bloom, L. (1983). Of continuity and discontinuity, and the magic of language development. In R. Gollinkoff (Ed.), *The transition from pre-linguistic to linguistic communication.* Hillsdale, N. J.: Erlbaum.

Bower, G. (1981). Mood and memory. *American Psychologist, 36,* 129 – 148.

Bower, T. G. R. (1972). Object perception in the infant. *Perception, 1,* 15 – 30.

Bower, T. G. R. (1974). *Development in infancy.* San Francisco, Calif.: Freeman.

Bower, T. G. R. (1976). *The perceptual world of the child.* Cambridge, Mass.: Harvard

University Press.

Bower, T. G. R. (1978). The infant's discovery of objects and mother. In E. Thoman (Ed.) *Origins of the infant's social responsiveness.* Hillsdale, N. J. : Erlbaum.

Bower, T. G. R. , Broughton, J. M. , and Moore, M. K. (1970). Demonstration of intention in the reaching behavior of neonate humans. *Nature, 228,* 679 – 680.

Bowlby, J. (1958). The nature of the child's tie to his mother. *International Journal of Psychoanalysis, 39,* 350 – 373.

Bowlby, J. (1960). Separation anxiety. *International Journal of Psychoanalysis, 41,* 89 – 113.

Bowlby, J. (1969). *Attachment and loss: Vol. 1. Attachment.* New York: Basic Books.

Bowlby, J. (1973). *Attachment and loss: Vol. 2. Separation: Anxiety and anger.* New York: Basic Books.

Bowlby, J. (1980). *Attachment and loss: Vol. 3. Loss: Sadness and depression.* New York: Basic Books.

Brazelton, T. B. (1980, May). *New knowledge about the infant from current research: Implications for psychoanalysis.* Paper presented at the American Psychoanalytic Association meeting, San Francisco, Calif.

Brazelton, T. B. (1982). Joint regulation of neonate-parent behavior. In E. Tronick (Ed.), *Social interchange in infancy.* Baltimore, Md. : University Park Press.

Brazelton, T. B. , Koslowski, B. , and Main, M. (1974). The origins of reciprocity: The early mother-infant interaction. In M. Lewis and L. A. Rosenblum (Eds.), *The effects of the infant on its caregiver.* New York: Wiley.

Brazelton, T. B. , Yogman, M. , Als, H. , and Tronick, E. (1979). The infant as a focus for family reciprocity. In M. Lewis and L. A. Rosenblum (Eds.), *The child and its family.* New York: Plenum Press.

Bretherton, I. (in press). Attachment theory: Retrospect and prospect. In I. Bretherton and E. Waters (Eds.), *Monographs of the Society for Research in Child Development.*

Bretherton, I. , and Bates, E. (1979). The emergence of intentional communication. In I. Uzgiris (Ed.), *New directions for child development, Vol. 4.* San Francisco, Calif. : Jossey-Bass.

Bretherton, I. , McNew, S. , and Beeghly-Smith, M. (1981). Early person knowledge as expressed in gestural and verbal communication: When do infants acquire a "theory of mind"? In M. E. Lamb and L. R. Sherrod (Eds.), *Infant social cognition.* Hillsdale, N. J. : Erlbaum.

Bretherton, I. , and Waters, E. (in press). Growing points of attachment theory and research. *Monographs of the Society for Research in Child Development.*

Bronson, G. (1982). *Monographs on infancy: Vol. 2. The scanning patterns of human infants: implications for visual learning.* Norwood, N. J. : Ablex.

Brown, R. (1973). *A first language: The early stages.* Cambridge, Mass. : Harvard University Press.

Bruner, J. S. (1969). Modalities of memory. In G. Talland and N. Waugh (Eds.), *The pathology of memory*. New York: Academic Press.

Bruner, J. S. (1975). The ontogenesis of speech acts. *Journal of Child Language, 2*, 1 – 19.

Bruner, J. S. (1977). Early social interaction and language acquisition. In H. R. Schaffer (Ed.), *Studies in mother-infant interaction*. London: Academic Press.

Bruner, J. S. (1981). The social context of language acquisition. *Language and Communication, 1*, 155 – 178.

Bruner, J. S. (1983). *Child's talk: Learning to use language*. New York: Norton.

Burd, A. P., and Milewski, A. E. (1981, April). *Matching of facial gestures by young infants: Imitation or releasers?* Paper presented at the Meeting of the Society for Research in Child Development, Boston, Mass.

Butterworth, G., and Castello, M. (1976). Coordination of auditory and visual space in newborn human infants. *Perception, 5*, 155 – 160.

Call, J. D. (1980). Some prelinguistic aspects of language development. *Journal of American Psychoanalytic Association, 28*, 259 – 290.

Call, J. D., and Marschak, M. (1976). Styles and games in infancy. In E. Rexford, L. Sander, and A. Shapiro (Eds.), *Infant Psychiatry* (pp. 104 – 112). New Haven, Conn.: Yale University Press.

Call, J. D., Galenson, E., and Tyson, R. L. (Eds.). (1983). *Frontiers of infant psychiatry, Vol. 1*. New York: Basic Books.

Campos, J., and Stenberg, C. (1980). Perception of appraisal and emotion: The onset of social referencing. In M. E. Lamb and L. Sherrod (Eds.), *Infant social cognition*. Hillsdale, N. J.: Erlbaum.

Caron, A. J., and Caron, R. F. (1981). Processing of relational information as an index of infant risk. In S. L. Friedman and M. Sigman (Eds.), *Preterm birth and psychological development*. New York: Academic Press.

Cassirer, E. (1955). *The philosophy of symbolic forms of language, Vol. 1*. New Haven, Conn.: Yale University Press.

Cavell, M. (in press). *The self and separate minds*. New York: New York University Press.

Cicchetti, D., and Schneider-Rosen, K. (in press). An organizational approach to childhood depression. In M. Rutter, C. Izard, and P. Read (Eds.), *Depression in children: Developmental perspectives*. New York: Guilford.

Cicchetti, D., and Sroufe, L. A. (1978). An organizational view of affect: Illustration from the study of Down's syndrome infants. In M. Lewis and L. Rosenblum (Eds.), *The development of affect*. New York: Plenum Press.

Clarke-Stewart, K. A. (1973). Interactions between mothers and their young children: Characteristics and consequences. *Monographs of the Society of Research in Child Development, 37*(153).

Cohen, L. B., and Salapatek, P. (1975). *Infant perception: From sensation to cognition: Vol. 2. Perception of space, speech, and sound*. New York: Academic Press.

Collis, G. M., and Schaffer, H. R. (1975). Synchronization of visual attention in mother-infant pairs. *Journal of Child Psychiatry, 16,* 315 – 320.

Condon, W. S., and Ogston, W. D. (1967). A segmentation of behavior. *Journal of Psychiatric Research, 5,* 221 – 235.

Condon, W. S., and Sander, L. S. (1974). Neonate movement is synchronized with adult speech. *Science, 183,* 99 – 101.

Cooley, C. H. (1912). *Human nature and the social order.* New York: Scribner.

Cooper, A. M. (1980). *The place of self psychology in the history of depth psychology.* Paper presented at the Symposium on Reflections on Self Psychology, Boston Psychoanalytic Society and Institute, Boston, Mass.

Cramer, B. (1982a). Interaction réele, interaction fantasmatique: Réflections au sujet des thérapies et des observations de nourrissons. *Psychothérapies,* No. 1.

Cramer, B. (1982b). La psychiatrie du bébé. In R. Kreisler, M. Schappi, and M. Soule (Eds.). *La dynamique du nourrisson.* Paris: Editions E. S. F.

Cramer, B. (1984, September). *Modèles psychoanalytiques, modèles interactifs: Recoupment possible?* Paper presented at the International Symposium "Psychiatry-Psychoanalysis," Montreal, Canada.

Dahl, H., and Stengel, B. (1978). A classification of emotion words: A modification and partial test of De Rivera's decision theory of emotions. *Psychoanalysis and Contemporary Thought, 1*(2), 269 – 312.

Darwin, C. (1965). *The expression of the emotions in man and animals.* Chicago: University of Chicago Press. (Original work published 1872)

DeCasper, A. J. (1980, April). *Neonates perceive time just like adults.* Paper presented at the International Conference on Infancy Studies, New Haven, Conn.

DeCasper, A. J., and Fifer, W. P. (1980). Of human bonding: Newborns prefer their mothers' voices. *Science, 208,* 1174 – 1176.

Defoe, D. (1964). *Moll Flanders.* New York: Signet Classics. (Original work published 1723)

Demany, L., McKenzie, B., and Vurpillot, E. (1977). Rhythm perception in early infancy. *Nature, 266,* 718 – 719.

Demos, V. (1980). Discussion of papers delivered by Drs. Sander and Stern. Presented at the Boston Symposium on the Psychology of the Self, Boston, Mass.

Demos, V. (1982a). Affect in early infancy: Physiology or psychology. *Psychoanalytic Inquiry, 1,* 533 – 574.

Demos, V. (1982b). The role of affect in early childhood. In E. Troneck (Ed.), *Social interchange in infancy.* Baltimore, Md.: University Park Press.

Demos, V. (1984). Empathy and affect: Reflections on infant experience. In J. Lichtenberg, M. Bernstein, and D. Silver (Eds.), *Empathy.* Hillsdale, N. J.: Erlbaum.

DeVore, I., and Konnor, M. J. (1974). Infancy in hunter-gatherer life: An ethological perspective. In N. White (Ed.), *Ethology and psychiatry.* Toronto: University of

Toronto Press.

Dodd, B. (1979). Lip reading in infants: Attention to speech presented in- and out- of synchrony. *Cognitive Psychology, 11*, 478 – 484.

Donee, L. H. (1973, March). *Infants' development scanning patterns of face and non-face stimuli under various auditory conditions.* Paper presented at the Meeting of the Society for Research in Child Development, Philadelphia, Pa.

Dore, J. (1975). Holophrases, speech acts and language universals. *Journal of Child Language, 2*, 21 – 40.

Dore, J. (1979). Conversational acts and the acquisition of language. In E. Ochs and B. Schieffelin (Eds.), *Developmental pragmatics.* New York: Academic Press.

Dore, J. (1985). Holophases revisited, dialogically. In M. Barrett (Ed.), *Children's single word speech.* London: Wiley.

Dunn, J. (1982). Comment: Problems and promises in the study of affect and intention. In E. Tronick (Ed.), *Social interchange in infancy.* Baltimore, Md.: University Park Press.

Dunn, J., and Kendrick, C. (1979). Interaction between young siblings in the context of family relationships. In M. Lewis and L. Rosenblum (Eds.), *The child and its family: The genesis of behavior, Vol. 2.* New York: Plenum Press.

Dunn, J., and Kendrick, C. (1982). *Siblings: Love, envy and understanding.* Cambridge: Harvard University Press.

Easterbrook, M. A., and Lamb, M. E. (1979). The relationship between quality of infant-mother attachment and infant competence in initial encounters with peers. *Child Development, 50*, 380 – 387.

Eimas, P. D., Siqueland, E. R., Jusczyk, P., and Vigorito, J. (1971). Speech perception in infants, *Science, 171*, 303 – 306.

Eimas, P. D., Siqueland, E. R., Jusczyk, P., and Vigorito, J. (1978). Speech perception in infants. In L. Bloom (Ed.), *Readings in language development.* New York: Wiley.

Eisenstein, S. (1957). *Film form and the film sense.* (J. Leyda, Trans.). New York: Meridian Books.

Ekman, P. (1971). Universals and cultural differences in facial expressions of emotion. In J. K. Cole (Ed.), *Nebraska symposium on motivation, Vol. 19.* Lincoln: University of Nebraska Press.

Ekman, P., Levenson, R. W., Friesen, W. V. (1983). Autonomic nervous system activity distinguishes among emotions. *Science, 221*, 1208 – 1210.

Emde, R. N. (1980a). Levels of meaning for infant emotions: A biosocial view. In W. A. Collins (Ed.), *Development of cognition, affect, and social relations.* Hillsdale, N. J.: Erlbaum.

Emde, R. N. (1980b). Toward a psychoanalytic theory of affect. In S. I. Greenspan and G. H. Pollock (Eds.), *Infancy and early childhood. The course of life: Psychoanalytic contributions towards understanding personality development, Vol. I.* Washington, D. C.:

National Institute of Mental Health.

Emde, R. N. (1983, March). *The affective core.* Paper presented at the Second World Congress of Infant Psychiatry, Cannes, France.

Emde, R. N., Gaensbauer, T., and Harmon, R. (1976). Emotional expression in infancy: A biobehavioral study. *Psychological Issues Monograph Series, 10*(1), No. 37.

Emde, R. N., Klingman, D. H., Reich, J. H., and Wade, J. D. (1978). Emotional expression in infancy: I. Initial studies of social signaling and an emergent model. In M. Lewis and L. Rosenblum, (Eds.), *The development of affect.* New York: Plenum Press.

Emde, R. N., and Sorce, J. E. (1983). The rewards of infancy: Emotional availability and maternal referencing. In J. D. Call, E. Galenson, and R. Tyson (Eds.), *Frontiers of infant psychiatry, Vol. 2.* New York: Basic Books.

Erikson, E. H. (1950). *Childhood and society.* New York: Norton.

Escalona, S. K. (1953). Emotional development in the first year of life. In M. Senn (Ed.), *Problems of infancy and childhood.* Packawack Lake, N. J.: Foundation Press.

Escalona, S. K. (1968). *The roots of individuality.* Chicago: Aldine.

Esman, A. H. (1983). The "stimulus barrier": A review and reconsideration. In A. Solnit and R. Eissler (Eds.), *The psychoanalytic study of the child, Vol. 38* (pp. 193 – 207). New Haven, Conn.: Yale University Press.

Fagan, J. F. (1973). Infants' delayed recognition memory and forgetting. *Journal of Experimental Child Psychology, 16,* 424 – 450.

Fagan, J. F. (1976). Infants' recognition of invariant features of faces. *Child Development, 47,* 627 – 638.

Fagan, J. F. (1977). Infant's recognition of invariant features of faces. *Child Development, 48,* 68 – 78.

Fagan, J. F., and Singer, L. T. (1983). Infant recognition memory as a measure of intelligence. In L. P. Lipsitt and C. K. Rovee-Collier (Eds.), *Advances in infancy research, Vol. 2.* Norwood, N. J.: Ablex.

Fairbairn, W. R. D. (1954). *An object relations theory of the personality.* New York: Basic Books.

Fantz, R. (1963). Pattern vision in newborn infants. *Science, 140,* 296 – 297.

Ferguson, C. A. (1964). Baby talk in six languages. In J. Gumperz and D. Hymes (Eds.), *The Ethnography of Communication, 66,* 103 – 114.

Fernald, A. (1982). *Acoustic determinants of infant preferences for "motherese."* Unpublished doctoral dissertation, University of Oregon.

Fernald, A. (1984). The perceptual and affective salience of mother's speech to infants. In L. Fagans, C. Garvey, and R. Golinkoff (Eds.), *The origin and growth of communication.* Norwood, N. J.: Ablex.

Fernald, A., and Mazzie, C. (1983, April). *Pitch-marking of new and old information in mother's speech.* Paper presented at the Meeting of the Society for Research in Child

Development, Detroit, Mich.

Field, T. M. (1977). Effects of early separation, interactive deficits and experimental manipulations on mother-infant face-to-face interaction. *Child Development, 48*, 763 – 771.

Field, T. M. (1978). The three R's of infant-adult interactions: Rhythms, repertoires and responsivity. *Journal of Pediatric Psychology, 3*, 131 – 136.

Field, T. M. (in press). Attachment as psychological attunement: Being on the same wavelength. In M. Reite and T. Field (Eds.), *The psychobiology of attachment*. New York: Academic Press.

Field, T. M., and Fox, N. (Eds.). (in press). *Social perception in infants*. Norwood, N. J.: Ablex.

Field, T. M., Woodson, R., Greenberg, R., and Cohen, D. (1982). Discrimination and imitation of facial expressions by neonates. *Science, 218*, 179 – 181.

Fogel, A. (1982). Affect dynamics in early infancy: Affective tolerance. In T. Field and A. Fogel (Eds.), *Emotions and interaction: Normal and high-risk infants*. Hillsdale, N.J.: Erlbaum.

Fogel, A. (1977). Temporal organization in mother-infant face-to-face interaction. In H. R. Schaffer (Ed.), *Studies in mother-infant interaction*. New York: Academic Press.

Fogel, A., Diamond, G. R., Langhorst, B. H., and Demas, V. (1981). Affective and cognitive aspects of the two-month-old's participation in face-to-face interaction with its mother. In E. Tronick (Ed.), *Joint regulation of behavior*. Cambridge, England: Cambridge University Press.

Fraiberg, S. H. (1969). Libidinal constancy and mental representation. In R. Eissler et al. (Eds.), *The psychoanalytic study of the child*, Vol. 24 (pp. 9 – 47). New York: International Universities Press.

Fraiberg, S. H. (1971). Smiling and strange reactions in blind infants. In J. Hellmuth (Ed.), *Studies in abnormalities: Vol. 2. Exceptional infant* (pp. 110 – 127). New York: Brunner/Mazel.

Fraiberg, S. H. (1980). *Clinical studies in infant mental health: The first year of life*. New York: Basic Books.

Fraiberg, S. H., Adelson, E., and Shapiro, V. (1975). Ghosts in the nursery: A psychoanalytic approach to the problem of impaired infant-mother relationships. *Journal of American Academy of Child Psychiatry, 14*, 387 – 422.

Francis, P. L., Self, P. A., and Noble, C. A. (1981, March). *Imitation within the context of mother-newborn interaction*. Paper presented at the Annual Eastern Psychological Association, New York.

Freedman, D. (1964). Smiling in blind infants and the issue of innate vs. acquired. *Journal of Child Psychology and Psychiatry, 5*, 171 – 184.

Freud, A. (1966). *Writings of Anna Freud: Vol. 6. Normality and pathology in childhood: Assessments in development*. New York: International Universities Press.

Freud, S. (1955). *The interpretation of dreams*, (J. Strachey, Ed.). New York: Basic

Books. (Original work published in 1900)

Freud, S. (1962). *Three essays on the theory of sexuality.* New York: Basic Books. (Original work published in 1905)

Freud, S. (1957). Repression. In *The standard edition of the complete psychological works of Sigmund Freud*, Vol. 14. (143 – 158). London: Hogarth Press. (Original work published in 1915)

Freud, S. (1959). Mourning and melancholia. In *Collected papers*, Vol. 4 (pp. 152 – 170). New York: Basic Books. (Original work published in 1917)

Freud, S. (1955). Beyond the pleasure principle. In *The standard edition of the complete psychological works of Sigmund Freud*, Vol. 18 (pp. 4 – 67). London: Hogarth Press. (Original work published in 1920)

Friedlander, B. Z. (1970). Receptive language development in infancy. *Merrill-Palmer Quarterly*, 16, 7 – 51.

Friedman, L. (1980). Barren prospect of a representational world. *Psychoanalytic Quarterly*, 49, 215 – 233.

Friedman, L. (1982). *The interplay of evocation.* Paper presented at the Postgraduate Center for Mental Health, New York.

Galenson, E., and Roiphe, H. (1974). The emergence of genital awareness during the second year of life. In R. Friedman, R. Richart, and R. Vandeivides (Eds.), *Sex differences in behavior* (pp. 223 – 231). New York: Wiley.

Garfinkel, H. (1967). *Studies in ethnomethodology.* Englewood Cliffs, N.J.: Prentice-Hall.

Garmenzy, N., and Rutter, M. (1983). *Stress, coping and development in children.* New York: McGraw Hill.

Gautier, Y. (1984, September). *De a psychoanalyse et la psychiatrie du nourrisson: Un long et difficile cheminement.* Paper presented at the International Symposium "Psychiatry-Psycho-analysis," Montreal, Canada.

Gediman, H. K. (1971). The concept of stimulus barrier. *International Journal of Psychoanalysis*, 52, 243 – 257.

Ghosh, R. K. (1979). *Aesthetic theory and art: A study in Susanne K. Langer* (p. 29). Delhi, India: Ajanta Publications.

Gibson, E. J. (1969). *Principles of perceptual learning and development.* New York: Appleton-Century-Crofts.

Gibson, E. J., Owsley, C., and Johnston, J. (1978). Perception of invariants by five-month-old infants: Differentiation of two types of motion. *Developmental Psychology*, 14, 407 – 415.

Gibson, J. J. (1950). *The perception of the visual world.* Boston: Houghton Mifflin.

Gibson, J. J. (1979). *The ecological approach to visual perception.* Boston: Houghton Mifflin.

Glick, J. (1983, March). *Piaget, Vygotsky and Werner.* Paper presented at the Meeting of the Society for Research in Child Development, Detroit, Mich.

Glover, E. (1945). Examination of the Klein system of child psychology. In R. Eissler et al. (Eds.), *The psychoanalytic study of the child, Vol. 1* (pp. 75 – 118). New York: International Universities Press.

Goldberg, A. (Ed.). (1980). *Advances in self psychology*. New York: International Universities Press.

Golinkoff, R. (Ed.). (1983). *The transition from pre-linguistic to linguistic communication*. Hillsdale, N. J.: Erlbaum.

Greenfield. P., and Smith, J. H. (1976). *Language beyond syntax: The development of semantic structure*. New York: Academic Press.

Greenspan, S. I. (1981). *Clinical infant reports: No. 1. Psychopathology and adaptation in infancy in early childhood*. New York: International Universities Press.

Greenspan, S. I., and Lourie, R. (1981). Developmental and structuralist approaches to the classification of adaptive and personality organizations: Infancy and early childhood. *American Journal of Psychiatry, 138*, 725 – 735.

Grossmann, K., and Grossmann, K. E. (in press). Maternal sensitivity and newborn orientation responses as related to quality of attachment in northern Germany. In I. Bretherton and E. Waterns (Eds.), *Monographs of the Society for Research in Child Development*.

Gunther, M. (1961). Infant behavior at the breast. In B. M. Foss (Ed.), *Determinants of infant behavior, Vol. 2*. London: Methuen.

Guntrip, J. S. (1971). *Psychoanalytic theory, therapy, and the self*. New York: Basic Books.

Habermas, T. (1972). *Knowledge and human interests*. London: Heinemann.

Hainline, L. (1978). Developmental changes in visual scanning of face and non-face patterns by infants. *Journal of Exceptional Child Psychology, 25*, 90 – 115.

Haith, M. M. (1966). Response of the human newborn to visual movement. *Journal of Experimental Child Psychology, 3*, 235 – 243.

Haith, M. M. (1980). *Rules that babies look by*. Hillsdale, N. J.: Erlbaum.

Haith, M. M., Bergman, T., and Moore, M. J. (1977). Eye contact and face scanning in early infancy. *Science, 198*, 853 – 855.

Halliday, M. A. (1975). *Learning how to mean: Exploration in the development of language*. London: Edward Arnold.

Hamilton, V. (1982). *Narcissus and Oedipus: The children of psychoanalysis*. London: Rutledge and Kegan Paul.

Hamlyn, D. W. (1974). Person-perception and our understanding of others. In T. Mischel (Ed.), *Understanding other persons*. Oxford: Blackwell.

Harding, C. G. (1982). Development of the intention to communicate. *Human Development, 25*, 140 – 151.

Harding, C. G., and Golinkoff, R. (1979). The origins of intentional vocalizations in prelinguistic infants. *Child Development, 50*, 33 – 40.

Harper, R. C., Kenigsberg, K., Sia, G., Horn, D., Stern, D. N., and Bongiovi, V. (1980). Ziphophagus conjoined twins: A 300 year review of the obstetric, morphopathologic neonatal and surgical parameters. *American Journal of Obstetrics and Gynecology, 137,* 617‒629.

Hartmann, H. (1958). *Ego psychology and the problem of adaption* (D. Rapaport, Trans.). New York: International Universities Press.

Hartmann, H., Kris, E., and Lowenstein, R. M. (1946). Comments on the formation of psychic structure. In *Psychological issues monographs: No. 14. Papers on psychoanalytic psychology* (pp. 27‒55). New York: International Universities Press.

Herzog, J. (1980). Sleep disturbances and father hunger in 18-to 20-month-old boys: The Erlkoenig Syndrome. In A. Solnit et al. (Eds.), *The Psychoanalytic Study of the Child, Vol. 35* (pp. 219‒236). New Haven, Conn.: Yale University Press.

Hinde, R. A. (1979). *Towards understanding relationships.* London: Academic Press.

Hinde, R. A. (1982). Attachment: Some conceptual and biological issues. In C. M. Parks and J. Stevenson-Hinde (Eds.), *The place of attachment in human behavior.* New York: Basic Books.

Hinde, R. A., and Bateson, P. (1984). Discontinuities versus continuities in behavioral development and the neglect of process. *International Journal of Behavioral Development, 7,* 129‒143.

Hofer, M. A. (1980). *The roots of human behavior.* San Francisco, Calif.: Freedman.

Hofer, M. A. (1983, March). Relationships as regulators: A psychobiological perspective on development. Presented (as the Presidential Address) to the American Psychosomatic Society, New York.

Hoffman, M. L. (1977). Empathy, its development and pre-social implications. *Nebraska Symposium on Motivation, 25,* 169‒217.

Hoffman, M. L. (1978). Toward a theory of empathic arousal and development. In M. Lewis and L. A. Rosenblum (Eds.), *The development of affect.* New York: Plenum Press.

Holquist, M. (1982). The politics of representation. In S. J. Greenblatt (Ed.), *Allegory and representation.* Baltimore, Md.: John Hopkins University Press.

Humphrey, K., Tees, R. C., and Werker, J. (1979). Auditory-visual integration of temporal relations in infants. *Canadian Journal of Psychology, 33,* 347‒352.

Hutt, C., and Ounsted, C. (1966). The biological significance of gaze aversion with particular reference to the syndrome of infantile autism. *Behavioral Science, 11,* 346‒356.

Izard, C. E. (1971). *The face of emotion.* New York: Appleton-Century-Crofts.

Izard, C. E. (1977). *Human emotions.* New York: Plenum Press.

Izard, C. E. (1978). On the ontogenesis of emotions and emotion-cognition relationship in infancy. In M. Lewis and L. A. Rosenblum (Eds.), *The development of affect.* New York: Plenum Press.

Kagan, J. (1981). *The second year of life: The emergence of self awareness.* Cambridge, Mass. : Harvard University Press.

Kagan, J. (1984). *The nature of the child.* New York: Basic Books.

Kagan, J., Kearsley, R. B., and Zelazo, P. R. (1978). *Infancy: Its place in human development.* Cambridge, Mass. : Harvard University Press.

Karmel, B. Z., Hoffman, R., and Fegy, M. (1974). Processing of contour information by human infants evidenced by pattern dependent evoked potentials. *Child Development, 45,* 39 – 48.

Kaye, K. (1979). Thickening thin data: The maternal role in developing communication and language. In M. Bullowa (Ed.), *Before speech.* Cambridge: Cambridge University Press.

Kaye, K. (1982). *The mental and social life of babies.* Chicago: University of Chicago Press.

Kernberg, O. F. (1968). The treatment of patients with borderline personality organization. *International Journal of Psychoanalysis, 49,* 600 – 619.

Kernberg, O. F. (1975). *Borderline conditions and pathological narcissism.* New York: Aronson.

Kernberg, O. F. (1976). *Object relations theory and clinical psychoanalysis.* New York: Aronson.

Kernberg, O. F. (1980). *Internal world and external reality: Object relations theory applied.* New York: Aronson.

Kernberg, O. F. (1984). *Severe personality disorders: Psychotherapeutic strategies.* New Haven, Conn. : Yale University Press.

Kessen, W., Haith, M. M., and Salapatek, P. (1970). Human infancy: A bibliography and guide. In P. Mussen (Ed.), *Carmichael's manual of child psychology.* New York: Wiley.

Kestenberg, J. S., and Sossin, K. M. (1979). *Movement patterns in development, Vol. 2.* New York: Dance Notation Bureau Press.

Klaus, M., and Kennell, J. (1976). *Maternal-infant bonding.* St. Louis: Mosey.

Klein, D. F. (1982). Anxiety reconceptualized. In D. F. Klein and J. Robkin (Eds.), *Anxiety: New research and current concepts.* New York: Raven Press.

Klein, Melanie (1952). *Developments in psycho-analysis.* (J. Rivere, Ed.). London: Hogarth Press.

Klein, Milton (1980). On Mahler's autistic and symbiotic phases. An exposition and evolution. *Psychoanalysis and Contemporary Thought, 4*(1),69 – 105.

Klinnert, M. D. (1978). *Facial expression and social referencing.* Unpublished doctoral dissertation prospectus. Psychology Department, University of Denver.

Klinnert, M. D., Campos, J. J., Sorce, J. F., Emde, R. N., and Svejda, M. (1983). Emotions as behavior regulators: Social referencing in infancy. In R. Plutchik and H. Kellerman (Eds.), *Emotion: Theory, research and experience, Vol. 2.* New York: Academic Press.

Kohut, H. (1971). *The analysis of the self.* New York: International Universities Press.

Kohut, H. (1977). *The restoration of the self*. New York: International Universities Press.

Kohut, H. (1983). Selected problems of self psychological theory. In J. Lichtenberg and S. Kaplan (Eds.), *Reflections on self psychology*. Hillsdale, N. J.: Analytic Press.

Kohut, H. (in press). Introspection, empathy, and the semi-circle of mental health. *International Journal of Psychoanalysis*.

Kreisler, L., and Cramer, B. (1981). Sur les bases cliniques de la psychiatrie du nourrisson. *La Psychiatrie de l'Enfant, 24*, 1 – 15.

Kreisler, L., Fair, M., and Soulé, M. (1974). *L'enfant et son corps*. Paris: Presse Universitaires de France.

Kuhl, P., and Meltzoff, A. (1982). The bimodal perception of speech in infancy. *Science, 218*, 1138 – 1141.

Labov, W., and Fanshel, D. (1977). *Therapeutic discourse*. New York: Academic Press.

Lacan, J. (1977). *Ecrits* (pp. 1 – 7). New York: Norton.

Lamb, M. E., and Sherrod, L. R. (Eds.). (1981). *Infant social cognition*. Hillsdale, N. J.: Erlbaum.

Langer, S. K. (1967). *MIND: An essay on human feeling, Vol. 1*. Baltimore, Md.: Johns Hopkins Universities Press.

Lashley, K. S. (1951). The problem of serial order in behavior. In L. A. Jeffres (Ed.), *Cerebral mechanisms in behavior*. New York: Wiley.

Lawson, K. R. (1980). Spatial and temporal congruity and auditory-visual integration in infants. *Developmental Psychology, 16*, 185 – 192.

Lebovici, S. (1983). *Le nourrisson, La mère et le psychoanalyste: Les interactions precoces*. Paris: Editions du Centurion.

Lee, B., and Noam, G. G. (1983). *Developmental approaches to the self*. New York: Plenum Press.

Lewcowicz, D. J. (in press). Bisensory response to temporal frequency in four-month-old infants. *Developmental Psychology*.

Lewcowicz, D. J., and Turkewitz, G. (1980). Cross-modal equivalence in early infancy: Audio-visual intensity matching. *Developmental Psychology, 16*, 597 – 607.

Lewcowicz, D. J., and Turkewitz, G. (1981). Intersensory interaction in newborns: Modification of visual preference following exposure to sound. *Child Development, 52*, 327 – 332.

Lewis, M., and Brooks-Gunn, J. (1979). *Social cognition and the acquisition of self*. New York: Plenum Press.

Lewis, M., and Rosenblum, L. A. (Eds.). (1974). *The origins of fear*. New York: Wiley.

Lewis, M., and Rosenblum, L. A. (1978). *The development of affect*. New York: Plenum Press.

Lewis, M., Feiring, L., McGoffog, L., and Jaskin, J. (In press). Predicting psychopathology in six-year-olds from early social relations. *Child Development*.

Lichtenberg, J. D. (1981). Implications for psychoanalytic theory of research on the neonate. *International Review of Psychoanalysis, 8*, 35 – 52.

Lichtenberg, J. D. (1983). *Psychoanalysis and infant research.* Hillsdale, N. J. : Analytic Press.

Lichtenberg, J. D., and Kaplan, S. (Eds.). (1983). *Reflections on self psychology.* Hillsdale, N. J. : Analytic Press.

Lichtenstein, H. (1961). Identity and sexuality: A study of their interpersonal relationships in man. *Journal of American Psychoanalytic Association, 9*, 179 – 260.

Lieberman, A. F. (1977). Preschoolers' competence with a peer: Relations with attachment and peer experience. *Child Development, 48*, 1277 – 1287.

Lipps, T. (1906). Das wissen von fremden ichen. *Psychologische Untersuchung, 1*, 694 – 722.

Lipsitt, L. P. (1976). Developmental psychobiology comes of age. In L. P. Lipsitt (Ed.), *Developmental psychobiology: The significance of infancy.* Hillsdale, N. J. : Erlbaum.

Lipsitt, L. P. (Ed.). (1983). *Advances in infancy research, Vol. 2.* Norwood, N. J. : Ablex.

Lutz, C. (1982). The domain of emotion words on Ifaluk. *American Ethnologist, 9*, 113 – 128.

Lyons-Ruth, K. (1977). Bimodal perception in infancy: Response to audio-visual incongruity. *Child Development, 48*, 820 – 827.

MacFarlane, J. (1975). Olfaction in the development of social preferences in the human neonate. In M. Hofer (Ed.), *Parent-infant ineraction.* Amsterdam: Elsevier.

MacKain, K., Stern, D. N., Goldfield, A., and Moeller, B. (1985). *The identification of correspondence between an infant's internal affective state and the facial display of that affect by an other.* Unpublished manuscript.

MacKain, K., Studdert-Kennedy, M., Spieker, S., and Stern, D. N. (1982, March). *Infant perception of auditory-visual relations for speech.* Paper presented at the International Conference of Infancy Studies, Austin, Tex.

MacKain, K., Studdert-Kennedy, M., Spieker, S., and Stern, D. N. (1983). Infant intermodal speech perception is a left-hemisphere function. *Science, 219*, 1347 – 1349.

MacMurray, J. (1961). *Persons in relation.* London: Faber and Faber.

McCall, R. B. (1979). Qualitative transitions in behavioral development in the first three years of life. In M. H. Bornstein and W. Kessen (Ed.), *Psychological development from infancy.* Hillsdale, N. J. : Erlbaum.

McCall, R. B., Eichhorn, D., and Hogarty, P. (1977). Transitions in early mental development. *Monographs of the Society for Research in Child Development, 42*(1177).

McDevitt, J. B. (1979). The role of internalization in the development of object relations during the separation-individuation phase. *Journal of American Psychoanalytic Association, 27*, 327 – 343.

McGurk, H., and MacDonald, J. (1976). Hearing lips and seeing voices. *Nature, 264*(5588), 746 – 748.

Mahler, M. S., and Furer, M. (1968). *On human symbiosis and the vicissitudes of individuation.* New York: International Universities Press.

Mahler, M. S. , Pine, F. , and Bergman, A. (1975). *The psychological birth of the human infant.* New York: Basic Books.

Main, M. (1977). Sicherheit und wissen. In K. E. Grossman (Ed.), *Entwicklung der Lernfahigkeit in der sozialen umwelt.* Munich: Kinder Verlag.

Main, M. , and Kaplan, N. (in press). Security in infancy, childhood and adulthood: A move to the level of representation. In I. Bretherton and E. Waterns (Eds.), *Monographs of the Society for Research in Child Development.*

Main, M. , and Weston, D. (1981). The quality of the toddler's relationships to mother and father: Related to conflict behavior and readiness to establish new relationships. *Child Development, 52,* 932 – 940.

Malatesta, C. Z. , and Haviland, J. M. (1983). Learning display rules: The socialization of emotion in infancy. *Child Development, 53,* 991 – 1003.

Malatesta, C. Z. , and Izard, C. E. (1982). The ontogenesis of human social signals: From biological imperative to symbol utilization. In N. Fox and R. J. Davidson (Eds.), *Affective development: A psychological perspective.* Hillsdale, N. J. : Erlbaum.

Mandler, G. (1975). *Mind and emotion.* New York: Wiley.

Maratos, O. (1973). *The origin and development of imitation in the first six months of life.* Unpublished doctoral dissertation, University of Geneva.

Marks, L. F. (1978). *The unity of the senses: Interrelations among the modalities.* New York: Academic Press.

Matas, L. , Arend, R. , and Sroufe, L. A. (1978). Continuity of adaptation in the second year: The relationship between quality of attachment and later competence. *Child Development, 49,* 547 – 556.

Mead, G. H. (1934). *Mind, self and society: From the standpoint of a social behaviorist.* Chicago: University of Chicago Press.

Meissner, W. W. (1971). Notes on identification: II. Clarification of related concepts. *Psychoanalytic Quarterly, 40,* 277 – 302.

Meltzoff, A. N. (1981). Imitation, intermodal co-ordination and representation in early infancy. In G. Butterworth (Ed.), *Infancy and epistemology.* London: Harvester Press.

Meltzoff, A. N. , and Borton, W. (1979). Intermodal matching by human neonates. *Nature, 282,* 403 – 404.

Meltzoff, A. N. , and Moore, M. K. (1977). Imitation of facial and manual gestures by human neonates. *Science, 198,* 75 – 78.

Meltzoff, A. N. , and Moore, M. K. (1983). The origins of imitation in infancy: Paradigm, phenomena and theories. In L. P. Lipsitt (Ed.), *Advances in infancy research.* Norwood, N. J. : Ablex.

Mendelson, M. J. , and Haith, M. M. (1976). The relation between audition and vision in the human newborn. *Monographs of the Society for Research in Child Development, 41* (167).

Messer, D. J., and Vietze, P. M. (in press). Timing and transitions in mother-infant gaze. *Child Development*.

Miller, C. L., and Byrne, J. M. (1984). The role of temporal cues in the development of language and communication. In L. Feagans, C. Garvey, and R. Golinkoff (Eds.), *The origin and growth of communication*. Norwood, N. J.: Ablex.

Miyake, K., Chen, S., and Campos, J. J. (in press). Infant temperament, mother's mode of interaction, and attachment. In I. Bretherton and E. Waterns (Eds.), *Monographs of the Society for Research in Child Development*.

Moes, E. J. (1980, April). *The nature of representation and the development of consciousness and language in infancy: A criticism of Moore and Meltzoff's "neo-Piagetian" approach*. Paper presented at the International Conference on Infant Studies, New Haven, Conn.

Moore, M. K., and Meltzoff, A. N. (1978). Object permanence, imitation and language development in infancy: Toward a neo-Piagetian perspecive on communicative and cognitive development. In F. D. Minifie and L. L. Lloyd (Eds.), *Communicative and cognitive abilities: Early behavioral assessment*. Baltimore, Md.: University Park Press.

Morrongiello, B. A. (1984). Auditory temporal pattern perception in six- and twelve-month-old infants. *Developmental Psychology, 20*, 441 – 448.

Moss, H. A. (1967). Sex, age and state as determinant of mother-infant interaction. *Merrill-Palmer Quarterly, 13*, 19 – 36.

Murphy, C. M., and Messer, D. J. (1977). Mothers, infants and pointing: A study of a gesture. In H. R. Schaffer (Ed.), *Studies in mother-infant interaction*. London: Academic Press.

Nachman, P. (1982). Memory for stimuli reacted to with positive and neutral affect in seven-month-old infants. Unpublished doctoral dissertation, Columbia University.

Nachman, P., and Stern, D. N. (1983). *Recall memory for emotional experience in pre-linguistic infants*. Paper presented at the National Clinical Infancy Fellows Conference, Yale University, New Haven, Conn.

Nelson, K. (1973). Structure and strategy in learning to talk. *Monographs of the Society for Research in Child Development, 48*(149).

Nelson, K. (1978). How young children represent knowledge of their world in and out of language. In R. S. Siegler (Ed.), *Children's thinking: What develops?* Hillsdale, N. J.: Erlbaum.

Nelson, K., and Greundel, J. M. (1979). *From personal episode to social script*. Paper presented at the Biennial Meeting of the Society for Research in Child Development, San Francisco, Calif.

Nelson, K., and Greundel, J. M. (1981). Generalized event representations: Basic building blocks of cognitive development. In M. E. Lamb and A. L. Brown (Eds.), *Advances in developmental psychology, Vol. 1*. Hillsdale, N. J.: Erlbaum.

Nelson, K., and Ross, G. (1980). The generalities and specifics of long-term memory in infants and young children. *New Directions for Child Development, 10,* 87 – 101.

Newson, J. (1977). An intersubjective approach to the systematic description of mother-infant interaction. In H. R. Schaffer (Ed.), *Studies in mother-infant interaction.* New York: Academic Press.

Ninio, A., and Bruner, J. (1978). The achievement and antecedents of labelling. *Journal of Child Language, 5,* 1 – 15.

Olson, G. M., and Strauss, M. S. (1984). The development of infant memory. In M. Moscovitch (Ed.), *Infant memory.* New York: Plenum Press.

Ornstein, P. H. (1979). Remarks on the central position of empathy in psychoanalysis. *Bulletin of the Association of Psychoanalytic Medicine, 18,* 95 – 108.

Osofsky, J. D. (1985). *Attachment theory and research and the psychoanalytic process.* Unpublished manuscript.

Papoušek, H., and Papoušek, M. (1979). Early ontogeny of human social interaction: Its biological roots and social dimensions. In M. von Cranach, K. Foppa, W. Lepenies, and P. Ploog (Eds.), *Human ethology: Claims and limits of a new discipline.* Cambridge: Cambridge University Press.

Papoušek, M., and Papoušek, H. (1981). Musical elements in the infant's vocalization: Their significance for communication, cognition and creativity. In L. P. Lipsitt (Ed.), *Advances in Infancy Research.* Norwood, N. J.: Ablex.

Peterfreund, E. (1978). Some critical comments on psychoanalytic conceptualizations of infancy. *International Journal of Psyhoanalysis, 59,* 427 – 441.

Piaget, J. (1952). *The origins of intelligence in children.* New York: International Universities Press.

Piaget, J. (1954). *The construction of reality in the child* (M. Cook, Trans.). New York: Basic Books. (Original work published 1937)

Pine, F. (1981). In the beginning: Contributions to a psychoanalytic developmental psychology. *International Review of Psychoanalysis, 8,* 15 – 33.

Pinol-Douriez, M. (1983, March). *Fantasy interactions or "proto representations"? The cognitive value of affect-sharing in early interactions.* Paper presented at the World Association of Infant Psychiatry, Cannes, France.

Plutchik, R. (1980). *The emotions: A psychoevolutionary synthesis.* New York: Harper & Row.

Reite, M., Short, R., Seiler, C., and Pauley, J. D. (1981). Attachment, loss and depression. *Journal of Child Psychology and Psychiatry, 22,* 141 – 169.

Ricoeur, P. (1977). The question of proof in Freud's psychoanalytic writings. *Journal of American Psychoanalytic Association, 25,* 835 – 871.

Rosch, E. (1978). Principle of categorization. In E. Rosch and B. B. Floyd (Eds.), *Cognition and categorization*. Hillsdale, N. J. : Erlbaum.

Rose, S. A. (1979). Cross-modal transfer in infants: Relationship to prematurity and socioeconomic background. *Developmental Psychology, 14*, 643 - 682.

Rose, S. A. , Blank, M. S. , and Bridger, W. H. (1972). Intermodal and intramodal retention of visual and tactual information in young children. *Developmental Psychology, 6*, 482 - 486.

Rovee-Collier, C. K. , and Fagan, J. W. (1981). The retrieval of memory in early infancy. In L. P. Lipsitt (Ed.), *Advances in infancy research, Vol. 1*. Norwood, N. J. : Ablex.

Rovee-Collier, C. K. , and Lipsitt, L. P. (1981). Learning, adaptation, and memory. In P. M. Stratton (Ed.), *Psychobiology of the human newborn*. New York: Wiley.

Rovee-Collier, C. K. , Sullivan, M. W. , Enright, M. , Lucas, D. , and Fagan, J. W. (1980). Reactivism of infant memory. *Science, 208*, 1159 - 1161.

Ruff, H. A. (1980). The development of perception and recognition of objects. *Child Development, 51*, 981 - 992.

Sagi, A. , and Hoffman, M. L. (1976). Empathic distress in the newborn. *Developmental Psychology, 12*, 175 - 176.

Salapatek, P. (1975). Pattern perception in early infancy. In I. Cohen and P. Salapatek (Eds.), *Infant perception: From sensation to cognition, Vol. 1*. New York: Academic Press.

Sameroff, A. J. (1983). Developmental systems: Context and evolution. In W. Kessen (Ed.), *Mussen's handbook of child psychology, Vol. 1*. New York: Wiley.

Sameroff, A. J. (1984, May). *Comparative perspectives on early motivation*. Paper presented at the Third Triennial Meeting of the Developmental Biology Research Group, Estes Park, Colo.

Sameroff, A. J. , and Chandler, M. (1975). Reproductive risk and the continuum of caretaking casualty. In F. D. Horowitz (Ed.), *Review of child development research, Vol. 4*. Chicago: University of Chicago Press.

Sander, L. W. (1962). Issues in early mother-child interaction. *Journal of American Academy of Child Psychiatry, 1*, 141 - 166.

Sander, L. W. (1964). Adaptive relationships in early mother-child interaction. *Journal of the American Academy of Child Psychiatry, 3*, 231 - 264.

Sander, L. W. (1980). New knowledge about the infant from current research: Implications for psychoanalysis. *Journal of American Psychoanolytic Association, 28*, 181 - 198.

Sander, L. W. (1983a). Polarity, paradox, and the organizing process in development. In J. D. Call, E. Galenson, and R. L. Tyson (Eds.), *Frontiers of infant psychiatry, Vol. 1*. New York: Basic Books.

Sander, L. W. (1983b). To begin with — reflections on ontogeny. In J. Lichtenberg and S. Kaplan. *Reflection on self psychology*. Hillsdale, N. J. : Analytic Press.

Sandler, J. (1960). The background of safety. *International Journal of Psychoanalysis, 41*,

352 – 356.

Scaife, M., and Bruner, J. S. (1975). The capacity for joint visual attention in the infant. *Nature, 253*, 265 – 266.

Schafer, R. (1968). Generative empathy in the treatment situation. *Psychoanalytic Quarterly, 28*, 342 – 373.

Schafer, R. (1981). Narration in the psychoanalytic dialogue. In W. J. T. Mitchell (Ed.), *On narrative*. Chicago: University of Chicago Press.

Schaffer, H. R., Collis, G. M., and Parsons, G. (1977). Vocal interchange and visual regard in verbal and pre-verbal children. In H. R. Schaffer (Ed.), *Studies in mother-infant interaction*. London: Academic Press.

Schaffer, H. R., Greenwood, A., and Parry, M. H. (1972). The onset of wariness. *Child Development, 43*, 65 – 75.

Scheflin, A. E. (1964). The significance of posture in communication systems. *Psychiatry, 27*, 4.

Scherer, K. (1979). Nonlinguistic vocal indicators of emotion and psychopathology. In C. E. Izard (Ed.), *Emotions in personality and psychopathology*. New York: Plenum Press.

Schneirla, T. C. (1959). An evolutionary and developmental theory of biphasic processes underlying approach and withdrawal. In M. R. Jones (Ed.), *Nebraska symposium on motivation*. Lincoln: University of Nebraska Press.

Schneirla, T. C. (1965). Aspects of stimulation and organization in approach/withdrawal processes underlying vertebrate behavioral development. In D. S. Lehrman, R. A. Hinde, and E. Shaw (Eds.), *Advances in the study of behavior, Vol. 1*. New York: Academic Press.

Schwaber, E. (1980a). Response to discussion of Paul Tolpin. In A. Goldberg (Ed.), *Advances in self psychology*. New York: International Universities Press.

Schwaber, E. (1980b). Self psychology and the concept of psychopathology: A case presentation. In A. Goldberg (Ed.), *Advances in self psychology*. New York: International Universities Press.

Schwaber, E. (1981). Empathy: A mode of analytic listening. *Psychoanalytic Inquiry, 1*, 357 – 392.

Searle, J. R. (1969). *Speech acts: An essay in the philosophy of language*. New York: Cambridge University Press.

Shane, M., and Shane, E. (1980). Psychoanalytic developmental theories of the self: An integration. In A. Goldberg (Ed.), *Advances in self psychology*. New York: International Universities Press.

Shank, R. C. (1982). *Dynamic memory: A theory of reminding and learning in computers and people*. New York: Cambridge University Press.

Shank, R. C., and Abelson, R. (1975). *Scripts, plans and knowledge*. Proceedings of the Fourth International Joint Conference on Artificial Intelligence, Tbilis, U. S. S. R.

Shank, R. C., and Abelson, R. (1977). *Scripts, plans, goals, and understanding*. Hillsdale, N. J.: Erlbaum.

Sherrod, L. R. (1981). Issues in cognitive-perceptual development: The special case of social stimuli. In M. E. Lamb and L. R. Sherrod (Eds.), *Infant social cognition.* Hillsdale, N. J.: Erlbaum.

Shields, M. M. (1978). The child as psychologist: Contriving the social world. In A. Lock (Ed.), *Action, gesture and symbol.* New York: Academic Press.

Simner, M. (1971). Newborns' response to the cry of another infant. *Developmental Psychology, 5,* 136 – 150.

Siqueland, E. R., and Delucia, C. A. (1969). Visual reinforcement of non-nutritive sucking in human infants. *Science, 165,* 1144 – 1146.

Snow, C. (1972). Mother's speech to children learning language. *Child Development, 43,* 549 – 565.

Sokolov, E. N. (1960). Neuronal models and the orienting reflex. In M. A. B. Brazier (Ed.), *The central nervous system and behavior.* New York: Josiah Macy, Jr. Foundation.

Spelke, E. S. (1976). Infants' intermodal perception of events. *Cognitive Psychology, 8,* 553 – 560.

Spelke, E. S. (1979). Perceiving bimodally specified events in infancy. *Developmental Psychology, 15,* 626 – 636.

Spelke, E. S. (1980). Innate constraints on intermodal perception. A discussion of E. J. Gibson, "The development of knowledge of intermodal unity: Two views," Paper presented to the Piaget Society.

Spelke, E. S. (1982). The development of intermodal perception. In L. B. Cohen and P. Salapatek (Eds.), *Handbook of infant perception.* New York: Academic Press.

Spelke, E. S. (1983). *The infant's perception of objects.* Paper presented at the New School for Social Research, New York.

Spelke, E. S., and Cortelyou, A. (1981). Perceptual aspects of social knowing: Looking and listening in infancy. In M. E. Lamb and L. R. Sherrod (Eds.), *Infant social cognition.* Hillsdale, N. J.: Erlbaum.

Spense, D. P. (1976). Clinical interpretation: Some comments on the nature of the evidence. *Psychoanalysis and Contemporary Science, 5,* 367 – 388.

Spieker, S. J. (1982). *Infant recognition of invariant categories of faces: Person, identity and facial expression.* Unpublished doctoral dissertation, Cornell University.

Spitz, R. A. (1950). Anxiety in infancy: A study of its manifestations in the first year of life. *International Journal of Psychoanalysis, 31,* 138 – 143.

Spitz, R. A. (1957). *No and yes: On the genesis of human communication.* New York: International Universities Press.

Spitz, R. A. (1959). *A genetic field theory of ego formation.* New York: International Universities Press.

Spitz, R. A. (1965). *The first year of life.* New York: International Universities Press.

Sroufe, L. A. (1979). The coherence of individual development: Early care, attachment and subsequent developmental issues. *American Psychologist, 34,* 834 – 841.

Sroufe, L. A. (1985). An organizational perspective on the self. Unpublished manuscript.

Sroufe, L. A. (in press). Attachment classification from the perspective of the infant-caregiver relationship and infant temperament. *Child Development*.

Sroufe, L. A., and Fleeson, J. (1984). Attachment and the construction of relationships. In W. W. Hartup and Z. Rubin, *Relationships and development*. New York: Cambridge University Press.

Sroufe, L. A., and Rutter, M. (1984). The Domain of developmental Psychopathology. *Child Development, 55*(1), 17 – 29.

Sroufe, L. A., and Waters, E. (1977). Attachment as an organizational construct. *Child Development, 48*, 1184 – 1199.

Stechler, G., and Carpenter, G. (1967). A viewpoint on early affective development. In J. Hellmath (Ed.), *The exceptional infant, No. 1* (pp. 163 – 189). Seattle: Special Child Publications.

Stechler, G., and Kaplan, S. (1980). The development of the self: A psychoanalytic perspective. In A. Solnit et al. (Eds.), *The psychoanalytic study of the child, Vol. 35* (p.35). New Haven: Yale University Press.

Stern, D. N. (1971). A micro-analysis of mother-infant interaction: Behaviors regulating social contact between a mother and her three-and-a-half-month-old twins. *Journal of American Academy of Child Psychiatry, 10*, 501 – 517.

Stern, D. N. (1974a). The goal and structure of mother-infant play. *Journal of American Academy of Child Psychiatry, 13*, 402 – 421.

Stern, D. N. (1974b). Mother and infant at play: The dyadic interaction involving facial, vocal and gaze behaviors. In M. Lewis and L. A. Rosenblum (Eds.), *The effect of the infant on its caregiver*. New York: Wiley.

Stern, D. N. (1977). *The first relationship: Infant and mother*. Cambridge, Mass.: Harvard University Press.

Stern, D. N. (1980). *The early development of schemas of self, of other, and of various experiences of "self with other."* Paper presented at the Symposium on Reflections on Self Psychology, Boston Psychoanalytic Society and Institute, Boston, Mass.

Stern, D. N. (1985). Affect attunement. In J. D. Call, E. Galenson, and R. L. Tyson (Eds.), *Frontiers of infant psychiatry, Vol. 2*. New York: Basic Books.

Stern, D. N., and Gibbon, J. (1978). Temporal expectancies of social behavior in mother-infant play. In E. B. Thoman (Ed.), *Origins of the infant's social responsiveness*. Hillsdale, N. J.: Erlbaum.

Stern, D. N., Barnett, R. K., and Spieker, S. (1983). Early transmission of affect: Some research issues. In J. D. Call, F. Galenson, and R. L. Tyson (Eds.), *Frontiers of infant psychiatry*. New York: Basic Books.

Stern, D. N., MacKain, K., and Spieker, S. (1982). Intonation contours as signals in maternal speech to prelinguistic infants. *Developmental Psychology, 18*, 727 – 735.

Stern, D. N., Beebe, B., Jaffe, J., and Bennett, S. L. (1977). The infant's stimulus world during social interaction: A srudy of caregiver behaviors with particular reference to repetition and timing. In H. R. Schaffer (Ed.), *Studies in mother-infant interaction*. London: Academic Press.

Stern, D. N., Hofer, L., Haft, W., and Dore, J. (in press). Affect attunement: The sharing of feeling states between mother and infant by means of inter-modal fluency. In T. Field and N. Fox (Eds.), *Social perception in infants*. Norwood, N. J.: Ablex.

Stern, D. N., Jaffe, J., Beebe, B., and Bennett, S. L. (1974). Vocalizing in unison and in alternation: Two modes of communication within the mother-infant dyad. *Annals of the New York Academy of Science, 263*, 89 – 100.

Stolerow, R. D., Brandhoft, B., and Atwood, G. E. (1983). Intersubjectivity in psychoanalytic treatment. *Bulletin of the Menninger Clinic, 47*(2), 117 – 128.

Strain, B., and Vietze, P. (1975, March). *Early dialogues: The structure of reciprocal infant-mother vocalizations.* Paper presented at the Meeting of the Society for Research in Child Development, Denver, Colo.

Strauss, M. S. (1979). Abstraction of proto typical information by adults and ten-month-old infants. *Joural of Experimental Psychology: Human Learning and Memory, 5*, 618 – 632.

Sullivan, H. S. (1953). *The interpersonal theory of psychiatry.* New York: Norton.

Sullivan, J. W., and Horowitz, F. D. (1983). Infarnt intermodal perception and maternal multimodal stimulation: Implications for language development. In L. P. Lipsitt (Ed.), *Advances in infancy research, Vol. 2.* Norwood, N. J.: Ablex.

Thoman, E. B., and Acebo, C. (1983). The first affections of infancy. In R. W. Bell, J. W. Elias, R. L. Greene, and J. H. Harvey (Eds.), *Texas Tech interfaces in psychology: I. Developmental psychobiology and neuropsychology.* Lubbock, Tex.: Texas Tech University Press.

Thomas, A., Chess, S., and Birch, H. G. (1970). The origins of personality. *Scientific American, 223*, 102 – 104.

Tolpin, M. (1971). On the beginning of a cohesive self. In R. Eissler et al. (Eds.), *The Psychoanalytic Study of the Child, Vol. 26* (pp. 316 – 354). New York: International Universities Press.

Tolpin, M. (1980). Discussion of psychoanalytic developmental theories of the self: An integration by M. Shane and E. Shane. In A. Goldberg (Ed.), *Advances in self psychology.* New York: International Universities Press.

Tomkins, S. S. (1962). *Affect, imagery and consciousness: Vol. I. The positive affects.* New York: Springer.

Tompkins, S. S. (1963). *Affect, imagery, consciousness: Vol. II. The negative affects.* New York: Springer.

Tompkins, S. S. (1981). The quest for primary motives: Biography and autobiography of an idea. *Journal of Personal Social Psychology, 41*, 306 – 329.

Trevarthan, C. (1974). Psychobiology of speech development. In E. Lenneberg (Ed.),

Language and Brain: Developmental Aspects. *Neurobiology Sciences Research Program Bulletin, 12,* 570 – 585.

Trevarthan, C. (1977). Descriptive analyses of infant communicative behavior. In H. R. Schaffer (Ed.), *Studies in mother-infant interaction.* New York: Academic Press.

Trevarthan, C. (1979). Communication and cooperation in early infancy: A description of primary intersubjectivity. In M. M. Bullowa (Ed.), *Before speech: The beginning of interpersonal communication.* New York: Cambridge University Press.

Trevarthan, C. (1980). The foundations of intersubjectivity: Development of interpersonal and cooperative understanding in infants. In D. R. Olson (Ed.), *The social foundation of language and thought: Essays in honor of Jerome Bruner.* New York: Norton.

Trevarthan, C., and Hubley, P. (1978). Secondary intersubjectivity: Confidence, confiders and acts of meaning in the first year. In A. Lock (Ed.), *Action, gesture and symbol.* New York: Academic Press.

Tronick, E., Als, H., and Adamson, L. (1979). Structure of early face-to-face communicative interactions. In M. Bullowa (Ed.), *Before speech: The beginning of interpersonal communication.* New York: Cambridge University Press.

Tronick, E., Als, H., and Brazelton, T. B. (1977). The infant's capacity to regulate mutuality in face-to-face interaction. *Journal of Communication, 27,* 74 – 80.

Tronick, E., Als, H., Adamson, L., Wise, S., and Brazelton, T. B. (1978). The infant's response to intrapment between contradictory messages in face-to-face interaction. *Journal of Child Psychiatry, 17,* 1 – 13.

Tulving, E. (1972). Episodic and semantic memory. In E. Tulving and W. Donaldson (Eds.), *Organization of memory.* New York: Academic Press.

Ungerer, J. A., Brody, L. R., and Zelazo, P. (1978). Long term memory for speech in two-to four-week-old infants. *Infant Behavior and Development, 1,* 177 – 186.

Uzgiris, I. C. (1974). Patterns of vocal and gestural imitation in infants. In L. J. Stone, H. T. Smith, and L. B. Murphy (Eds.), *The competent infant.* London: Tavistock.

Uzgiris, I. C. (1981). Two functions of imitation during infancy. *International Journal of Behavioral Development, 4,* 1 – 12.

Uzgiris, I. C. (1984). Imitation in infancy: Its interpersonal aspects. In M. Perlmutter (Ed.), *Parent-child interaction in child development. The Minnesota symposium on child psychology, Vol. 17.* Hillsdale, N. J.: Erlbaum.

Vischer, F. T. (1863). *Kritische gange, Vol. 2.* (p. 86). (No. 5, second ed.).

Vygotsky, L. S. (1962). *Thought and language* (E. Haufmann and G. Vakar, Eds. and Trans.). Cambridge, Mass.: M. I. T. Press.

Vygotsky, L. S. (1966). Development of the higher mental functions. In A. N. Leontier (Ed.), *Psychological research in the U. S. S. R.* Moscow: Progress Publishers.

Waddington, C. H. (1940). *Organizers and genes.* Cambridge: Cambridge University Press.

Wagner, S., and Sakowitz, L. (1983, March). *Intersensory and intrasensory recognition: A quantitative and developmental evaluation.* Paper presented at the Meeting of the Society for Research in Child Development, Detroit, Mich.

Walker, A. S., Bahrick, L. E., and Neisser, U. (1980). *Selective looking to multimodal events by infants.* Paper presented at the International Conference on Infancy Studies, New Haven, Conn.

Walker-Andrews, A. S., and Lennon, E. M. (1984). *Auditory-visual perception of changing distance.* Paper presented at the International Conference of Infancy Studies, New York.

Wallon, H. (1949). *Les origines du caractère chez l'enfant: Les prèludes du sentiment de personnalitè* (2nd ed.). Paris: Presses Universitaires de France.

Washburn, K. J. (1984). *Development of categorization of rhythmic patterns in infancy.* Paper presented at the International Conference of Infant Studies, New York.

Waters, E. (1978). The reliability and stability of individual differences in infant-mother attachment. *Child Development, 49,* 483 – 494.

Waters, E., Wippman, J., and Sroufe, L. A. (1980). Attachment, positive affect and competence in the peer group: Two studies of construct validation. *Child Development, 51,* 208 – 216.

Watson, J. S. (1979). Perception of contingency as a determinant of social responsiveness. In E. Thomas (Ed.), *The origins of social responsiveness.* Hillsdale, N. J.: Erlbaum.

Watson, J. S. (1980). *Bases of causal inference in infancy: Time, spac, and sensory relations.* Paper presented at the International Conference on Infant Studies, New Haven, Conn.

Weil, A. M. (1970). The basic core. In R. Eissler et al. (Eds.), *The Psychoanalytic Study of the Child, Vol. 25* (pp. 442 – 460). New York: International Universities Press.

Werner, H. (1948). *The comparative psychology of mental development.* New York: International Universities Press.

Werner, H., and Kaplan, B. (1963). *Symbol formation: An organismic-developmental approach to language and expression of thought.* New York: Wiley.

Winnicott, D. W. (1958). *Collected papers.* London: Tavistock.

Winnicott, D. W. (1965). *The maturational processes and the facilitating environment.* New York: International Universities Press.

Winnicott, D. W. (1971). *Playing and reality.* New York: Basic Books.

Wolf, E. S. (1980). Developmental line of self-object relations. In A. Goldberg (Ed.), *Advances in self psychology.* New York: International Universities Press.

Wolff, P. H. (1966). The causes, controls and organization of behavior in the neonate. *Psychological Issues, 5,* 17.

Wolff, P. H. (1969). The natural history of crying and other vocalizations in infancy. In B. M. Foss (Ed.), *Determinants of infant behavior, Vol. 4.* London: Methuen.

Worthheimer, M. (1961). Psychomotor coordination of auditory visual space at birth. *Science,*

134, 1692.

Yogman, M. W. (1982). Development of the father-infant relationship. In H. Fitzgerald, B. M. Lester, and M. W. Yogman (Eds.), *Theory and research in behavioral peadiatric*, *Vol. 1*. New York: Plenum Press.

Zajonc, R. B. (1980). Feeling and thinking: Preferences need no inferences. *American Psychologist*, *35*(2), 151 – 175.

Zahn-Waxler, C., and Radke-Yarrow, M. (1982). The development of altruism: Alternative research strategies. In N. Eisenberg-Berg (Ed.), *The development of prosocial behavior*. New York: Academic Press.

Zahn-Waxler, C., Radke-Yarrow, M., and King, R. (1979). Child rearing and children's prosocial initiations towards victims of distress. *Child Development*, *50*, 319 – 330.

图书在版编目(CIP)数据

婴幼儿的人际世界：精神分析与发展心理学视角/(瑞士)
斯腾著；张庆译. —上海：华东师范大学出版社，2017
(精神分析经典著作译丛)
ISBN 978 - 7 - 5675 - 6246 - 2

Ⅰ.①婴⋯　Ⅱ.①斯⋯　②张⋯　Ⅲ.①婴幼儿心理学
Ⅳ.①B844.12

中国版本图书馆 CIP 数据核字(2017)第 045109 号

本书由上海文化发展基金会
出版专项基金资助出版

精神分析经典著作译丛
婴幼儿的人际世界
精神分析与发展心理学视角

著　　者　Daniel N. Stern
译　　者　张　庆
策划编辑　彭呈军
审读编辑　单敏月
特约编辑　陈立强
责任校对　林文君
装帧设计　上海介太文化艺术工作室

出版发行　华东师范大学出版社
社　　址　上海市中山北路 3663 号　邮编 200062
网　　址　www. ecnupress. com. cn
电　　话　021 - 60821666　行政传真 021 - 62572105
客服电话　021 - 62865537　门市(邮购)电话 021 - 62869887
地　　址　上海市中山北路 3663 号华东师范大学校内先锋路口
网　　店　http://hdsdcbs. tmall. com

印 刷 者　浙江临安曙光印务有限公司
开　　本　787×1092　16 开
印　　张　16.75
字　　数　283 千字
版　　次　2017 年 6 月第 1 版
印　　次　2022 年 9 月第 6 次
书　　号　ISBN 978 - 7 - 5675 - 6246 - 2/B · 1070
定　　价　42.00 元

出 版 人　王　焰

(如发现本版图书有印订质量问题,请寄回本社客服中心调换或电话 021 - 62865537 联系)